W0202895

AUF EINEN BLICK

MATHEMATIK

Titel der Originalausgabe: *Instant Mathematics*

© 2020 Librero IBP (für die deutschsprachige Ausgabe)
Postbus 72, 5330 AB Kerkdriel, Niederlande

Ursprünglich herausgegeben 2019 von Welbeck, einem Imprint von Welbeck Non-Fiction Limited, Teil der Welbeck Publishing Group.
Text und Design © Welbeck Non-Fiction Ltd 2020

Verantwortlicher Redakteur: Chris Stone
Design: Katie Baxendale und Dynamo Limited

Übersetzung aus dem Englischen:
Anita Weinberger-Schwendenwein, Wien
Redaktion und Satz der deutschen Ausgabe:
Print Company Verlagsges.m.b.H., Wien

Printed in Slovenia

ISBN: 978-94-6359-423-3

Alle Rechte vorbehalten. Nichts aus dieser Ausgabe darf ohne vorherige schriftliche Zustimmung des Verlags elektronisch oder mechanisch vervielfältigt, gespeichert, veröffentlicht, fotokopiert oder aufgenommen werden.

Der Richtigkeit und Vollständigkeit der Informationen in diesem Buch wurde größte Sorgfalt gewidmet. Sollte unabsichtlicherweise dennoch ein Urheber nicht angegeben sein, werden wir dies nach Kenntnisnahme in der nächsten Ausgabe berichtigen.

Alle Illustrationen von Noun Project und allgemein zugänglichen Quellen.

AUF EINEN BLICK

MATHEMATIK

DIE WICHTIGSTEN THEMEN AUF EINER SEITE ERKLÄRT

PAUL PARSONS UND GAIL DIXON

Librero

INHALT

ANTIKE

RÖMISCHE ZEIT BIS MITTELALTER

FRÜHE NEUZEIT

19. JAHRHUNDERT

20. JAHRHUNDERT UND DARÜBER HINAUS

EINLEITUNG

Es ist schwer, sich eine Welt ohne Mathematik vorzustellen.
Es gäbe keine Zahlen, weder Geometrie noch Algebra oder Logik –
keine Möglichkeit, die Welt zu quantifizieren.

Der erste Beweis für das menschliche Verständnis von Mathematik ist der mehrere zehntausend Jahre alte Lebombo-Knochen, der Unterschenkelknochen eines Pavians, benannt nach den Lebombobergen in Afrika, wo er von Archäologen in den 1970er Jahren entdeckt wurde. Er ist außergewöhnlich, weil über die ganze Länge 29 Kerben eingeritzt wurden, von denen man vermutet, sie seien Zahlenmarkierungen gewesen. Der Besitzer des Knochens registrierte so etwas – vielleicht Jagdbeute, die Stärke einer feindlichen Kriegspartei oder einfach die Anzahl von Tagen.

Mithilfe der Radiokarbonmethode wurde der Knochen auf etwa 40.000 v. Chr. datiert, was ihn zum ältesten mathematischen Artefakt der Welt macht.

Das Zählen ist das einfachste Beispiel für Mathematik – und es ist offensichtlich eher eine *Entdeckung* der Menschen als eine Erfindung. Die Anzahl von Äpfeln in einem Korb gehorcht den Regeln der Arithmetik: Wenn man einen Apfel in den Korb hinzugibt, erhöht sich die Anzahl der Äpfel um eins. So war es immer schon, egal ob die Menschen sich dieser Tatsache bewusst waren oder nicht.

So verhält es sich auch mit der Geometrie. Um 300 v. Chr. schrieb der griechische Philosoph Euklid sein Werk *Elemente*, in dem er die fundamentalen Axiome der Natur von Kreisen, Geraden und Winkeln formulierte. Das sind Regeln der Logik und Überlegungen, die dazu dienen, die Welt, in der wir leben, zu beschreiben. Auch sie sind ein Beleg für die *Entdeckung* und Beschreibung von Phänomenen auf der Erde – und keine menschliche Erfindung.

Und doch vertraten selbst sehr kluge Menschen in der Vergangenheit die gegenteilige Ansicht: Mathematik sei nichts anderes als ein Konstrukt des menschlichen Geistes. Der große englische Astrophysiker des 20. Jahrhunderts Sir Arthur Eddington erklärte: „Die Mathematik ist nicht da, solange wir sie nicht da hinstellen."

In manchen Fällen ist das sicher richtig. So sind etwa imaginäre Zahlen ein Konstrukt, um die Unmöglichkeit, die Wurzel aus einer negativen Zahl zu ziehen, zu umgehen: Das Quadrat jeder Zahl ist zwangsläufig *immer* positiv – wie soll man also die Quadratwurzel aus einer negativen Zahl ziehen? Der italienische Mathematiker Rafael Bombelli fand die Antwort darauf im 16. Jahrhundert. Mit dem Symbol i für $\sqrt{-1}$ war es ihm möglich, Quadratwurzeln negativer Zahlen als Vielfache von i auszudrücken. Auf diese konnte man dann dieselben Regeln der Algebra,

die auch für gewöhnliche Zahlen gelten, anwenden. Es mag vielleicht seltsam klingen, sich mit einem Trick zu behelfen, aber heute sind imaginäre Zahlen der Kernbereich der Wellenlehre, der Quantenmechanik und der Datenanalyse.

Mathematische Beweise sind ein weiteres Beispiel dafür, wobei die Herleitung der Gültigkeit von mathematischen Aussagen ein hohes Maß an Kreativität von Mathematikern verlangen kann. Nehmen wir zum Beispiel den Großen Fermatschen Satz: die Vermutung, dass die Gleichung $x^n + y^n = z^n$, wobei x, y, z und n ganze Zahlen sind, keine Lösung für $n > 2$ besitzt. Es dauerte fast vierhundert Jahre, um zu einem wasserdichten Beweis dafür zu kommen, den man schlussendlich nur dank des Einfallsreichtums des britischen Mathematikers Andrew Wiles fand.

So gesehen sind die besten Mathematiker wie Architekten, deren kreative Vision ihrer technischen Expertise zumindest gleichgestellt ist – oder wie Albert Einstein sagte: „Logik bringt dich von A nach B. Deine Phantasie bringt dich überall hin." Die Einsichten, die Pioniere auf unbekannten mathematischen Gebieten gewannen, trugen schließlich unweigerlich dazu bei, das Verständnis der gesamten Menschheit für diese zu erweitern.

Dieses Buch bietet einen Überblick über wesentliche Bereiche der modernen Mathematik. Ausgehend vom Lebombo-Knochen finden sich hier in (sehr grober) chronologischer Abfolge die wichtigsten mathematischen Grundlagen und Entdeckungen sowie Details aus dem Leben jener, die diese verantworten.

Ausgehend vom Verständnis der Zahlen und grundlegender Mathematik, der Arithmetik, entdeckten Menschen die Konzepte der Geometrie, darunter Trigonometrie, Flächen- und Volumenberechnung und den Satz des Pythagoras, der die Beziehung der drei Seiten eines rechtwinkligen Dreiecks beschreibt. Seit den letzten Jahrhunderten umfasst Geometrie auch gekrümmte Räume und die Topologie – die erklärt, wie Punkte im Raum miteinander verbunden sind. Ein Donut (eine Oberfläche mit Loch) zum Beispiel besitzt eine völlig andere Topologie als eine Kugel.

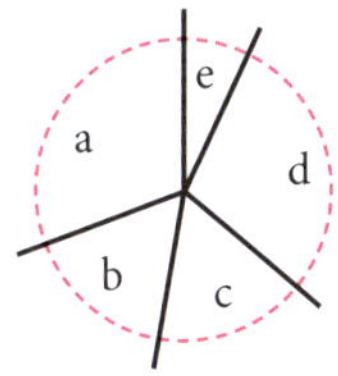

Es ist erwiesen, dass *Algebra* – das Ersetzen von numerischen Werten durch Symbole und die daraus folgende Lösung von Gleichungen – babylonischen Mathematikern bereits um 1800 v. Chr. bekannt war. Und während des dunklen europäischen Mittelalters wurde sie von asiatischen Mathematikern weiterentwickelt.

Im 17. Jahrhundert begründeten die Universalgelehrten Isaac Newton und Gottfried Wilhelm Leibniz die Infinitesimalrechnung, die man verwendet, um unendlich kleine Intervalle quantitativ zu fassen, und die seitdem in fast allen Gebieten der Mathematik sowie in der theoretischen Physik Anwendung findet.

Ungefähr zur selben Zeit schuf eine Gruppe von europäischen Mathematikern (die, das muss man sagen, auch gerne ihr Einkommen durch Glücksspiele aufbesserten) die Grundlagen der Wahrscheinlichkeitsrechnung – die mathematischen Gesetze, mit denen man die Wahrscheinlichkeit von zufälligen Begebenheiten berechnen kann. Daraus wurde die Statistik: die Kunst, aus Daten Informationen zu ziehen – indem man chaotische Beobachtungen in der realen Welt in handfestes Wissen umwandelt, an dem man wissenschaftliche Theorien testen und weiterentwickeln kann.

Die Mathematik führte auch zur Geburt der Informatik. Das Zahlensystem, das uns am vertrautesten ist, basiert auf der Zahl 10 und besteht aus den Zahlen 0 bis 9. Aber bereits im 2. Jahrhundert v. Chr. entwickelte der indische Mathematiker Pingala ein binäres System, bestehend aus 0 und 1, das später die Sprache der Informatik wurde. Im 19. Jahrhundert führte der Wunsch, Informationen automatisch zu verarbeiten, zur Erfindung mechanischer Computer. Darauf folgten die raumfüllenden Giganten, die man im Zweiten Weltkrieg zur Code-Entschlüsselung verwendete, und in jüngster Zeit die winzigen und doch mächtigen Prozessoren, die uns in Form unserer Handys überallhin begleiten.

Heute bilden mathematische Grundsätze die Grundlage, um die Welt zu verstehen – von der Quantenphysik und der Entstehung des Universums über den Aktienmarkt bis hin zu Trivialem wie der Verwaltung des wöchentlichen Einkaufsbudgets. Wir leben in einer Welt, die auf Zahlen aufbaut – was wohl auch der Besitzer des Lebombo-Knochen schon gewusst haben muss.

DAS ZÄHLEN

Die einfachste Form der Mathematik ist das Zählen. Die Menschen der Frühzeit benutzten dafür Finger und Daumen, bis sie zu Markierungen und der Verwendung von Zählsteinen übergingen.

35.000 v. Chr. Man fand Knochen aus dieser Zeit, auf denen Markierungen zum Zählen eingeritzt sind, wahrscheinlich um die verstrichene Zeit oder die Anzahl von Tieren aufzuzeichnen.

ca. 4000 v. Chr. Die Sumerer des antiken Mesopotamiens zählen mithilfe von gebrannten Tonsteinen mit Symbolen darauf. Man verwendet sie für die Buchhaltung und bewahrt sie in „Tonumschlägen" auf, um sie vor Fälschung zu schützen.

ca. 3000 v. Chr. In Ägypten führt man das Ellenmaß ein. Es richtet sich nach der Länge eines Männerarms – vom Ellbogen bis zu den Fingerspitzen.

ca. 3000 v. Chr. Die Ägypter verwenden das erste Dezimalsystem, wobei die Zahlen durch Hieroglyphen dargestellt werden – zum Beispiel 100 als Seilschlinge.

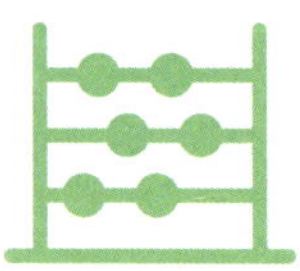

2700 v. Chr. Die Sumerer verwenden eine frühe Form des Abakus – mit einem Zählsystem auf der Basis von 60.

ca. 900 v. Chr. Erste Beweise des römischen Zahlensystems (I, V, L, C, D und M) stammen aus dieser Zeit. Sie waren numerisch unhandlich, deshalb rechnete man meist auf einem Abakus.

ca. 500 n. Chr. Indische Mathematiker entwickeln ein System, bei dem man die Zahlen 1 bis 10 durch Symbole darstellt – ein Vorläufer unseres heutigen Dezimalsystems.

ca. 620 n. Chr. Die Zahl Null wird vom indischen Gelehrten Brahmagupta definiert.

ca. 12. Jahrhundert Die Verwendung des indo-arabischen Zahlensystems (Zahlen von 1 bis 10) verbreitet sich in Europa und wird durch den italienischen Mathematiker Leonardo Fibonacci populär.

15. bis 16. Jahrhundert Die modernen Zahlensymbole unseres Dezimalsystems sind weit verbreitet und werden sogar im frühen Buchdruck verwendet.

ARITHMETIK

Der älteste und wichtigste Teilbereich der Mathematik, die Arithmetik, wurde von den alten Babyloniern entwickelt, um Handel, Bau und Aufzeichnungen zu erleichtern.

FRÜHE BUCHHALTER

Es ist bewiesen, dass die Sumerer **Mesopotamiens** die **vier Grundrechenarten** beherrschten. Ab ca. 4000 v. Chr. zählten sie mit **Tonplättchen** und **auf Schnüren aufgefädelten Steinen.**

RECHNENDE BABYLONIER

Man fand 2.000 Jahre alte babylonische Tafeln mit Aufgaben in **Arithmetik, Geometrie** und **Algebra.** Sie beinhalten **Multiplikationstabellen, Brüche** sowie **quadratische und kubische Gleichungen.**

BEGABTE GRIECHEN

Das griechische Wort für Zahl ist ***„arithmós“.*** 600 v. Chr. erklärte die **pythagoreische Schule** die Arithmetik zu einem der Eckpfeiler der Mathematik. Die **alten Griechen** erhoben das uralte Studium arithmetischer Probleme zu neuen Höhen, entwickelten damit die **Geometrie** und wandten sie auf **Astronomie, Baukunst** und **Design** an.

GETRENNT STEHEN WIR

1597 legte der englische Mathematiker **Henry Briggs** die moderne Methode für die **schriftliche Division** dar, die man heute noch in den Schulen unterrichtet.

MATHEMATIKER DES MITTELALTERS

Im **Mittelalter** lehrte man Arithmetik an den **europäischen Universitäten** als eine von **sieben freien Künsten,** neben **Grammatik, Logik, Rhetorik, Geometrie, Musik** und **Astronomie.**

RECHENMASCHINE

1948 erfand **Curt Herzstark** eine tragbare **mechanische Rechenmaschine,** die in den 1970er Jahren durch die in **Japan** entwickelten **digitalen Taschenrechner** ersetzt wurde. Schüler sind dafür bei Prüfungen sehr dankbar.

DER PAPYRUS RHIND

Diese **ägyptische Papyrusrolle** wird auf ca. 1550 v. Chr. datiert und ist **einer der frühesten mathematischen Texte.** Die 84 Probleme aus den Bereichen **Arithmetik, Geometrie** und **Volumen** verdeutlichen das Zahlentalent der alten Ägypter. Die Rolle ist heute im **British Museum,** London, zu sehen.

MAGISCHE QUADRATE

Diese Form der Freizeitmathematik geht auf das alte China zurück und ist eine Vorläuferin von Sudokus und des Rubik-Würfels. Sie wird als ausgezeichnete „Gehirngymnastik“ angesehen.

8	1	6
3	5	7
4	9	2

Das ist ein Beispiel für ein **magisches Quadrat** – ein Raster mit positiven ganzen Zahlen, wobei die Summe aller Reihen, Spalten und der zwei Diagonalen die **„magische Zahl“** ergibt, in diesem Fall 15.

ORDNUNG MUSS SEIN

Ein magisches Quadrat mit der Seitenlänge n ist ein Quadrat der n-ten **Ordnung.** Das Beispiel oben ist ein Quadrat dritter Ordnung. 1770 konstruierte der Schweizer Mathematiker **Leonhard Euler** als Erster ein Quadrat vierter Ordnung.

Das bis heute größte magische Quadrat stammt aus dem Jahr 2012 – es ist 3.559-ster Ordnung und misst fast 20 Meter.

HÖHERE QUADRATE

Euler entwickelte das magische Quadrat vierter Ordnung, in dem jede Zahl eine Zahl zum Quadrat ist.

68^2	29^2	41^2	37^2
17^2	31^2	79^2	32^2
59^2	28^2	23^2	61^2
11^2	77^2	8^2	49^2

Es gibt auch „bimagische“ Quadrate – sie bleiben magisch, wenn man die Zahlen zum Quadrat erhebt – und „trimagische“ Quadrate, die magisch bleiben, wenn man die Zahlen zur dritten Potenz erhebt. Sogar „magische Würfel“ sind möglich – 3D-Zahlenblöcke, die in allen Reihen, Spalten und „Säulen“ und in den vier Diagonalen die entsprechende magische Zahl ergeben.

ZEIT FÜR DEN WETTKAMPF

Man weiß nicht, ob nicht noch andere exotische Quadrate möglich sind – für etwaige Lösungen sind sogar Preise ausgeschrieben (siehe etwa www.multimagie.com).

MATHEMATISCHE MYSTIK

Gelehrte in China begannen vor rund 4.800 Jahren, mit magischen Quadraten zu spielen. Ursprünglich glaubte man, sie hätten mystische Eigenschaften. Magische Quadrate zeigen, dass Menschen schon früh mit Arithmetik experimentierten und verstanden, dass Mathematik weit mehr war als die Summe ihrer Teile! Im Lo-Shu-Quadrat (rechts) ergeben sich die Zahlen aus der Summe der Punkte jeder Figur.

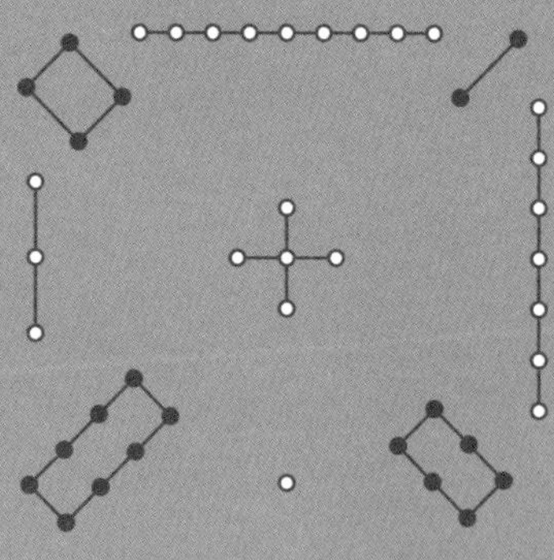

BRÜCHE

Das Wort Bruch kommt vom lateinischen „fractio", was so viel bedeutet wie „brechen". Heute verwendet man im Alltag ständig Brüche – man vermutet aber, schon die alten Ägypter hätten sie zur Steuerberechnung angewandt.

BRÜCHE ERKLÄRT

Brüche werden verwendet, um **Teile einer ganzen Zahl** darzustellen. Zum Beispiel bedeutet z = x/y, dass *x* Teil eines möglichen *y* ist. Ist *y* ein Vielfaches einer ganzen Zahl x, dann ist auch z eine ganze Zahl.

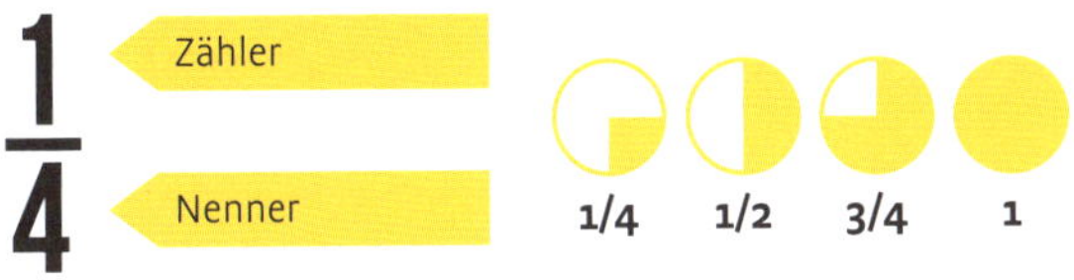

ADDIEREN UND SUBTRAHIEREN

Das Addieren und Subtrahieren von Brüchen mit **demselben Nenner** ist leicht. Man addiert oder subtrahiert einfach die Zähler oberhalb des Bruchstriches, etwa: 3/5 + 1/5= 4/5.

Haben die Brüche nicht denselben Nenner, muss man den **kleinsten gemeinsamen Nenner** errechnen. Man betrachte zum Beispiel: 1/2 + 1/3 = ?

Der kleinste gemeinsame Nenner entspricht dem kleinsten Vielfachen, das von jedem Nenner der Gleichung geteilt wird – jener von 2 und 3 ist 6. Wandelt man beide Brüche so um, dass sie einen gemeinsamen Nenner aufweisen, ergibt das:

1/2 × 3/3 = 3/6

1/3 × 2/2 = 2/6

Nun kann man die **beiden Zähler addieren:**

3/6 + 2/6 = 5/6

MULTIPLIZIEREN VON BRÜCHEN

Man **multipliziert einfach die Zahlen oberhalb und unterhalb des Bruchstrichs** – etwa:

1/2 x 4/5 = 4/10.

Vereinfachen des Bruches: In diesem Fall werden die Zahlen oben und unten durch 2 dividiert, das ergibt 2/5.

DIVIDIEREN VON BRÜCHEN

Um Brüche zu dividieren, **dreht man den zweiten Bruch um und multipliziert** sie dann:

1/2 ÷ 1/6 = 1/2 × 6/1.

Durch **Vereinfachen** ergibt sich die Zahl 3.

DEZIMALZAHLEN UND PROZENT

Brüche, Dezimalzahlen und Prozent sind alle gleichwertig.

Bruch	Dezimalzahl	Prozent
1/2	0,50	50 %
1/3	0,333	33,3 %
2/3	0,666	66,6 %
1/4	0,25	25 %
3/4	0,75	75 %
1/5	0,20	20 %
2/5	0,40	40 %
3/5	0,60	60 %
4/5	0,80	80 %
1/6	0,166	16,6 %
1/8	0,125	12,5 %
1/10	00,10	10 %
1/12	0,0833	8,3 %

Gold wird in **Karat** berechnet: 24 Karat ist pures Gold, 18 Karat entspricht 18/24 (3/4); das heißt, es sind 75 % Gold enthalten.

BRÜCHE IM TÄGLICHEN LEBEN

Minuten sind Bruchteile einer Stunde, man verwendet die Begriffe „halbe" und „Viertelstunde".

In der **Fotografie** wird die **Belichtungszeit** in **Sekundenbruchteilen** gemessen.

DREIECKE

Die mathematischen Gesetze der Geometrie der Dreiecke wurden von den alten Griechen, insbesondere Euklid, entdeckt.

ARTEN VON DREIECKEN

Gleichseitig: Alle drei Seiten haben die gleiche Länge, daher **sind auch alle drei Winkel gleich groß.**

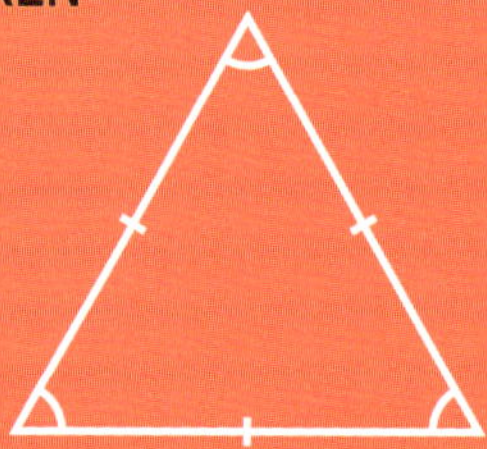

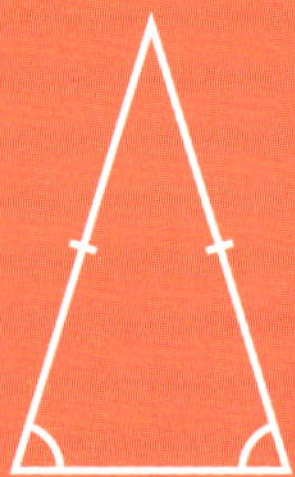

Gleichschenklig: Zwei Seiten haben die gleiche Länge. Das bedeutet, **die beiden Winkel zwischen diesen und der dritten Seite sind gleich groß.**

Ungleichseitig: Alle drei Seiten und Winkel sind unterschiedlich.

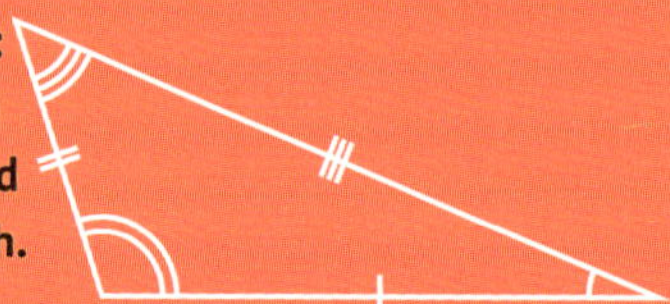

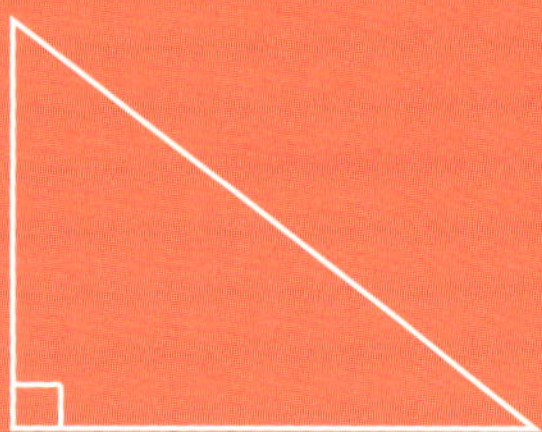

Rechtwinklig: Einer der Winkel beträgt 90 Grad.

FLÄCHE

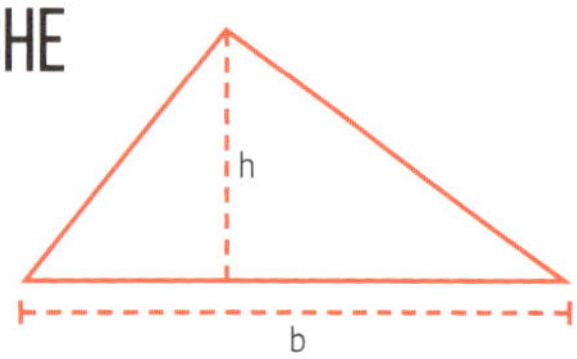

Fläche:
1/2 b x h

h = Höhe
b = Breite

Die **Fläche eines Dreiecks** ergibt sich durch die **Multiplikation der Hälfte der Grundlinie mit der Höhe.**

TRIANGULIERUNG

Der **griechische Philosoph Euklid** bewies, dass die **inneren Winkel eines Dreiecks zusammen 180 Grad ergeben.**

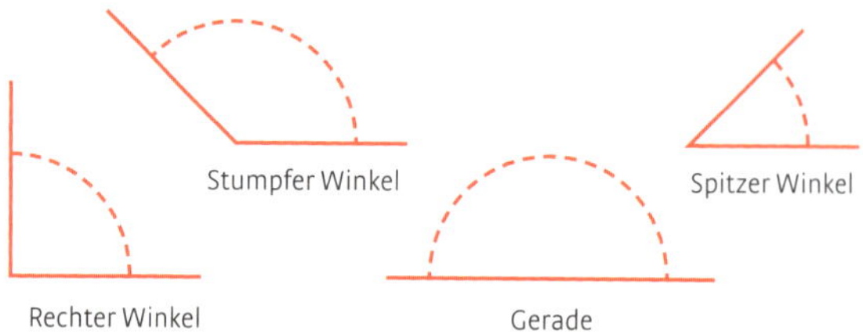

Winkel, die größer als 90 Grad sind, nennt man **„stumpf"**, solche, die kleiner als 90 Grad sind, **„spitz".**
Pythagoras bewies, dass **in einem rechtwinkligen Dreieck das Quadrat der längsten Seite gleich der Summe der Quadrate der beiden anderen ist.** Im Allgemeinen ist die längste Seite kürzer als die Summe der beiden anderen.

Zwei Dreiecke werden **„ähnlich"** genannt, wenn sie **dieselbe Form, aber verschiedene Größen** haben. Haben sie **dieselbe Größe und Form** – das beinhaltet auch **Spiegelungen** –, dann sind sie **„kongruent".**

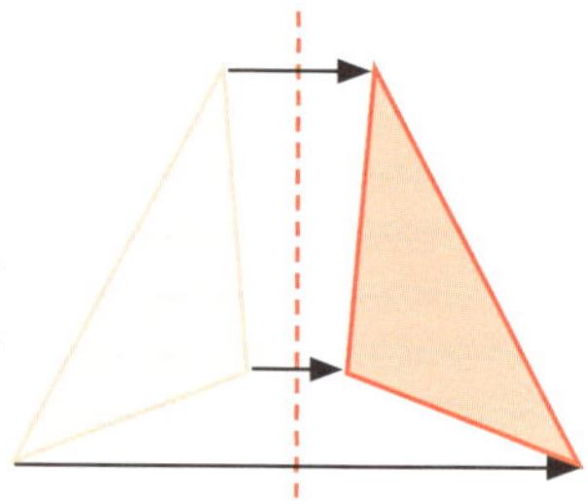

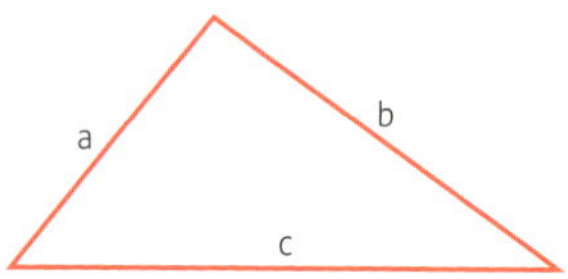

Satz des Heron

Halber Umfang (s) = $\frac{a + b + c}{2}$

Fläche des Dreiecks $\sqrt{s(s-a)(s-b)(s-c)}$

Der **griechische Mathematiker Heron von Alexandria** entwickelte eine allgemeinere Methode zur Flächenberechnung, bekannt als **Satz des Heron.** Sind die Seitenlängen a, b und c, dann ist die Fläche die Quadratwurzel aus s × (s – a) × (s – b) × (s – c), wobei s = ½ × (a + b + c) ist.

THALES VON MILET

Thales war der erste Gelehrte, der in der Mathematik die Deduktion anwandte, und der erste bekannte Wissenschaftler, der einen mathematischen Beweis niederschrieb.

DER ERSTE MATHEMATISCHE BEWEIS DER WELT

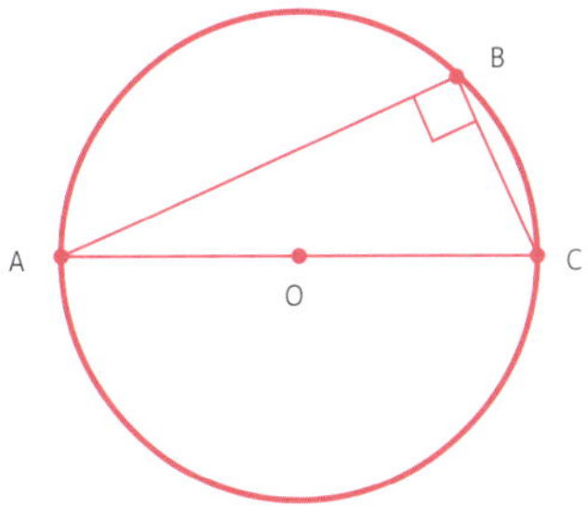

Thales war von **Geometrie** fasziniert. Das führte zum **ersten aufgezeichneten mathematischen Beweis** der Welt. Der berühmte **Satz des Thales** beschreibt **rechtwinklige Dreiecke innerhalb eines Halbkreises.** Thales leitete ab, dass, wenn A, B und C gegebene Punkte auf einem Kreis sind und AC den Durchmesser bildet, der Winkel bei B immer rechtwinklig ist.

MASSENWEISE THEOREME

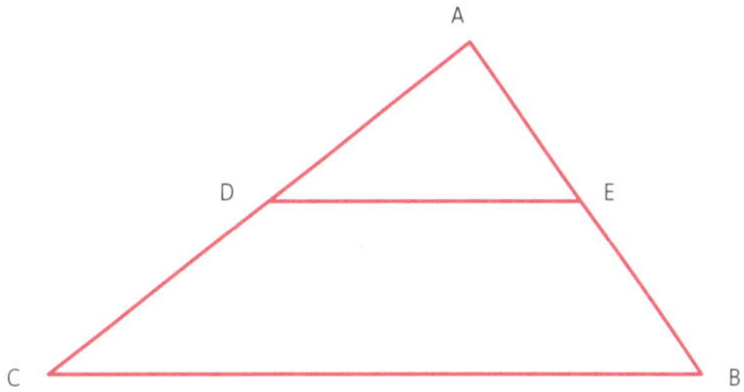

Thales bewies auch den **Strahlensatz:** Sind die Geraden CB und DE **parallel,** dann muss auch das Verhältnis von CD/DA und BE/EA **gleich** sein.

Zusätzlich bewies er, dass ein **Kreis durch seinen Durchmesser** genau **zweigeteilt ist,** dass die **zwei Winkel an der Basis eines gleichschenkligen Dreiecks gleich sind** und dass **die gegenüberliegenden Winkel zweier gekreuzter Geraden gleich sind.**

ANTIKE

LEBEN UND ZEIT

Ca. 624 v. Chr. wurde Thales in Milet in Ionien, einer Provinz im alten Griechenland (an der Küste der heutigen Türkei), geboren. Er war Teil der von Aristoteles so bezeichneten Ionischen Schule, einer einflussreichen Gruppe von Philosophen und Kosmologen.

Thales stammte aus einer reichen Kaufmannsfamilie, doch er verweigerte dieses Leben, um sich der Mathematik und der Astronomie zu widmen.

Thales reiste auch nach Ägypten. Antike Gelehrte berichteten, dass er die Höhe der Pyramiden vermaß, indem er seinen Schatten mit dem Schatten der Pyramiden verglich.

Laut Herodot, dem griechischen Historiker, sagte Thales die Sonnenfinsternis vom 28. Mai 585 v. Chr. vorher.

Man vermutet, dass Thales an einem Hitzschlag gestorben ist, während er die 58. Olympischen Spiele (ca. 545 v. Chr.) besuchte. Er war vermutlich 78 Jahre alt.

KRYPTOGRAPHIE

Das Erstellen und Knacken von Codes wurde zu einem zunehmend mathematischen Unterfangen. Heute ist dieser Bereich äußerst wichtig für die nationale Verteidigung und die Sicherung finanzieller Transaktionen.

ANTIKE

1500 v. Chr. Mesopotamische Tontafeln mit verschlüsselten Inhalten

7. Jahrhundert v. Chr. Die Griechen wenden die Transposition an.

1. Jahrhundert v. Chr. Julius Caesar verwendet eine monoalphabetische Substitution.

800 v. Chr. Arabische Mathematiker entwickeln die Frequenzanalyse, um Codes zu knacken.

1467 Leon Battista Alberti entwirft polyalphabetische Substitutionen.

1586 Maria, die Königin von Schottland, plant mithilfe monoalphabetischer Substitution die Ermordung Königin Elisabeth I.

1914–1918 Die Britische Admiralität knackt deutsche Marinecodes.

1939–1945 Die eigentlich sicheren deutschen elektromechanischen Chiffriermaschinen Enigma und Lorenz werden von Kryptoanalysten geknackt.

1949 Claude Shannon veröffentlicht den revolutionären Artikel *Eine mathematische Theorie der Kryptographie.*

1976 Das Public-Key-Kryptosystem wird erstmals beschrieben.

1984 Die absolut sichere Quantenkryptographie wird eingeführt.

GEHEIMNISSE UND IHRE LÖSUNG

Ursprungstext, bevor man die Verschlüsselung anwendet: „SCHICKT VERSTAERKUNG".

Verschlüsselter Text: Die chiffrierte Botschaft ist bereit für die **Übermittlung:** „VJOHJLX DTYVXBTYLMKI".

Monoalphabetische Verschlüsselung: Kodierungssystem, bei dem **jeder Buchstabe durch einen anderen ersetzt wird,** zum Beispiel: E → T, R → Y etc.

Ursprungstext

A	B	C	D	E	F	G	H	I	J	K	L	M	N	O	P	Q	R	S	T	U	V	W	X	Y	Z
B	W	J	C	T	P	I	O	H	Z	L	Q	A	K	S	U	G	Y	V	X	M	D	F	R	N	E

Verschlüsselter Text

Transposition: Verschlüsselung, bei der die Buchstaben des Ursprungstextes in ein Raster geschrieben und nach bestimmten Regeln gemischt werden.

	1	2	3
1	B	E	S
2	T	C	O
3	D	E	S

Raster 1

→

	2	1	3
3	E	D	S
1	E	B	S
2	C	T	O

Raster 2

Frequenzanalyse: Dekodierung bei monoalphabetischer Substitution, indem man die Buchstabenhäufigkeit analysiert. „E" zum Beispiel ist der häufigste Buchstabe im Deutschen mit einer relativen Häufigkeit von 17,4 %. Wenn also in einem chiffrierten Text 17,4 % der Buchstaben ein „T" sind, kann man darauf wetten, dass es als „E" dekodiert werden kann.

Polyalphabetische Substitution: Frequenzanalyse kann verhindert werden, indem man verschiedene Alphabete in Rotation verwendet. So funktionierte die deutsche Verschlüsselungsmaschine Enigma.

POTENZEN

Das Potenzieren gehört zu den anderen Rechenarten Addition, Subtraktion, Multiplikation und Division und ist die Kurzbezeichnung für das Multiplizieren einer Zahl mit sich selbst.

WORUM GEHT ES?

Das Potenzieren ist eine mathematische Operation, bei der **eine Zahl a zur „Potenz“ einer anderen Zahl b erhoben wird.** Man schreibt a^b. Ist *b* eine ganze Zahl, dann multipliziert man die Zahl *a* so oft, wie es den *b*-**Faktoren** von *a* entspricht, zum Beispiel $a^4 = a \times a \times a \times a$.

2.–3. Jahrhundert v. Chr. Euklid verwendet den Begriff „Potenz“, um das Quadrat einer Zahl zu beschreiben.

3. Jahrhundert v. Chr. Archimedes entdeckt Folgendes: $10^a \times 10^b = 10^{a+b}$

1544 Der deutsche Mathematiker Michael Stifel prägt den Begriff „Exponent“.

1637 René Descartes verwendet in seinem Buch *La Géometrie* als Erster die moderne Exponentialdarstellung.

1748 Leonhard Euler beschäftigt sich mit Formeln, in denen der Exponent die Variable ist, zum Beispiel: 2^x.

KEHRWERT UND WURZEL

Negative Potenzen entsprechen dem **Kehrwert einer Zahl:** $x^{-n} = 1/x^n$.

Ist der Exponent ein Bruch, bezeichnet er die **Wurzel.** Wenn also $y = x^2$, dann bedeutet das: $x = y^{1/2} = \sqrt{y}$. Hier wird $\sqrt{}$ als **Symbol für Wurzel** verwendet, um **die Quadratwurzel** von *y* anzuzeigen – eine Zahl, die mit sich selbst multipliziert *y* ergibt. Man verwendet sie auch für höhere Ordnungen, also ist $x^{1/n} = \sqrt[n]{x}$, oder die n-te Wurzel von x. Und jede Zahl zur 0-ten Potenz erhoben ist einfach 1.

Potenzen von 4

Exponent	Ergebnis	Name
-1	1/4	Kehrwert
0	1	k. A.
1/2	2	Quadrat-wurzel
1	4	k. A.
2	16	Quadratzahl
3	64	Kubikzahl
4	256	vierte Potenz

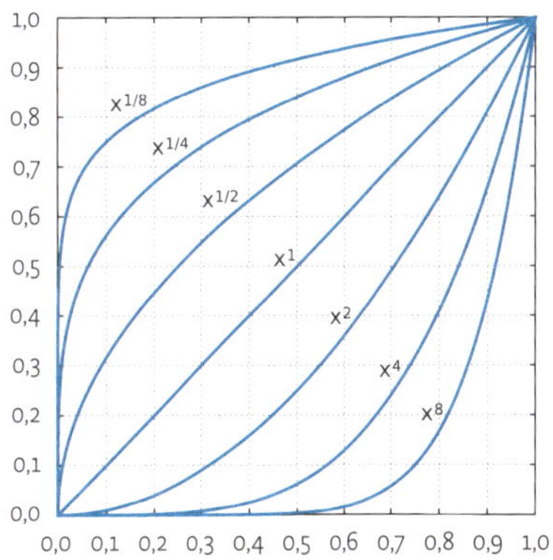

Potenzen und Wurzel der Zahlen zwischen 0 und 1

FLÄCHE UND VOLUMEN

Vom Kochen über die Landvermessung bis hin zur Physik des Kosmos sind Fläche und Volumen wichtige mathematische Werkzeuge, um die Welt zu quantifizieren.

ANTIKE

2000 v. Chr. Erste Berechnung der Fläche eines Dreiecks

260 v. Chr. Archimedes verwendet ϖ, um Fläche und Volumen von Kreisen und Kugeln zu berechnen.

1020 n. Chr. Abul Wafa spekuliert über das Volumen eines Paraboloids.

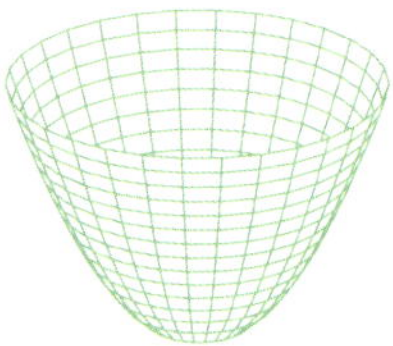

17. Jahrhundert Die Integralrechnung wird entwickelt, um Flächen und Volumina von beliebigen mathematischen Formen zu berechnen.

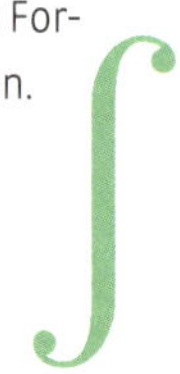

FLÄCHE

Eine **eindimensionale Linie** hat eine einzige, einfache Eigenschaft: ihre **Länge.**

Bei einer **zweidimensionalen Form** kann man die Länge des Umfanges messen. Aber so eine Form hat noch eine zweite Eigenschaft: ihre **Fläche.**

Die Fläche eines einfachen **Rechtecks** zum Beispiel entspricht **Länge** × **Breite.**

In der realen Welt misst man Flächen etwa in **Quadratmetern.**

FLÄCHEN VON FORMEN

Quadrat: Seitenlänge zum Quadrat

Rechteck: Länge × Breite

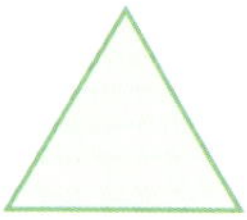

Dreieck: ½ × Grundlinie × Höhe

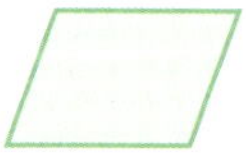

Parallelogramm: Grundlinie × Höhe

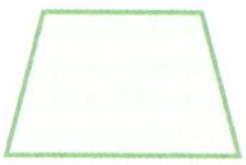

Trapez: ½ × Grundlinie × Höhe × obere Länge

VOLUMEN

Ähnlich habe auch **dreidimensionale** Objekte eine äußere Oberfläche und eine zusätzliche Eigenschaft: das **Volumen.** Es besagt, wie viel dreidimensionalen Raum sie einnehmen.

Zum Beispiel hat ein **Quader** (ein Körper mit rechteckigen Seitenflächen) ein Volumen gleich **Länge** × **Breite** × **Höhe.**

Volumen wird zum Beispiel in **Kubikmetern** oder **Litern** gemessen.

VOLUMEN VON KÖRPERN

Würfel: Seitenlänge hoch drei

Quader: Länge × Breite × Höhe

Prisma: Grundfläche × Höhe

Pyramide: 1/3 × Grundfläche × Höhe

Tetraeder: √2/12 × Seitenlänge hoch drei

PYTHAGORAS

Als einer der ersten Philosophen steuerte der ionische Gelehrte Pythagoras wichtige Beiträge zu Mathematik, Astronomie und Musiktheorie bei.

Geboren:
570 v. Chr. in Samos, Griechenland

Reiste nach:
Ägypten, Persien

Lebte in:
Kroton, Süditalien

Leidenschaften:
Philosophie, Musik, Mathematik, Politik, Religion, Metaphysik

Gestorben:
ca. 495 v. Chr.

DER SATZ DES PYTHAGORAS

Dieser berühmte **mathematische Zusammenhang** war jahrtausendelang der Eckpfeiler für **Architektur** und **Vermessung.**

$$a^2 + b^2 = c^2$$

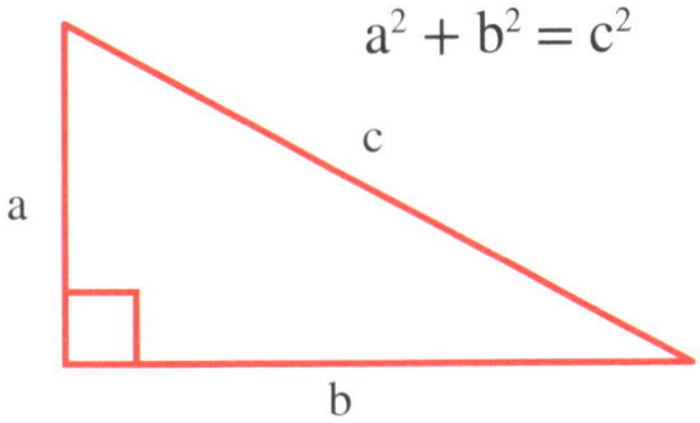

Pythagoras bemerkte, dass das **Quadrat der Hypotenuse** (der Seite, die dem rechten Winkel gegenüberliegt) **gleich der Summe der Quadrate der beiden anderen Seiten** ist.

MYSTIK

Pythagoras glaubte an die **Seelenwanderung** – die **Unsterblichkeit der Seele** und ihre **Reinkarnation** nach dem Tod.

SPHÄRENHARMONIE

Astronomie faszinierte Pythagoras, und er glaubte, dass sich **Sterne** und **Planeten** nach **mathematisch-musikalischen** Zusammenhängen bewegen und dabei eine **hörbare planetarische Symphonie** erzeugen.

PYTHAGOREER

Pythagoras Schüler wurden zu **sektenähnlichen Anhängern,** sie lebten in einer **intellektuellen Gemeinschaft.** Strikte Regeln reglementierten **Verhalten, Kleidung** und **Ernährung.** Ungewöhnlich für die damalige Zeit, lehrte Pythagoras auch **weibliche Schüler.**

HEILIGE FIGUREN

Pythagoras war überzeugt, dass alle Dinge **aus Zahlen bestünden,** und er glaubte an deren **heilige Bedeutung.**

DIE PERFEKTE 10

Man vermutet, Pythagoras habe die **Tetraktys** erdacht – ein **Dreieck** bestehend aus zehn Punkten, angeordnet in vier Reihen, die jeweils einen, zwei, drei beziehungsweise vier Punkte enthalten.

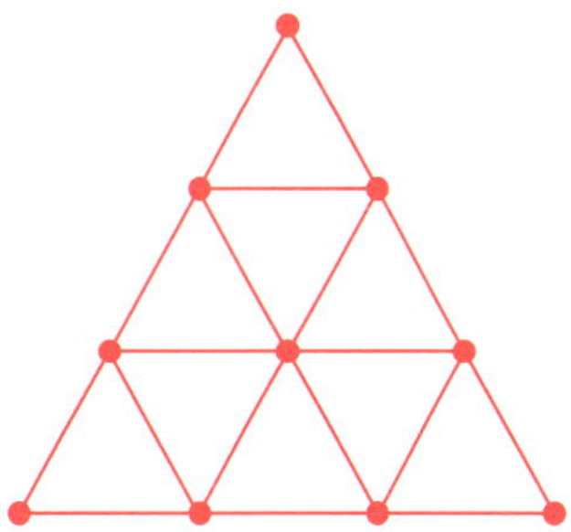

DER SATZ DES PYTHAGORAS

Eine der wichtigsten Regeln der euklidischen Geometrie ist der Satz des Pythagoras, der einen Zusammenhang zwischen der Grundlinie und den Seitenlängen eines rechtwinkligen Dreiecks herstellt.

DAS ZÄHMEN VON DREIECKEN

Der Satz des Pythagoras besagt, dass bei jedem rechtwinkligen Dreieck die **Summe des Quadrates** der **beiden kürzeren Seiten gleich dem Quadrat der längsten Seite** – der **Hypotenuse** – ist.

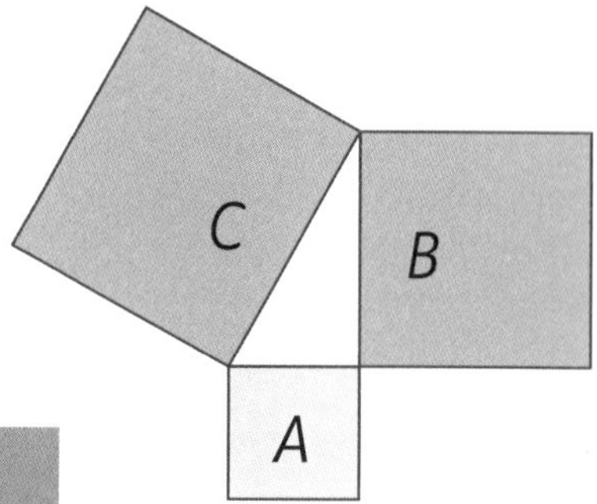

WUSSTEN SIE DAS?

Der Satz des Pythagoras wird für ein rechtwinkliges Dreieck meist in Form der Flächen von Quadraten mit den Seitenlängen des Dreiecks dargestellt, tatsächlich funktioniert er jedoch mit **jeder geometrischen Form,** zum Beispiel mit **gleichseitigen Fünfecken** an jeder Seite des Dreiecks – die Fläche des Fünfecks an der längsten Seite entspricht ebenfalls der Summe der Flächen der beiden anderen Fünfecke.

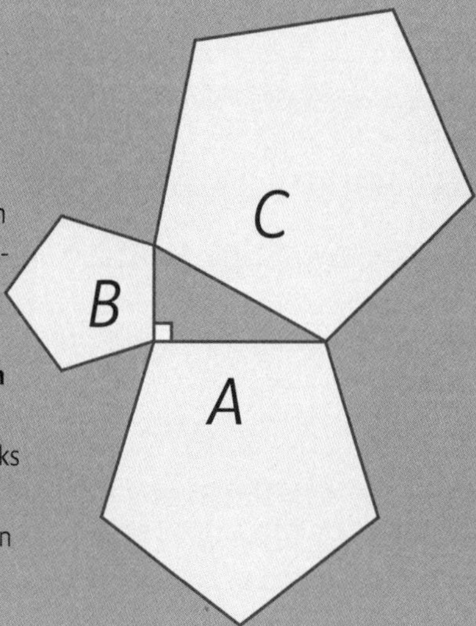

WER WAR'S?

Obwohl der Satz nach dem griechischen Philosophen Pythagoras, der im 6. Jahrhundert v. Chr. lebte, benannt ist, vermutet man, dass er den alten **Babyloniern** bereits 1200 Jahre zuvor bekannt war. Pythagoras erhielt die Lorbeeren für den ersten Beweis – er leitete den Satz von Grundprinzipien ab –, obwohl es dazu keine Aufzeichnungen mehr gibt. Ein Beweis für den Satz findet sich auch in **Euklids** bahnbrechendem Werk *Elemente.*

PYTHAGOREISCHE TRIPEL

Es gibt besondere **ganzzahlige Längen** der zwei kürzeren Seiten des Dreiecks, bei denen der Satz auch eine ganze Zahl für die Hypotenuse ergibt. Diese besonderen Fälle kennt man als die **pythagoreischen Tripel.**

Es gibt fünf Sets von Tripeln, alle mit Werten unter 50:

Seite 1	Seite 2	Hypotenuse
3	4	5
5	12	13
7	24	25
8	15	17
9	40	41

IRRATIONALE ZAHLEN

Die irrationalen Zahlen sind fast so etwas wie die hässlichen Entlein der Zahlenwelt – und ihre Entdeckung brachte die saubere Ordnung der griechischen Mathematiker in jedem Fall ordentlich durcheinander.

ZAHLENSONDERLINGE

Jede Zahl, die als einfacher **„Bruch“** oder **„Ratio“** geschrieben werden kann – das heißt, wenn bei a/b a und b beide **ganze Zahlen** sind –, nennt man „rational“. Jede Zahl, die nicht auf diese Art geschrieben werden kann, fällt in die mathematische Kategorie **„irrational“.**

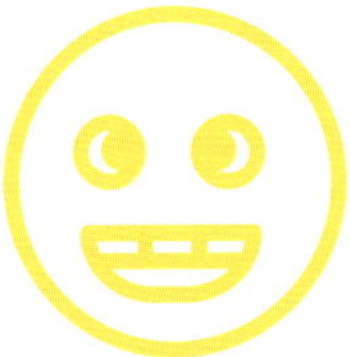

BEISPIELE

Irrationale Zahlen sind unendlich und könnten im Prinzip mit **unendlich vielen Dezimalstellen** geschrieben werden. Nicht nur das, es gibt auch **kein vorhersagbares, sich wiederholendes Muster für die Dezimalstellen.**

Beispiele für irrationale Zahlen sind die **geometrische Konstante** π (= 3,14159...), die **Eulersche Zahl** e (= 2,71828...) und **die Quadratwurzel jeder Zahl, die kein perfektes Quadrat bildet,** wie √2 (= 1,41421...).

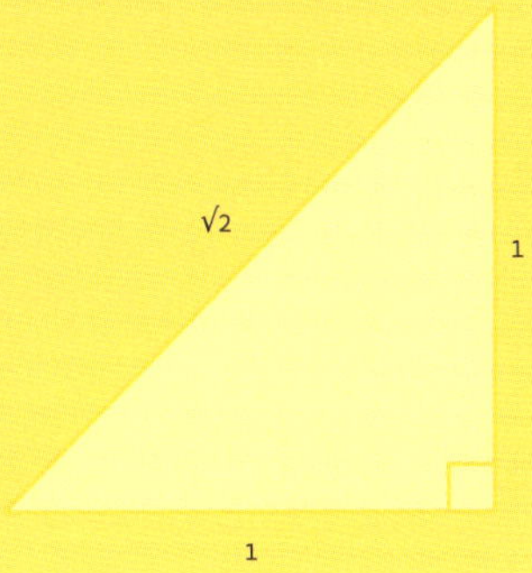

HIPPASOS

Hippasos, ein Anhänger des **Pythagoras,** entdeckte die irrationalen Zahlen im 6. Jahrhundert v. Chr. Für die alten Griechen war es schockierend, dass sich die Mathematik in einer derart **unzulänglichen und unvorhersehbaren Weise** benahm. **Einige verlangten sogar von Pythagoras, er solle seinen Schüler** wegen dieser skandalösen Entdeckung **ertränken.**

6. Jahrhundert v. Chr. Hippasos entdeckt die irrationalen Zahlen.

4. Jahrhundert v. Chr. Eudoxos von Knidos beweist die Irrationalität von Quadratwurzeln bis zur Zahl 17.

5. Jahrhundert Aryabhata errechnet π auf vier Dezimalstellen.

9.–10. Jahrhundert Abu Kamil Shuja' ibn Aslam zieht irrationale Zahlen als Lösungen für Gleichungen in Betracht.

1768 Johann Heinrich Lambert behauptet, e und π seien sowohl transzendent als auch irrational.

HYPATIA

Die erste bekannte weibliche Mathematikerin Hypatia war eine echte Pionierin – die für ihre Ansichten brutal ermordet wurde.

WER WAR HYPATIA?

Hypatia wurde um **350 n. Chr.** in **Alexandria, Ägypten,** geboren.

Sie war die **Tochter von Theon von Alexandria,** einem großen griechisch-römischen **Mathematiker** und **Astronomen.**

Auf Griechisch bedeutet ihr Name **„die Höchste“.**

Laut dem Gelehrten **Damaskios** war Hypatia **„außerordentlich schön“,** aber sie beschloss, jungfräulich zu bleiben.

FRÜH ÜBT SICH

Theon war ein führender Gelehrter und Anhänger des **Neuplatonismus,** einer **religiösen und philosophischen Schulrichtung,** die im **3. Jahrhundert n. Chr.** entstand. Hypatia verbrachte ihre Jugend in einem inspirierenden intellektuellen Umfeld.

DIE KARRIEREFRAU

Alexandria war ein angesehenes Zentrum des Wissens. Hypatia lehrte **Schüler aus dem ganzen Mittelmeerraum Mathematik, Astronomie** und **Philosophie.** Ihr Ruf führte zu einer langen Karriere – und in einer von Männern dominierten Welt wurde sie zu einer der besten Mathematikerinnen und Astronominnen.

BEWAHREN VON WICHTIGEN WERKEN

Hypatia widmete sich dem Bewahren von wichtigen griechischen mathematischen und astronomischen Werken. Sie gab Arbeiten von Archimedes heraus und schrieb Kommentare zu **Apollonius von Perges** bahnbrechendem Werk *Konika* sowie zu *Arithmetica* von **Diophantos von Alexandria.**

BRUTALER MORD

Hypatias **philosophische Ansichten** und ihr angeblicher politischer Einfluss machten sie zum Ziel von Hass vonseiten einiger Gruppen, was schließlich zu ihrer **Ermordung** im Jahr 415 durch eine Gruppe von **Christen** führte, die sie in eine Kirche drängten, mit Austernschalen **attackierten** und **sie in Stücke rissen.**

MÄCHTIGES ERBE

Hypatia wird als **Märtyrerin der Philosophie** angesehen, und sie wurde zu einem **feministischen Symbol.** Sie inspiriert seit tausenden Jahren **Schriftsteller, Maler, Philosophen** und **Wissenschaftler.**

POLYEDER

Polyeder sind dreidimensionale Körper bestehend aus Vielecken, die an Ecken und Kanten zusammengesetzt sind. Die Gesetze, die ihre Struktur regeln, spiegeln die Geometrie des Raumes, in dem wir leben, wider.

BAUSTEINE

Polygone, die Bausteine von Polyedern, sind zweidimensionale Formen, die aus **geraden Linien, die sich zu geschlossenen Flächen formen,** bestehen. Sie können **regelmäßig** (gleichseitig sowie gleichwinklig) oder **unregelmäßig** sein.

ANATOMIE EINES POLYEDERS

Der Schweizer Mathematiker **Leonhard Euler** fand heraus, dass für **dreidimensionale Polyeder** mit F Flächen, K Kanten und E Ecken die Formel

$$E + F - K = 2$$

gelten muss.

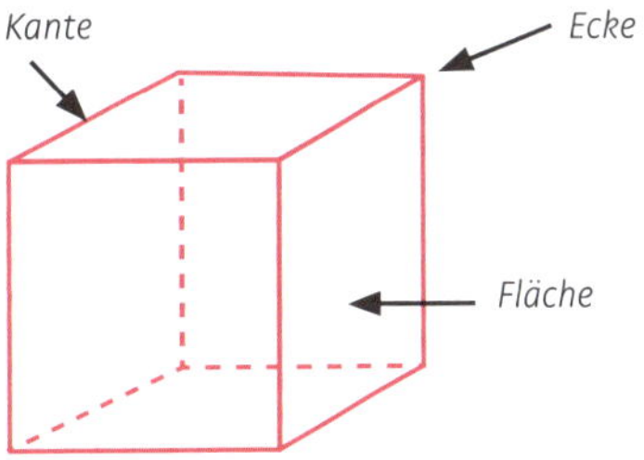

Eulers Formel für Polyeder gilt für jede dreidimensionale Form, die **beschränkt** (ohne Löcher) und **konvex** (nach außen gekrümmt wie ein Ball) ist.

Eine Folge daraus ist, dass es **keinen Polyeder mit sieben Kanten geben kann.**

PLATONISCHE KÖRPER

Platonische Körper sind **regelmäßige Polyeder** – das heißt, alle Seitenflächen sind regelmäßige Vielecke mit den gleichen Seitenlängen und alle Ecken werden durch dieselbe Anzahl an Kanten miteinander verbunden. Wendet man diese Bedingungen auf die **eulersche Formel** an, zeigt sich, dass es **nur fünf regelmäßige Polyeder geben kann,** und zwar mit vier, sechs, acht, zwölf und zwanzig Seitenflächen.

Fans von Brettspielen erkennen das vielleicht als Basis **vielseitiger Würfel** – außer beim zehnseitigen Würfel, der ein **pentagonales Trapezoeder** ist (ein unregelmäßiges Polyeder, weil seine Seiten keine regelmäßigen Polygone sind).

Platonischer Körper	Seiten	Polygon
Tetraeder	4	gleichseitiges Dreieck
Würfel	6	Quadrat
Oktaeder	8	gleichseitiges Dreieck
Dodekaeder	12	regelmäßiges Fünfeck
Ikosaeder	20	gleichseitiges Dreieck

UNREGELMÄSSIGE POLYEDER

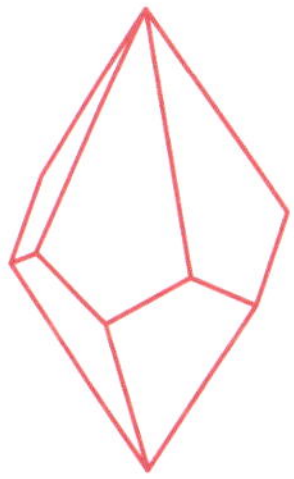

Es gibt eine Vielzahl **weiterer Polyeder.** Zum Beispiel bestehen die **archimedischen Körper** aus verschiedenen regelmäßigen Polygonen.

Die vielleicht berühmteste Form unter diesen ist der **Ikosaederstumpf** – man kennt sie von **Fußbällen.**

VOLLKOMMENE ZAHLEN

Der griechische Philosoph Euklid beschrieb vollkommene Zahlen erstmals vor 2.300 Jahren. Einige Gelehrte glaubten sogar, dass ihre seltenen Eigenschaften ihnen mystische Bedeutung verleihen.

WAS IST EINE VOLLKOMMENE ZAHL?

Eine vollkommene Zahl ist eine **positive ganze Zahl, die gleich der Summe aller ihrer Teiler außer sich selbst ist** (siehe Tabelle). Die Zahl 6 ist die erste vollkommene Zahl. Die Teiler von 6 sind 1, 2 und 3, und deren Summe ergibt 6.

Vollkommene Zahl	Positive Teiler	Summe aller Teiler außer der Zahl selbst
6	1, 2, 3, 6	6
28	1, 2, 4, 7, 14, 28	28
496	1, 2, 4, 8, 16, 31, 62, 124, 248, 496	496
8.128	1, 2, 4, 8, 16, 32, 64, 127, 254, 508, 1.016, 2.032, 4.064, 8.128	8.128

Es gibt nur **vier vollkommene Zahlen kleiner als eine Million: 6, 28, 496** und **8.128.**

MYSTISCHE MATHEMATIK

Schon in der Antike studierten Gelehrte vollkommene Zahlen, die sie verführerisch fanden. **Pythagoras** glaubte, sie hätte mystische Eigenschaften.

Im 4. Jahrhundert v. Chr. postulierte **Euklid,** dass $2^{p-1}(2^p - 1)$ eine vollkommene Zahl und auch eine gerade ganze Zahl ist, wenn $2^p - 1$ eine Primzahl ist. Hier einige Beispiele:

Ist p 2, dann gilt: $2^1(2^2 - 1) = 2 \times 3 = 6$

Ist p 3, dann gilt: $2^2(2^3 - 1) = 4 \times 7 = 28$

Ist p 5, dann gilt: $2^4(2^5 - 1) = 16 \times 31 = 496$

Ist p 7, dann gilt: $2^6(2^7 - 1) = 64 \times 127 = 8.128$

Das Verständnis vollkommener Zahlen führte zur Entdeckung der **Mersenne-Zahlen** (Primzahlen der Form $2p - 1$, wobei p eine ganze Zahl ist), benannt nach dem **französischen Mönch Marin Mersenne,** der sie entdeckte.

Im 18. Jahrhundert bewies **Leonhard Euler,** dass man jede vollkommene Zahl mit **Euklids Formel** (rechts oben) finden kann. Es ist **nicht bekannt, ob es irgendeine ungerade vollkommene Zahl gibt**.

Aktuell sind **51 vollkommene Zahlen bekannt.**

PRIMZAHLEN

Die Existenz von Primzahlen ist seit tausenden Jahren bekannt, aber ihre Eigenschaften sind immer noch nicht ganz erforscht. Sie sind eines der großen Kuriosa der Mathematik.

WAS IST EINE PRIMZAHL?

Jede ganze Zahl größer als 1, die nur durch sich selbst oder 1 dividiert werden kann, ist eine Primzahl.

5 ist also eine Primzahl, da sie nicht ohne Rest durch eine andere Zahl außer 1 und 5 dividiert werden kann. 6 ist keine, weil man sie durch 1 und 6, aber auch durch 2 und 3 dividieren kann.

Die ersten zwanzig Primzahlen sind:

2 3 5 7 11 13 17 19 23 29 31 37 41 43 47 53 59 61 67 71

Es gibt **keine gerade Primzahl außer 2.** Der griechische Philosoph **Euklid** bewies, dass die **Gesamtanzahl der Primzahlen unendlich ist.**

Heute werden **neue Primzahlen** mithilfe von **Computern** aufgespürt.

Die **Riemannsche Vermutung** – ein **unbewiesenes Problem** der **reinen Mathematik** – besagt, dass die **Verteilung** von Primzahlen **vorhergesagt** werden kann.

ANWENDUNGEN

Primzahlen sind sowohl für **andere Bereiche der Mathematik** als auch für die **Kryptographie** und sogar die **Biologie** wichtig.

- KRYPTOGRAPHIE
- QUANTENTHEORIE
- ZAHLENTHEORIE
- ABSTRAKTE ALGEBRA
- ZIKADENZYKLUS

ZUSATZWISSEN

Primzahlen wurden bereits auf dem **Papyrus Rhind** aus dem Jahr 1550 v. Chr. erwähnt.

Die **größte bekannte Primzahl** wurde im Dezember 2018 gefunden, sie hat einen Wert von $2^{82.589.933} - 1$.

Es gibt viele Arten von **exotischen Primzahlen** – wie die **Mersenne-Zahlen (siehe linke Seite unten).** **„Sexy Primzahlen“** treten **paarweise** auf und ihre **Differenz ergibt immer 6.**

MATHEMATISCHE BEWEISE

Der Beweis ist das Lebenselixier der modernen Mathematik. Um ein Theorem zu beweisen, muss es durch eine Reihe von logischen Schritten ausgehend von mathematischen Wahrheiten als richtig dargelegt werden.

- **5.–6. Jahrhundert v. Chr.** Thales und Hippokrates beweisen früh Theoreme in der Geometrie.
- **300 v. Chr.** Euklid erstellt Beweise durch Ableitung von Axiomen.
- **10. Jahrhundert n. Chr.** Islamische Gelehrte entwickeln algebraische Beweise.
- **1976** Kenneth Appel und Wolfgang Happel beweisen den Vier-Farben-Satz.
- **1994** Andrew Wiles beweist den Großen Fermatschen Satz.
- **2006** Grigori Perelman beweist die Poincaré-Vermutung.

WORUM GEHT ES?

Ob es um den **Satz des Pythagoras** oder die **Poincaré-Vermutung** geht: **Mathematische Regeln** sind nur so gut wie ihre **Beweise.** Diese nehmen zahlreiche Formen an, von der einfachen Demonstration, dass etwas **existiert** (etwa die Lösung einer Gleichung) bis zum Beweis der **Einzigartigkeit** (etwa dass eine Lösung die einzige ist) oder einer **allgemeinen Tatsache** (etwa dass $\sqrt{2}$ irrational ist).

UND WIE?

Die Methoden umfassen **Deduktion** (wobei man einen Schritt aus dem vorherigen abgeleit), **Reductio ad absurdum** (wobei man beweist, dass, wenn ein Theorem falsch ist, ein **Widerspruch** entsteht) und **Induktion** (wobei man ein Ergebnis **in einem besonderen Fall beweist,** etwa $n = 0$, und dann beweist, was allgemein gilt, wenn $n \rightarrow n + 1$ ist).

Die Möglichkeit, in der Mathematik **etwas als wahr zu beweisen,** steht in **starkem Widerspruch zu anderen Wissenschaften,** wo Theorien **nur widerlegt werden können.**

UNBEWIESENE PROBLEME

Es gibt in der Mathematik Probleme, die noch **nicht formal bewiesen sind.** Die berühmtesten sind die sechs **Millennium-Probleme,** für deren Beweis das **Clay Mathematics Institute** in New Hampshire je **eine Million Dollar Preisgeld** ausgeschrieben hat.

P-NP-Problem: Ist eine Lösung eines Problems schnell überprüfbar, kann man diese auch schnell finden?

Vermutung von Hodge: Gewisse Homologiegruppen in einem beliebigen Raum sind algebraisch.

Riemannsche Vermutung: Die trivialen Nullstellen der Riemannschen Zetafunktion besitzen einen Realteil von $1/2$.

Yang-Mills-Theorie: Die Gleichungen, die die starke innere Kraft eines Atomkerns regeln, können gelöst werden.

Navier-Stokes-Problem und Fluidität: Beweis für die Existenz und Regularität von Lösungen der dreidimensionalen inkompressiblen Navier-Stokes-Gleichungen.

Vermutung von Birch und Swinnerton-Dyer: Haben elliptische Kurven endlich oder unendlich viele rationale Lösungen?

EUKLID

Man betrachtete Euklids Werk Elemente *lange als den definitiven Text über die Mathematik. Einstein beschrieb es als sein „heiliges kleines Geometriebuch".*

„EUKLID ALLEIN HAT DIE REINE SCHÖNHEIT GESEHEN." – EDNA ST. VINCENT MILLAY (AMERIKANISCHE DICHTERIN)

WER WAR EUKLID?

Man weiß wenig über diesen **griechischen Gelehrten,** der im 4. Jahrhundert v. Chr. geboren wurde und die meiste Zeit seines Lebens in **Alexandria, Ägypten,** studierte und lehrte.

Sein Name bedeutet im Griechischen **„berühmt"** oder **„glorreich".**

In der Antike jedoch bezeichnete man ihn selten mit diesem Namen, sondern eher als **„Autor der** ***Elemente*****".**

Über die Zeit betrachtete man ihn weithin als den **„Vater der Geometrie".**

Er **starb Mitte des 3. Jahrhunderts v. Chr.**

ELEMENTE

Euklids Werk *Elemente* versammelt alle vorherigen mathematischen Theorien und Lehren, darunter auch die Arbeiten von **Eudoxos, Pythagoras** und **Hippokrates.**

1, 2, 3...

Das Buch beinhaltete auch eine der ersten Abhandlungen über **Zahlentheorie,** wobei **ganze Zahlen, Primzahlen** und **vollkommene Zahlen** untersucht wurden.

Es legte den Grundstein für die **Geometrie,** die Mathematik der Formen. Nur mit **Zirkel und Lineal** stellte Euklid **hunderte Theoreme dar.**

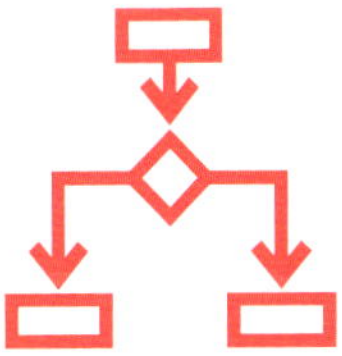

Euklids Methode zum Finden des **größten gemeinsamen Teilers zweier Zahlen** ist ein frühes Beispiel für einen **Algorithmus.**

ERBE

Moderne **geometrische Konzepte** wie **gekrümmte Räume** und die **Differentialgeometrie** leiten sich vom frühen Werk Euklids ab.

Zum Verständnis der **großen Geometrie des Universums** soll das **Weltraumteleskop Euclid der Europäischen Weltraumorganisation** beitragen.

EUKLIDISCHE GEOMETRIE

300 v. Chr. sammelte Euklid das gesamte Wissen über Geometrie und schrieb es – neben seinen eigenen Theoremen und Entdeckungen – in einem 13-bändigen Werk nieder, den Elementen.

EUKLIDS POSTULATE

Euklids geometrische Sätze leiten sich alle von einer kleinen Anzahl an grundlegenden und weitgehend **intuitiven Annahmen** ab, seinen **Axiomen.**

1. Man kann **von jedem Punkt aus nach jedem Punkt** eine Gerade ziehen.
2. Man kann jede Gerade in beide Richtungen **unendlich verlängern.**
3. Man kann an jedem Punkt einen **Kreis mit jedem Radius ziehen.**
4. Alle **rechten Winkel sind gleich.**

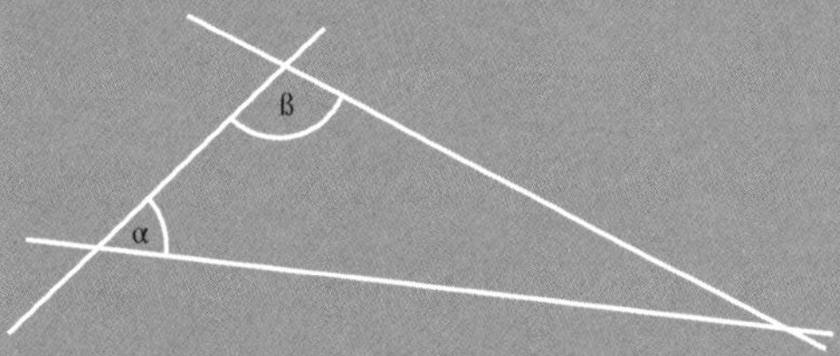

5. Wenn zwei Geraden durch eine dritte gekreuzt werden und die inneren Winkel sich zu weniger als zwei rechten Winkeln (180°) summieren, dann kreuzen sich die beiden Geraden bei Verlängerung ins Unendliche irgendwann. **Parallele Geraden** (die Winkel ergeben genau 180°) **treffen sich nie.** Das ist bekannt als Euklids **Parallelenpostulat.**

ZIRKEL UND STIFT

Euklid bewies die Theoreme in *Elemente* durch **geometrische Konstruktion** – indem er Linien mittels einer **geraden Kante** und eines **Zirkels** zog – und durch **Deduktion** ausgehend von seinen **Postulaten.**

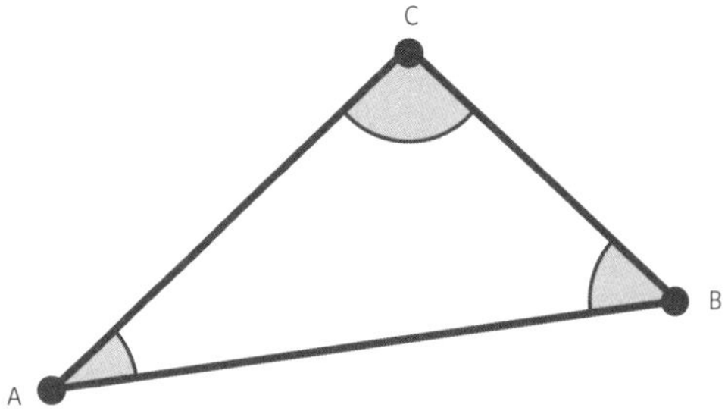

Winkel A + Winkel B + Winkel C = 180°

Beispiele umfassen die **inneren Winkel eines Dreiecks** (deren Summe 180° ergibt) und den **Satz von Thales** (ein Dreieck aus den beiden Endpunkten des Durchmessers eines Kreises und einem weiteren Punkt auf dem Kreis ist immer ein rechtwinkliges Dreieck).

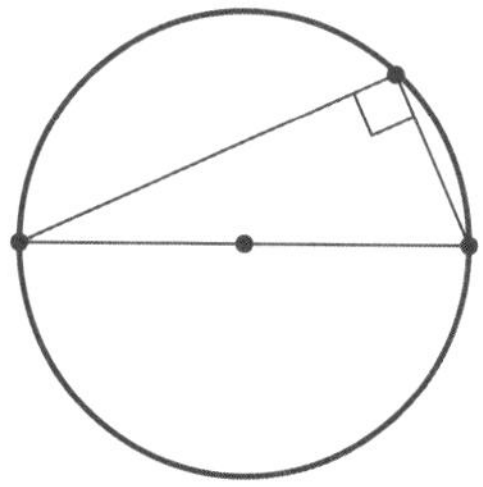

1650 v. Chr. Geometrische Überlegungen finden sich auf dem ägyptischen Papyrus Rhind.

7. Jahrhundert v. Chr. Thales verwendet Geometrie, um praktische Probleme zu lösen.

300 v. Chr. Euklids Werk *Elemente* wird veröffentlicht.

1637 *La Géometrie* von René Descartes markiert den Beginn der analytischen Geometrie.

1830 Erste Erkenntnisse in nicht-euklidischer Geometrie werden publiziert.

ALGORITHMEN

Jeder, der Computerprogramme schreibt, weiß, was ein Algorithmus ist – ein besonderer Satz von Befehlen, um eine Aufgabe automatisch zu erledigen oder ein Problem zu lösen.

WAS STECKT HINTER DEM NAMEN?

Das Wort **„Algorithmus“** geht auf den persischen Gelehrten **Muhammad ibn Musa al-Khwarizmi** zurück, dessen Namen im Jahre 825 zu **Algorismi** latinisiert wurde. Später wurde daraus **„Algorithmus“.** Die moderne Bedeutung erhielt das Wort aber erst im 19. Jahrhundert.

ALGORITHMEN IM ALLTAG

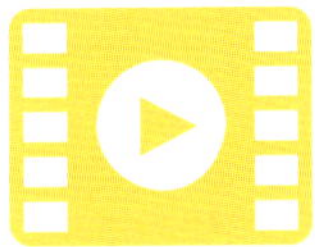

Empfehlungen: Bei den Empfehlungen **für Songs oder Filme** auf Plattformen wie **iTunes** oder **Netflix** wird ein Algorithmus verwendet, um **eine neue Auswahl** vorzuschlagen, die **vergleichbar zu den vergangenen Vorlieben** ist.

Optimierung: Algorithmen können die **beste Lösung aus einer Vielzahl an Möglichkeiten** herausfiltern. So findet auch das Navi die kürzeste Route zur gewünschten Destination.

Suche: Google Search und andere Algorithmen können **das Internet oder Dateien filtern,** um die **passenden Treffer für die Suche zu finden.**

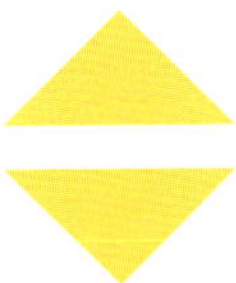

Sortieren: Wenn **Amazon** eine Anfrage nach **Preis** oder **Bewertung** reiht, dann wird ein Algorithmus verwendet, der **Einträge paarweise vergleicht** und dann eine Liste erstellt.

EUKLIDS ALGORITHMUS

Das wahrscheinlich älteste Beispiel ist der euklidische Algorithmus, der 300 v. Chr. im Buch VII der *Elemente* veröffentlicht wurde. Der Algorithmus **sollte den größten gemeinsamen Teiler zweier Zahlen finden,** das heißt, den größten Wert, durch den beide Zahlen ohne Rest dividiert werden können – durch **wiederholte Subtraktionen jeweils einer Zahl von der anderen.**

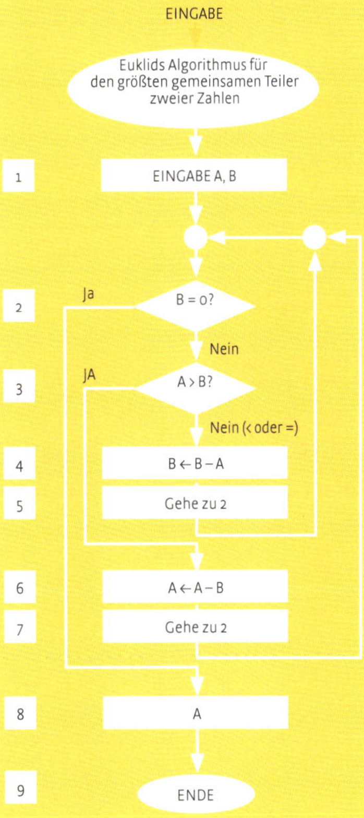

PI

Pi oder π, wie man es gewöhnlich schreibt, ist die grundlegende Konstante der Geometrie, die als Verhältnis des Umfanges eines Kreises zu seinem Durchmesser definiert ist.

WAS IST π?

Der heutige Wert ist:

3,1415926535897932384626433832795028841971693993751058209749445923078164062862089986280348253421170679821480865132823066470938446095505822317253594081284
811174502841027019385211055596446229489549303819644288109756659334461284756482337867831652712019091456485669234603486104543266482133936072602491412737245
8700660631558817488152092096282925409171536436789259036001133053054882046652138414695194151160943305727036575959195309218611738193261179310511854807446237
9962749567351885752724891227938183011949129833673362440656643086021394946395224737190702179860943702770539217176293176752384674818467669405132000568127145
2635608277857713427577896091736371787214684409012249534301465495853710507922796892589235420199561121290219608640344181598136297747713099605187072113499999
9837297804995105973173281609631859502445945534690830264252230825334468503526193118817101000313783875288658753320838142061717766914730359825349042875546873
11595628638823537875937519577818577805321712268066130019278766111959092164201989380952572010654858632788659361533818279682303019520353018529689957736225994
1389124972177528347913151557485724245415069595082953311686172785588907509838175463746493931925506040092770167113900984882401285836160356370766010471018194
295559619894676783744944825537…

π ist sowohl **irrational** als auch **transzendent** und besitzt eine **unendliche Anzahl an Dezimalstellen.**
Eine gute rationelle Annäherung ist 355/113.

KREISE

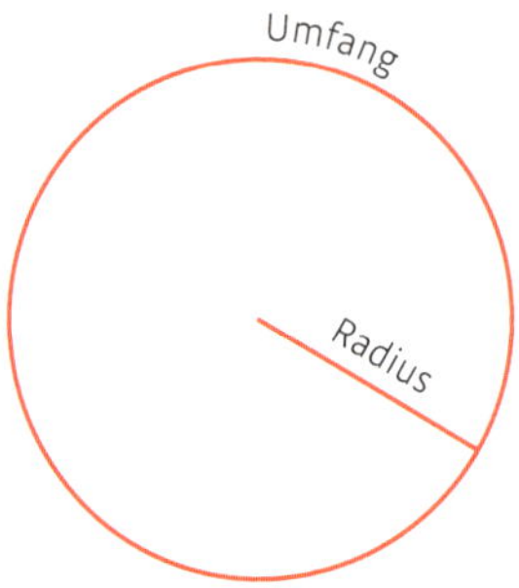

Nach der Definition von ϖ ist der **Umfang eines Kreises** $U = 2\pi r$, wobei r der Radius ist. Die Fläche A ist gegeben durch $A = \pi r^2$.

KÖRPER

Zudem findet man π auch in der Formel für die **Oberfläche und das Volumen von dreidimensionalen Körpern, die einen runden Schnitt aufweisen.**

Körper	Oberfläche	Volumen
Kugel	$4\pi r^2$	$\frac{4}{3}\pi r^3$
Zylinder	$2\pi r^2 + 2\pi rh$	$\pi r^2 h$
Kegel	$\pi r(r + \sqrt{(h^2 + r^2)})$	$\frac{1}{3}\pi r^2 h$

- **1650 v. Chr.** Erste bekannte Schätzung von π (~ 3,16) auf dem Papyrus Rhind
- **3. Jahrhundert v. Chr.** Archimedes nähert sich π durch den Bruch 22/7 an.
- **1220** Fibonacci erreicht einen Wert von 3,1418 durch die Betrachtung eines Kreises als vielseitiges Polygon.
- **1706** Der walisische Mathematiker William Jones verwendet als Erster das Symbol π.
- **1761** Der Schweizer Mathematiker Johann Heinrich Lambert beweist, dass π irrational ist.
- **1882** Der deutsche Mathematiker Ferdinand von Lindemann beweist, dass π auch transzendent ist.
- **2015** Rajveer Meena zählt 70.000 Dezimalstellen von π auswendig auf – Weltrekord!
- **2019** Die Google-Angestellte Emma Haruka Iwao errechnet mit einem Computer π auf 31.415.926.535897 (fast 31,5 Milliarden) Stellen – ebenfalls Weltrekord.

ARCHIMEDES

Archimedes, der führende Wissenschaftler der Antike, wird weithin als „Vater der Mathematik" angesehen.

AUF EINEN BLICK

Geburt: 287 v. Chr., Syrakus, Sizilien

Ausbildung: Alexandria, Ägypten

Leidenschaften: Astronomie, Baukunst, Mathematik, Philosophie

Herrscher: König Hieron II.

Tod: 212 v. Chr. von den Römern ermordet

BAHNBRECHENDE ERRUNGENSCHAFTEN

Pi: Archimedes war der **erste Mathematiker, der Pi schätzte** – das Verhältnis des Umfanges eines Kreises zu seinem Durchmesser.

Archimedisches Prinzip: Ein schwimmendes Objekt verdrängt so viel Flüssigkeit, wie es wiegt.

Archimedische Schraube: Er **entwarf eine sich in einem Zylinder drehende Schraube, mit der das Wasser von einer Ebene auf die andere gehoben wurde.** Noch heute verwendet man Varianten davon.

Todesstrahlen: Man vermutet, dass Archimedes **tödliche Mechanismen entwarf,** wobei er mittels Spiegeln das Sonnenlicht auf feindliche Schiffe fokussierte, die so in Brand gesetzt werden sollten.

Die Kralle: Um Häfen zu verteidigen, **entwarf** Archimedes **einen Haken aus Metall,** der an einem kranähnlichen Arm hing. Die Kralle hob ein Ende eines angreifenden Schiffes aus dem Wasser, sodass es umkippte und sank.

Theoreme: Archimedes fand heraus, wie man **die Fläche eines Kreises, die Oberfläche und das Volumen einer Kugel** und die **Fläche unter einer Parabel** berechnet.

DAS ERBE VON ARCHIMEDES

Der Gebirgszug **Montes Archimedes** auf dem Mond ist nach ihm benannt.

Die **Fields-Medaille,** die für außergewöhnliche Beiträge in der Mathematik verliehen wird, ziert ein Porträt von Archimedes.

„Heureka!" ist das **Motto des Staates Kalifornien,** es wurde zu Beginn des Goldrausches geprägt.

Galileo verehrte Archimedes und behauptete, er sei **„übermenschlich".**

ERATOSTHENES VON KYRENE

Eratosthenes kreierte einen frühen Algorithmus, um Primzahlen zu finden, schlug die Einführung von Schalttagen vor und war der erste Mensch, von dem man weiß, dass er den Erdumfang schätzte.

LEBEN UND ZEIT

Geburt: ca. 276 v. Chr. in **Kyrene,** damals eine griechische Stadt, heute die libysche Stadt Shahhat

Erziehung: Er wurde in Kyrene und **Athen in Philosophie** und **Mathematik unterrichtet.**

Leidenschaften und **Schriften: Geographie, Mathematik, Astronomie, Geschichte** und **Komödien** und **Poesie**

Schlüsselrolle: Leiter der **Bibliothek von Alexandria,** dem angesehenen Zentrum der Lehre in der Antike

Tod: ca. 195 v. Chr. Man vermutet, Eratosthenes **sei erblindet** und **habe Selbstmord begangen, indem er sich zu Tode hungerte.**

BERÜHMTE ARBEITEN

Eratosthenes war der **erste Wissenschaftler, der den Umfang der Erde** schätzte. Das Ergebnis, **44.000 km,** war nahe dem **tatsächlichen Wert von 40.030 km.**

Er entwarf einen **Kalender** mit 365 Tagen im Jahr und einem Extratag alle vier Jahre.

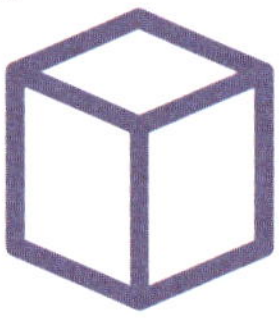

Er fand heraus, wie man aus einem gegebenen **Würfel** die Größe eines neuen errechnet, sodass **das Volumen verdoppelt** wird.

DAS SIEB DES ERATOSTHENES

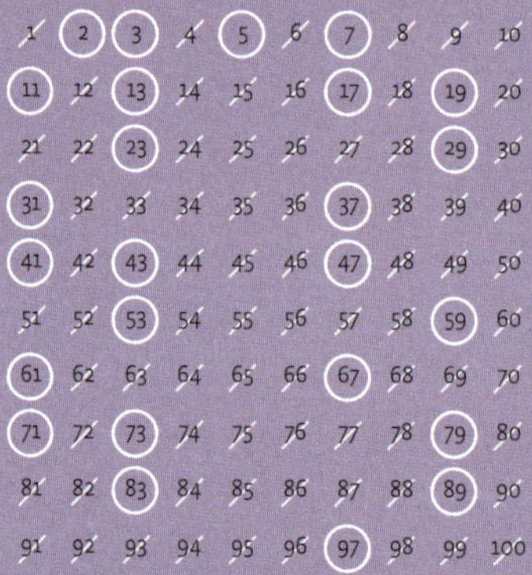

Die alten Griechen verstanden **Primzahlen** – als Zahlen, die man nicht durch Multiplikation anderer ganzer Zahlen erhält.

Mit diesem **Zahlensieb** fand Eratosthenes einen Weg, Primzahlen systematisch durch **Elimination** zu finden.

Zuerst entfernt man 1 – keine Primzahl –, dann jede Zahl, die man durch 2 dividieren kann, dann alle teilbar durch 3, 5, 7, und 9. Abgebildet ist das Ergebnis für die Zahlen bis 100.

Eratosthenes schuf damit ein **schnelles und einfaches mathematisches Werkzeug** – einen frühen **Algorithmus.**

KEGELSCHNITTE

Kegelschnitte sind besondere Kurven, und ihre Entdeckung war eine wichtige Entwicklung in der Geometrie – zudem gibt es noch heute viele Anwendungen in der realen Welt.

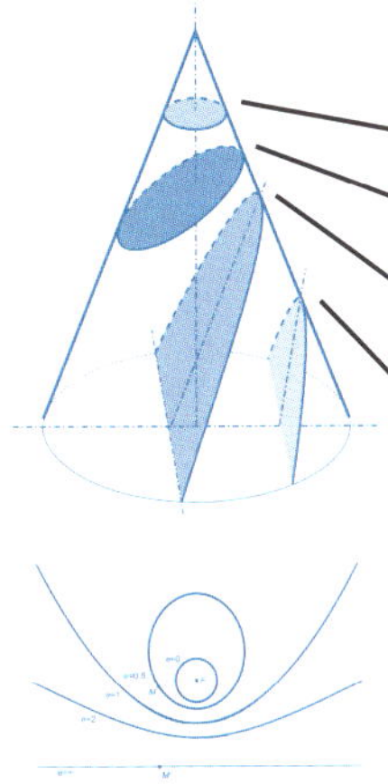

ANATOMIE EINES KEGELS

Ein horizontaler Schnitt durch einen Kegel ergibt einen Kreis.

Neigt man den Schnitt **weg von der Horizontale,** verformt sich der Kreis zu einer **ovalen Form,** bekannt als **Ellipse**.

Neigt man den Schnitt **weiter,** bis er parallel zur Seite des Kegels liegt, wird er zu einer **offenen Kurve,** die man **Parabel** nennt.

Neigt man den Schnitt **noch weiter,** wird er zu einer noch weiteren Kurve, die die Mathematiker als **Hyperbel** bezeichnen.

ANWENDUNG

Kegelschnitte finden **Anwendung beim Design optischer Systeme und bei Satellitenschüsseln.** Sie beschreiben auch den **Weg von Objekten, die sich in elektrischen und Gravitationsfeldern bewegen.** Ein Ball, den man auf der Erdoberfläche wirft, folgt einer **Parabel.** Wirft man ihn weit genug, sodass er die **Erdumlaufbahn** erreicht, bewegt er sich auf einer **runden oder elliptischen Bahn.**

GESCHICHTE

$$y=x^2$$

Die erste bekannte Studie von Kegelschnitten geht zurück auf das 4. Jahrhundert v. Chr. und den **griechischen Mathematiker Menaichmos.** Spätere Arbeiten dazu stammen von **Euklid** und **Apollonius.**

Im Jahr 1000 n. Chr. entwarf der **arabische Gelehrte Al-Quhi** ein Gerät, um Kegelschnitte zu zeichnen.

Kegelschnitte wurden ursprünglich aus geometrischer Sicht betrachtet, **John Wallis** gelang es im 17. Jahrhundert, sie anhand **mathematischer Gleichungen** zu beschreiben.

KOMBINATORIK

Die Kombinatorik ist ein Bereich der Mathematik, der sich mit möglichen Kombinationen und Anordnungen von Objekten beschäftigt – zum Beispiel Bälle, die man in zufälliger Reihenfolge einem Sack entnimmt.

FAKULTÄTEN

Bei einer ganzen Zahl *n* wird die **Fakultät** geschrieben als n!. Sie ist ein nützliches Hilfsmittel der Kombinatorik. Die Fakultät entspricht n × (n – 1) × (n – 2) × ... × 1.

Fakultätswerte von 1 bis 30	
01!	1
02!	2
03!	6
04!	24
05!	120
06!	720
07!	5040
08!	40320
09!	362880
10!	3628800
11!	39916800
12!	479001600
13!	6227020800
14!	87178291200
15!	1307674368000
16!	20922789888000
17!	355687428096000
18!	6402373705728000
19!	121645100408832000
20!	2432902008176640000
21!	51090942171709440000
22!	1124000727777607680000
23!	25852016738884976640000
24!	620448401733239439360000
25!	15511210043330985984000000
26!	403291461126605635584000000
27!	10888869450418352160768000000
28!	304888344611713860501504000000
29!	8841761993739701954543616000000
30!	265252859812191058636308480000000

PERMUTATIONEN

Ausgehend von den Fakultäten kann man Permutationen berechnen – **die Anzahl der Möglichkeiten, Gruppen von Objekten anzuordnen.** Nimmt man die Zahlen von 1 bis 3, gibt es sechs mögliche Anordnungen: 123, 132, 213, 231, 312 und 321 – oder: **Bei n gegebenen Objekten gibt es n! mögliche Permutationen.** Verwendet man nicht alle n und will nur k Objekte entnehmen, kommt man zur Formel

$$n!/(n-k)!$$

KOMBINATIONEN

Kümmert man sich **nicht um die Anordnung der Objekte, werden die sich ergebenden Möglichkeiten als Kombinationen** bezeichnet. Wenn man die Zahlen 1 bis 3 nimmt und daraus zwei ziehen will, gibt es drei mögliche Kombinationen: 1, 2 und 1, 3 und 2, 3. **Die Ordnung ist hier nicht wichtig,** man kann zum Beispiel statt 1, 2 auch 2, 1 schreiben.

Allgemein gilt, wenn man k Objekte aus n zieht, dann ist die Zahl der möglichen Kombinationen

$$n!/(k!(n-k)!)$$

Manchmal schreibt man es auch als $\binom{n}{k}$ und sagt: **„k aus n".**

n	k	Permutation	Kombination
2	1	2	2
2	2	2	1
3	1	3	3
3	2	6	3
3	3	6	1
4	1	4	4
4	2	12	6
4	3	24	4
4	4	24	1
5	1	5	5
5	2	20	10
5	3	60	10
5	4	120	5
5	5	120	1

WAHRSCHEINLICHKEIT

Die Kombinatorik wird in der Wahrscheinlichkeitstheorie verwendet, um die Anzahl der Möglichkeiten, wie ein bestimmtes Ereignis eintreten kann, zu berechnen. Wenn zum Beispiel ein Sack drei rote und drei schwarze Bälle enthält und man zieht zwei davon zufällig heraus, dann ist die Wahrscheinlichkeit, dass beide rot sind, 2 aus 3 dividiert durch 2 aus 6, was 0,2 ergibt. Es ist also in 20 % der Male der Fall.

BINÄRZAHLEN

Das binäre Zahlensystem ist das Herzstück der Informatik. Es geht zurück auf die Arbeiten des antiken indischen Mathematikers Acharya Pingala.

? WAS IST EINE BINÄRZAHL?

Während unser **Dezimalsystem** auf den 10 Zahlen von 0 bis 9 aufgebaut ist, werden Binärzahlen auf der **Basis von 2** ausgedrückt – es werden also nur zwei Zahlen verwendet, meist 0 und 1.

WIE FINDET MAN BINÄRZAHLEN?

Binäre Zahlen kann man sich als Addition der Potenzen von 2 vorstellen.
Man kann zum Beispiel die Zahl 122 folgendermaßen als Binärzahl schreiben: 01111010; 0 × 128 + 1 × 64 + 1 × 32 + 1 × 16 + 1 × 8 + 0 × 4 + 1 × 2 + 0 × 1 (siehe Tabelle rechts).

Potenz von 2	2^7	2^6	2^5	2^4	2^3	2^2	2^1	2^0
Dezimalzahl	128	64	32	16	8	4	2	1
Binärzahl	0	1	1	1	1	0	1	0

Die Binärzahlen funktionieren wie Schalter, die jede Potenz von 2 ausschalten (0) oder einschalten (1).

DIE ERSTEN ZEHN BINÄRZAHLEN

0	1	2	3	4	5	6	7	8	9
0	1	10	11	100	101	110	111	1000	1001

BINÄRE FAKTEN

Binärzahlen werden in der **Informatik** verwendet, wo man 1 oder 0 als Schalter an/aus **kodiert.**

Ein anderes übliches Zahlensystem ist jenes auf der **Basis von 60** – **das Sexagesimalsystem.** Es wurde vor über 4.000 Jahren von den **Sumerern** entwickelt und wird heute noch für das Messen der Zeit verwendet.

Binärzahlen in ihrer heutigen Form wurden im 17. Jahrhundert von **Gottfried Leibniz** entwickelt.

PINGALA

Acharya Pingala entwickelte ein frühes Binärsystem.

Pingala war ein **indischer Mathematiker,** der vor über 2.000 Jahren lebte.

Er ist angeblich der **erste Mensch der die Zahl Null** verwendete, auf **Sanskrit** als „Śūnya" bezeichnet.

Pingala studierte **Muster in Gedichten,** wobei er herausfand, dass man diese in **„Silben"** schreiben konnte, wofür er **eine Art binäre Schreibweise** verwendete.

ANTIKE

ALGEBRA

Algebra kennt jeder von uns aus der Schule. Man bezeichnet damit die Technik, Zahlen durch Symbole zu ersetzen, um Gleichungen zu lösen. Algebra ist zudem die Grundlage für viele weitere Bereiche der Mathematik.

RÖMISCHE ZEIT BIS MITTELALTER

1800 v. Chr. Auf einer babylonischen Tafeln findet sich eine Lösung für eine quadratische elliptische Gleichung.

300 v. Chr. Euklids *Elemente* beinhalten Abhandlungen über das Lösen von quadratischen Gleichungen.

499 v. Chr. Der indische Mathematiker Aryabhata leitet Lösungen für lineare Gleichungen ab.

820 Al-Khwarizmi stellt sein Werk *Al-kitāb al-mukhtaṣar fī ḥisāb al-ğabr wa'l-muqābala* fertig.

1070 Omar Khayyam untersucht kubische Gleichungen.

1832 Évariste Galois beschäftigt sich mit abstrakter Algebra.

DIE ESSENZ DER ALGEBRA

Algebra ermöglichte es Gelehrten, **Probleme mathematisch darzustellen** – und sie dann **zu lösen.** Betrachten wir zum Beispiel die Gleichung $2x - 4 = 0$.

Das ist ein **lineare Gleichung,** weil x in der ersten Potenz steht.

Nun kann man den Wert von x errechnen: Man addiert 4 auf beiden Seiten und dividiert dann durch 2 – und daraus ergibt sich $x = 2$.

GLEICHUNGSSYSTEME

Algebra macht es auch möglich, Gleichungen mit mehr als einer Unbekannten zu lösen. Das ist möglich, solange es eine Gleichung für jede Unbekannte gib. Hat man also

$$2x - y = 5 \text{ sowie } x + y = 1,$$

kann man **diese Gleichungen addieren,** das ergibt $3x = 6$ oder $x = 2$. **Setzt man die Lösung für x nun wieder in jede Gleichung ein,** ergibt das: $y = -1$.

BEZEICHNUNG

Die Bezeichnung „Algebra" geht zurück auf das arabische ***„al jabr"*** (was so viel bedeutet wie **„das Zusammenfügen gebrochener Teile"**), das aus dem Titel eines Buches über algebraische Methoden des islamischen Gelehrten **Muhammad ibn Musa al-Khwarizmi** stammt.

HÖHERE ALGEBRA

Moderne Algebra **geht weit über das Lösen von Gleichungen hinaus** – algebraische Methoden werden in der **Geometrie,** der **Logik,** der **Zahlentheorie** und für weitere **abstrakte mathematische Konzepte** angewandt.

TRIGONOMETRIE

Von der Landvermessung über das Design von Videospielen bis hin zu Physik und Baukunst ist die Trigonometrie ein mächtiges Hilfsmittel, um die Größe und Proportionen von Dreiecken zu berechnen.

WORUM GEHT ES?

Trigonometrie ist ein **Bereich der Mathematik, der die Seitenlängen eines rechtwinkligen Dreiecks mit den Winkeln in Beziehung setzt.** Wenn zum Beispiel ein Winkel des Dreiecks 30° beträgt, dann muss das Dreieck dieselbe Grundform haben wie jedes andere rechtwinklige Dreieck mit einem 30°-Winkel – das bedeutet, dass die Seitenlängen alle **im selben Verhältnis zueinander stehen.**

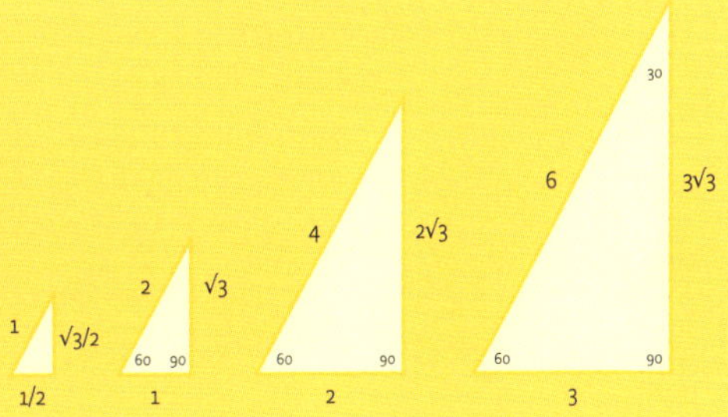

TRIGONOMETRISCHE GLEICHUNGEN

Die **drei wichtigsten trigonometrischen Gleichungen** kennt man als **Sinus, Kosinus** und **Tangens** – oder abgekürzt als **sin, cos** und **tan.**

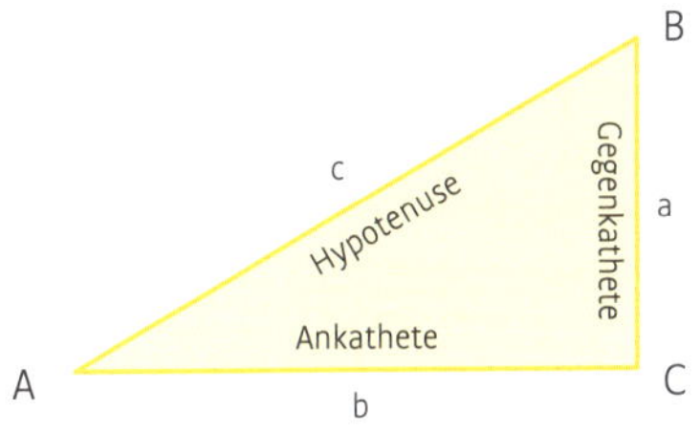

Ihre Definition in Bezug auf die Seitenlängen sind:

sin A = Gegenkathete/Hypotenuse
cos A = Ankathete/Hypotenuse
tan A = Gegenkathete/Ankathete

WICHTIGE WERTE

Wie bei den Logarithmen gab es **Zeiten, da musste man die Lösungen von trigonometrischen Gleichungen mühsam in Tabellen nachschlagen.** Heute können zahlreiche **Taschenrechner** und **Handy-Apps** die Gleichungen im Handumdrehen lösen. Trotzdem listen wir hier einige der oft vorkommenden Werte auf:

Winkel in Grad	0°	30°	45°	60°	90°
sin	0	1/2	√2/2	√3/2	1
cos	1	√3/2	√2/2	1/2	0
tan	0	√3/3	1	√3	Nicht definiert

3. Jahrtausend v. Chr. Sumerische Astronomen beginnen, sich mit Winkeln zu beschäftigen.

140 v. Chr. Hipparchos erstellt erstmals eine Tabelle mit den Werten von Sinus.

1543 Nikolaus Kopernikus beschreibt Trigonometrie in seinem Buch *De revolutionibus orbium coelestium.*

1595 Der deutsche Gelehrte Bartholomäus Pitiscus prägt den Begriff „Trigonometrie".

NULL

Tausende Jahre lang kam die Menschheit ohne die Zahl Null aus, aber heutzutage ist eine Welt ohne sie kaum vorstellbar.

VON DER NULL ZUM HELDEN

0

Die Null ist **grundlegend** in der Mathematik und **ermöglichte große Fortschritte.** Doch **selbst die alten Griechen** mit ihren progressiven Ideen **kannten keinen Weg, mit ihr umzugehen.**

Der indische Gelehrte **Brahmagupta** verstand, dass Null **eine für sich selbst stehende Zahl ist** und Anwendungen in der Mathematik besitzt.

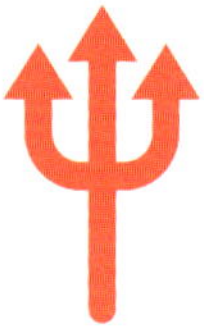

Im 12. Jahrhundert **führte** der italienische Mathematiker **Fibonacci Null gemeinsam mit den indo-arabischen Zahlen in Europa ein.** Das war jedoch ein Risiko: Die **Kirche misstraute den arabischen Zahlen** und **betrachtete sie als Teufelswerk.**

Die Null wurde 1299 in Florenz verboten, aber die Kaufleute fanden die Zahl nützlich – so hörte man ihren arabischen Namen „*sifr*" weiterhin, wenn auch geflüstert. Heute ist die Null **in unserem Zahlensystem genauso wichtig wie die anderen Zahlen von 1 bis 9.**

AUCH DIE NULL ZÄHLT

5 Null braucht man für **Zahlensysteme, Algebra, Infinitesimalrechnungen** und **Geometrie.**

4 Null hat eine **enge Beziehung mit der Unendlichkeit,** da jede Zahl dividiert durch Null unendlich ergibt.

3 Null **verleiht auch mikroskopisch kleinen Zahlen Genauigkeit** – und **ermöglicht genauso riesige Zahlen.**

2 **Null trennt positive von negativen Zahlen.**

1 Null ist der **Platzhalter in unserem Dezimalsystem.**

0 **Die Mathematik** vertraut auf sie – **sie könnte ohne die Null nicht funktionieren.**

3000 v. Chr. Man vermutet, die Babylonier hätten zwei gekrümmte Keile verwendet, um Null darzustellen.

900–300 v. Chr. Das Sanskrit-Manuskript Bakhshali beinhaltet die erste niedergeschriebene Null.

628 v. Chr. Brahmagupta behandelt Null als eigenständige Zahl und stellt Regeln für ihre Verwendung auf.

1202 Fibonacci führt „0" in das indo-arabische Zahlensystem ein.

1545 Gerolamo Cardano veröffentlicht sein Werk über negative Zahlen.

PTOLEMÄUS

Ptolemäus galt als Genie der Antike – er wusste, dass der Schlüssel für die Lösung astronomischer Probleme in der Mathematik lag. Sein Werk stellte den Höhepunkt der griechisch-römischen Wissenschaft dar.

Geburt: ca. 90 n. Chr. in Alexandria, unter römischer Herrschaft

Leidenschaften: Mathematik, Astronomie, Geographie und Literatur

Hauptwerke: *Almagest*, *Geographia*, *Optik* und *Tetrabiblos*.

Tod: ca. 168 n. Chr.

OPUS MAGNUM

Almagest, nach dem griechischen Wort für „das Größte", ist **eine Abhandlung über Astronomie,** die ca. 150 n. Chr. fertiggestellt wurde. Das Buch **legt die Vorstellung von Ptolemäus dar, dass die Bewegungen der Planeten, der Sonne und des Mondes in mathematischen Begriffen erklärt werden könnten,** und war bis zum 17. Jahrhundert der wichtigste Text in diesem Bereich.

Ptolemäus berief sich darauf, er habe **astronomische Daten** und **geometrische Modelle** zusammengetragen, die **griechische** und **babylonische** Wissenschaftler über Jahrhunderte erstellt hatten. Sie wurden dazu verwendet, vergangene und zukünftige Positionen der Planeten zu berechnen.

Das Buch beinhaltet Details **mathematischer Techniken** wie die **sphärische Trigonometrie.**

Almagest enthält zudem einen **Katalog der Himmelsobjekte** mit **48 Sternbildern,** der auf dem Werk des griechischen Astronomen **Hipparchos** aufbaut.

EIN BEGABTER MANN

In *Harmonik* beschäftigte sich Ptolemäus mit der **Mathematik in der Musik** und schrieb die **pythagoreische Theorie, dass Musiknoten in Gleichungen umgewandelt werden können,** nieder.

In der Abhandlung *Geographia* schrieb Ptolemäus **Längen- und Breitengrade** für 8.000 Orte auf einer Weltkarte ein.

Mit *Optik* schuf Ptolemäus eine einflussreiche Schrift über **visuelle Wahrnehmung,** darin findet sich eine frühe Berechnung für die **Brechung:** Er beschreibt, wie ein Lichtstrahl **beim Eintritt von der Luft ins Wasser** gebrochen wird.

DIOPHANTOS

Der griechisch-römische Gelehrte Diophantos, ein früher Meister der Algebra, verfasste das wegweisende Werk Arithmetica, *in dem er Regeln für die Algebra aufstellte – es inspirierte Mathematiker über Jahrtausende.*

WER WAR DIOPHANTOS?

Man weiß wenig über das Leben von Diophantos, aber Historiker glauben, dass er im frühen 3. Jahrhundert n. Chr. zur Welt kam. Er lebte während der **römischen Herrschaft** in **Alexandria, Ägypten.**

ALGEBRA

Diophantos war der **erste Mathematiker, der algebraische Symbole** verwendete. Er benützte sie zum Beispiel, um Unbekannte darzustellen – wozu heute meist „x" verwendet wird.

ARITHMETICA

Diophantos ist besonders berühmt für sein Werk *Arithmetica*, die **einflussreichste Abhandlung über Algebra zu jener Zeit.** Sie umfasste 13 Bände, zehn davon sind heute noch erhalten. Jeder Band enthält eine Reihe von Problemstellungen, die mit algebraischen Methoden gelöst werden sollten.

Während **Europa im dunklen Mittelalter versank,** versuchten **arabische Gelehrte,** die äußerst **komplexen Gleichungen** der *Arithmetica* zu lösen.

WIE ALT?

Der griechische Mathematiker **Metrodoros** vermutete im 5. Jahrhundert, dass Diophantos bis zu einem Alter lebte, das der Lösung der **diophantischen Gleichung** $x = x/6 + x/12 + x/7 + 5 + x/2 + 4$ entspricht.

Die Lösung ist $x = 84$.

DIOPHANTISCHE GLEICHUNGEN

Diophantos war ein Pionier des Studiums mathematischer Gleichungen mit **rein ganzzahligen Lösungen.**

$x + 2 = 3$ ist diophantisch, weil die Lösung $x = 1$ ergibt.

$2x - 1 = 0$ ist es nicht, weil die Lösung $x = 1/2$ ist.

INSPIRATIONSQUELLE

Durch die Lektüre von *Arithmetica* wurde **Pierre de Fermat** zu seinem **Großen Fermatschen Satz** inspiriert:

$$a^n + b^n = c^n$$

DIOPHANTISCHE GLEICHUNGEN

Der griechische Philosoph Diophantos entwickelte im 3. Jahrhundert die diophantischen Gleichungen, sie entsprechen Aussagen über die Beziehungen zwischen natürlichen Zahlen.

WORUM GEHT ES?

Eine diophantische Gleichung **beinhaltet zwei oder mehr zur Potenz erhobene Variablen.** Das ist nicht ungewöhnlich, allerdings werden für diophantische Gleichungen ausschließlich **ganzzahlige Lösungen gesucht.** Die Gleichung $x^2 + y^2 - 13 = 0$ mit der Lösung $x = 2$ und $y = 3$ ist diophantisch. $x^2 + y^2 - 1 = 0$ (bei der es keine ganzzahlige Lösung gibt) ist dagegen keine.

WARUM?

$\sqrt{2}$

Diophantos verabscheute **irrationale Zahlen** – jene, die man **nicht durch einen einfachen Bruch ausdrücken kann** – und widmete sich deshalb den ganzen Zahlen. Diophantische Gleichungen beschäftigen sich mit den Eigenschaften ganzer Zahlen, das führte zur Entstehung eines eigenen mathematischen Teilbereichs, der **Zahlentheorie.**

DAS WARINGSCHE PROBLEM

Diophantische Gleichungen führten zu weiteren Fortschritten in der Mathematik. 1770 bewies der französische Gelehrte **Joseph-Louis Lagrange,** dass jede natürliche Zahl k durch die Summe von vier Quadratzahlen dargestellt werden kann: $k = a^2 + b^2 + c^2 + d^2$ (auch Null ist eine natürliche Zahl!).

Ähnlich ist das **Waringsche Problem,** das nach dem englischen Mathematiker **Edward Waring, der im 18. Jahrhundert lebte, benannt ist: Wie viele Summanden braucht man bei anderen Exponenten (außer 2)?** 1936 wurde eine Formel entwickelt, mit der man **alle Exponenten bis 471.600.000** testete. Die ersten paar sind:

Exponent	1	2	3	4	5	6	7	8	9	10
Anzahl von Stellen	1	4	9	19	37	73	143	279	548	1079

10

HILBERTS ZEHNTES PROBLEM

Beim **zehnten Problem** des deutschen Mathematikers **David Hilbert** sollte ein **Verfahren** gefunden werden, das bestimmt, ob eine gegebene diophantische Gleichung ganzzahlige Lösungen hat und wirklich diophantisch ist. **1970 wurde bewiesen, dass kein solches Verfahren existiert.**

PARKETTIERUNG

Diese wunderschönen und seltsam hypnotischen Muster verwendet man seit Jahrtausenden für dekorative Kachelungen. Sie sind ein frühes Beispiel dafür, wie Mathematik und Geometrie im Alltag angewandt werden.

WAS IST PARKETTIERUNG?

Parkettierung ist **die lückenlose und überlappungsfreie Überdeckung einer Ebene durch gleichförmige Teilflächen oder Kacheln.** Verwendet man Polygone, muss das Muster an jedem **Vertex** (dem Punkt, an dem die Kacheln zusammentreffen) gleich sein. Die **Winkelsumme** an diesem Punkt beträgt **360 Grad.**

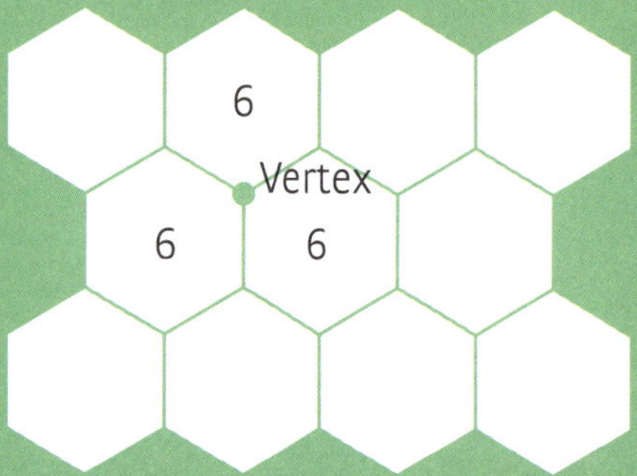

Mosaike, Tapeten und **Fliesen** weisen oft eine Parkettierung auf. Man verwendet sie auch **zur Abfallvermeidung in der Industrie,** etwa beim **Zuschneiden von Blechen** für **Getränkedosen** oder **Autoteile.** Ein **Puzzle** ist ein perfektes Beispiel für Parkettierung.

SCHLÄFLI-SYMBOL

Zweidimensionale Parkettierungen aus einer einzigen Art von regelmäßigen **Vielecken** kann man mithilfe des **Schläfli-Symbols** darstellen – zwei Zahlen in Klammern, durch ein Komma getrennt. Die erste gibt an, wie viele Seiten das Vieleck hat, während die zweite die Anzahl der Vielecke angibt, die an jedem Vertex zusammentreffen. So gibt man etwa ein **Muster aus Sechsecken als** (6, 3) **an.**

BEISPIELE VON PARKETTIERUNG

Monohedrale Parkettierung: Mit nur einer Art von Formen, meist sind es Polygone, das muss aber nicht sein, wie die Spirale beweist.

Pythagoreische Parkettierung: Man verwendet zwei verschieden große Quadrate für das Muster.

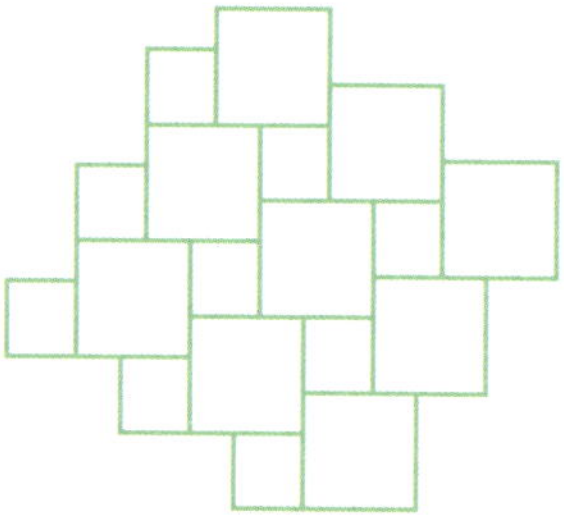

Eine dreidimensionale Parkettierung besteht aus Polyedern, zum Beispiel Oktaederstümpfen.

Wunder der Natur: Honigwaben sind ein Beispiel für Parkettierungen, die in der Natur auftauchen.

BOETHIUS

Boethius war ein talentierter römischer Gelehrter, dessen Werk dafür sorgte, dass das Studium der Mathematik in Europa trotz des kulturellen Niedergangs während des Mittelalters fortgesetzt wurde.

Geburt: ca. 477 n. Chr.
in Rom, etwa 130 Jahre nach dem Fall des Römischen Reiches
Tod: ca. 524 n. Chr. in Pavia, Norditalien

RÖMISCHER STAATSMANN

- Boethius wurde in eine **Aristokratenfamilie** geboren.
- Er war Waise und wurde von dem Patrizier **Symmachus** aufgezogen, der ihn zu Studien in **Literatur und Philosophie** inspirierte.
- Boethius wurde 510 **Konsul,** ein mächtiger und prestigeträchtiger Posten.
- Obwohl er hohe Staatsämter innehatte, **begann Boethius, die Werke von Aristoteles und Platon vom Griechischen ins Lateinische zu übersetzen.**

GROSSER INTELLEKTUELLER

- Boethius verfasste eine Schrift, die **akademische Studien für Jahrhunderte beeinflusste.**
- Sein Werk *Arithmetica* war wegweisend, weil es die Werke früherer Mathematiker, darunter **Pythagoras, Euklid** und **Ptolemäus,** versammelte und bewahrte.
- Er verfasste auch Schriften über **Logik** und **Theologie** und untersuchte die Verbindung zwischen **Mathematik** und **Musik.**
- Boethius **stellte sicher, dass die Mathematik als wissenschaftliche Disziplin erfolgreich blieb.**

TRAGISCHERFALL

- 522 wurde Boethius an **die Spitze der Reichsverwaltung in Rom berufen.**
- Ein Jahr später entzog ihm König **Theoderich der Große** seine Gunst, und er wurde **wegen des Verdachts des Hochverrats eingekerkert.**
- Im Gefängnis schrieb Boethius das wegweisende Werk *De consolatione philosophiae.*
- 524 wurde Boethius wegen **Hochverrats hingerichtet.**
- Sein Erbe lebt weiter, und sein **Werk half, den Graben zwischen den Lehren der Antike und der modernen Welt zu überbrücken.**

ARYABHATA

Aryabhata, einer der größten indischen Gelehrten, trug mit seinem wegweisenden Werk Aryabhatiya *dazu bei, das Verständnis für Mathematik und Astronomie zu befördern.*

LEBEN UND ZEIT

Aryabhata wurde ca. 476 n. Chr. in **Kusumapura** (dem heutigen **Patna**), Indien, geboren.

Im Alter von 23 Jahren schrieb er seinen klassischen Text *Aryabhatiya.*

Aryabhata hatte großen Einfluss auf die **Astronomie,** da er die **Physik der Sonnenfinsternis** korrekt beschrieb und herausfand, dass die **Planeten und der Mond nur wegen der Reflexion des Sonnenlichtes scheinen.**

Er war der **erste bekannte Mathematiker, der den Wert von** π auf vier Dezimalstellen genau schätzte.

Aryabhata schrieb seine mathematischen und astronomischen Beobachtungen in **Versform** nieder.

FRÜHES GENIE

Warum war *Aryabhatiya* ein so bahnbrechendes Werk?

Es beinhaltet einen **Quell mathematischer Überlegungen** zu Themen wie **Geometrie, dem Lösen von Gleichungen** und **Zahlenreihen.**

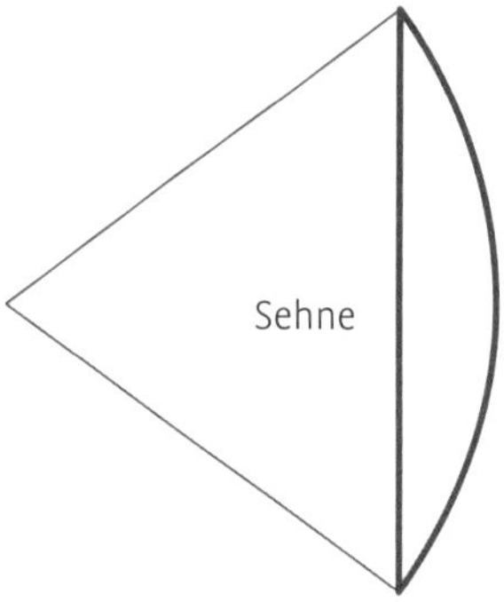

Aryabhata diskutierte die **trigonometrische Sinus-Funktion** und erstellte eine **Tabelle ihrer Werte.** Er nannte die Funktion *„ardha-jya"*, was **„Halbsehne"** bedeutet – später wurde das als *„sinus"* ins **Lateinische** übersetzt.

.000000001

Aryabhata verwendete das **Stellenwertsystem,** bei dem sich die Wertigkeit einer Zahl jedes Mal, wenn man eine Stelle weiter **nach links geht,** um eine **Zehnerpotenz** erhöht. 100 ist 10 hoch zwei, d. h. 100, Mal größer als 001.

Er lieferte **elegante Formeln, um die Summe einer Reihe von Quadrat- oder Kubikzahlen zu berechnen.** Zum Beispiel:

$$1^2 + 2^2 + \ldots + n^2 = \frac{n(n+1)(2n+1)}{6}$$

BLEIBENDES ERBE

Man vermutet, Aryabhata sei ca. 550 n. Chr. gestorben.

Viele **indische Mathematiker schrieben eigene Kommentare zu** *Aryabhatiya.*

1975 **benannte man ihm zu Ehren den ersten indischen Satelliten nach ihm.**

BRAHMAGUPTA

Der indische Mathematiker und Astronom Brahmagupta wurde am Ende des goldenen indischen Zeitalters geboren. Neben vielen anderen Entdeckungen erkannte er die Wichtigkeit der Zahl Null.

FAKTEN

Brāhmasphuṭasiddhānta wurde 598 n. Chr. in **Rajasthan,** Indien, geboren.

Er war **der erste Mathematiker, der Regeln für den Umgang mit der Zahl Null** aufstellte und sie als **Zahl wie jede andere erkannte.**

628 n. Chr. verschriftlichte Brahmagupta seine Theorien in dem Werk *Brāhmasphuṭasiddhānta*, was übersetzt bedeutet **„Vervollkommnung der Lehre Brahmas“.** Brahma war ein Hindu-Gott.

Brahmagupta löste mathematische Probleme rein aus **Spaß** und kann daher als einer der **ersten bekannten Hobbymathematiker** bezeichnet werden.

Er starb 668 n. Chr. in Indien.

SATZ VON BRAHMAGUPTA

Brahmagupta ermittelte eine **Formel,** um **die Fläche eines in einen Kreis eingeschriebenen Vierecks zu berechnen.**

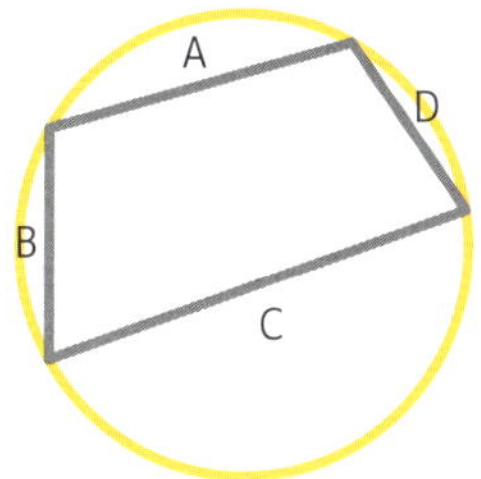

Sie lautet wie folgt:

$$K = \sqrt{(s-a)(s-b)(s-c)(s-d)}$$

Dabei sind a, b, c und d die Seitenlängen und s die Hälfte ihrer Summe.

QUADRATISCHE GLEICHUNGEN

Brahmagupta schrieb als Erster **eine Formel zur Lösung quadratischer Gleichungen** – die sich in der Form $x^2 + bx + c = 0$ schreiben lassen – nieder. Die Formel, die man heute verwendet, ergibt zwei Lösungen:

$$x = \frac{-b \pm \sqrt{(b^2 - 4ac)}}{2a}$$

Brahmaguptas Formel jedoch ergab nur eine Lösung, jene, die der **positiven Quadratwurzel entspricht.** $x^2 + 5x + 4 = 0$ hat die Lösung $x = -2{,}5 \pm 1{,}5$ – also $x = -1$ oder $x = -4$. **Brahamguptas Formel ergab nur die erste der beiden Lösungen.**

BRAHMAGUPTA ÜBER NULL

Brahmagupta verwendete eine interessante Sprache für die Regeln, die für die Zahl Null gelten:

EINE SCHULD MINUS NULL BLEIBT EINE SCHULD.

EIN VERMÖGEN MINUS NULL BLEIBT EIN VERMÖGEN.

NULL MINUS NULL BLEIBT NULL.

MUHAMMAD IBN MUSA AL-KHWARIZMI

Während Westeuropa im dunklen Mittelalter versank, genoss der Osten das Goldene Zeitalter des Islam. Einer der bemerkenswertesten Söhne dieses Zeitalters war al-Khwarizmi.

Geboren um 780 n. Chr. in **Khwarazm** im heutigen **Usbekistan**

Al-Khwarizmi studierte **Naturwissenschaft** und **Mathematik** im **Haus der Weisheit in Baghdad.**

Zwischen 813 und 830 n. Chr. schrieb er wichtige Werke über **Algebra, Arithmetik** und **Astronomie.**

Um 820 n. Chr. wurde er zum **Astronomen und Leiter der Bibliothek des Hauses der Weisheit** ernannt.

Al-Khwarizmi starb um 850 n. Chr.

DIE GEBURT DER „ALGEBRA"

Der Begriff **Algebra** stammt vom **arabischen *„al jabr"*,** einem Begriff, den al-Khwarizmi **prägte, um diesen Bereich der Mathematik zu beschreiben.** Es bedeutet **„Zusammenführung"** oder **„Vervollständigung".** „*Al jabr*" war Teil des arabischen Titels der berühmten Abhandlung *Das kurz gefasste Buch über die Rechenverfahren durch Ergänzen und Ausgleichen* (ca. 820 n. Chr.). Das Werk etablierte Algebra als **wichtige mathematische Disziplin.** Es wurde im 12. Jahrhundert **ins Lateinische übersetzt** und war 400 Jahre lang ein **unverzichtbares Lehrbuch.**

LEISTUNGEN

Al-Khwarizmi entdeckte **klare, systematische Regeln,** um **Lösungen für lineare und quadratische Gleichungen** zu finden.

Er zeigte, wie man **algebraische Berechnungen** verwenden konnte, um alltägliche **Probleme jener Zeit zu lösen** – in Bereichen wie **Handel, Erbrecht** und **Landvermessung.**

Sein Werk führte das **indo-arabische Zahlensystem** in der westlichen Welt ein. Die lateinische Übersetzung seines Namens entwickelte sich später zum Begriff **Algorithmus.**

Er schrieb Werke über den **hebräischen Kalender,** wobei er Regeln vorschlug, auf **welchen Wochentag der erste Tag eines Monats fallen sollte.**

MATRIZEN

Eine Matrix ist eine quadratische oder rechteckige Anordnung von Zahlen. Einen Zahlenblock wie eine einzige Zahl zu behandeln, verbesserte die Effizienz algebraischer und geometrischer Methoden.

ANATOMIE EINER MATRIX

Eine $m \times n$-Matrix hat m Reihen und n Spalten:

	Spalte 1	Spalte 2	Spalte 3	Spalte 4
Reihe 1	a_{11}	a_{12}	a_{13}	a_{14}
Reihe 2	a_{21}	a_{22}	a_{23}	a_{24}
Reihe 3	a_{31}	a_{32}	a_{33}	a_{34}
⋮	⋮	⋮	⋮	⋮
Reihe m	a_{m1}	a_{m2}	a_{m3}	a_{m4}

ARITHMETIK

Matrizen mit denselben Dimensionen können addiert und subtrahiert werden. Man muss einfach die entsprechenden Zahlen in jeder Matrix addieren oder subtrahieren.

$3 + 4 = 7$

$$\begin{bmatrix} 3 & 8 \\ 4 & 6 \end{bmatrix} \quad \begin{bmatrix} 4 & 0 \\ 1 & -9 \end{bmatrix} \quad \begin{bmatrix} 7 & 8 \\ 5 & -3 \end{bmatrix}$$

MULTIPLIKATION

Matrizen miteinander zu multiplizieren, ist etwas komplexer. Zwei Matrizen, A und B, können nur multipliziert werden, wenn A dieselbe Anzahl an Spalten wie B Reihen hat. So funktioniert es:

$$\begin{bmatrix} A & B \\ C & D \end{bmatrix} \times \begin{bmatrix} E & F \\ G & H \end{bmatrix} = \begin{bmatrix} AE+BG & AF+BH \\ CE+DG & CF+DH \end{bmatrix}$$

Matrizenmultiplikationen sind nicht umkehrbar, deshalb ist A × B nicht dasselbe wie B × A.

In gewissem Sinne sind Matrizendivisionen auch möglich, indem man eine **inverse Matrix** (geschrieben A^{-1}) konstruiert und **dann mit dieser multipliziert.** Das ist allerdings nur **für quadratische Matrizen** mit der **gleichen Anzahl von Reihen und Spalten möglich.**

ALGEBRA

Matrizen sind **eine Möglichkeit, Sätze von algebraischen Gleichungen in ordentlicher kondensierter Form** niederzuschreiben. Zum Beispiel können **simultane Gleichungen als eine einzige Matrix** geschrieben und dann einfach gelöst werden.

2. Jhdt. v. Chr. Mathematiker in China lösen mit matrixähnlichen Anordnungen simultane Gleichungen.

1850 Der englische Mathematiker James Sylvester verwendet den Begriff „Matrix".

1858 Arthur Cayley veröffentlicht sein Buch *Memoir on the Theory of Matrices.*

1880er Jahre Galton und Pearson entwickeln die statistische Korrelation, wobei Matrizen Variablen verbinden.

1925 Der Physiker Werner Heisenberg verwendet Matrizen in seinem Modell der Quantentheorie.

OMAR KHAYYAM

Omar Khayyam ist sowohl für seine Dichtung als auch für seinen Beitrag zur Astronomie und zur Mathematik bekannt – seine Arbeiten waren wesentlich für die Entwicklung der Algebra.

Khayyam wurde 1048 n. Chr. in **Nishapur, Persien,** geboren, dem heutigen **Iran.**

Sein Talent in **Mathematik** und **Astronomie** trat bald zutage. Khayyam lehrte die Disziplinen sein ganzes Leben lang.

Khayyam schrieb sein **erstes Buch über Algebra im Alter von 22.** Am bekanntesten ist er in der Mathematik für seine Arbeit zu **kubischen Gleichungen.**

Khayyam trug früh viel dazu bei, dass die **Verbindung zwischen Geometrie und Algebra** erkannt wurde.

Er schrieb **Kommentare zu Euklids** *Elementen,* insbesondere im Versuch, das **Parallelenaxiom** zu beweisen.

Er starb 1131 in Nishapur.

EIN MEISTER DER ALGEBRA

Khayyams Werk war wegweisend für die **Entwicklung der Algebra,** wie wir sie heute kennen.

In seiner *Abhandlung über die Demonstration von Problemen der Algebra* (ca. 1070) gab Khayyam ausführliche Beispiele dafür, wie **Kegelschnitte wie Kreise oder Hyperbeln** verwendet werden können, um **Lösungen für kubische Gleichungen** zu finden.

Dabei handelt es sich um Gleichungen mit einer Kubikzahl (x^3) in der Form $ax^3 + bx^2 + cx + d = 0$. Wenn b und c gleich 0 sind, dann braucht man für die Lösung der Gleichung eine einfache **Kubikwurzel.** Aber meist ist die Lösung **sehr viel komplizierter.**

Khayyams Absicht war es, **Kubikwurzeln** auf zwei sich schneidende **Kegelschnitte** herunterzubrechen. Indem er die **Kegelschnittkurven** aufzeichnete und ihre **Schnittpunkte** erfasste, war es ihm möglich, derartige Gleichungen **geometrisch** zu lösen.

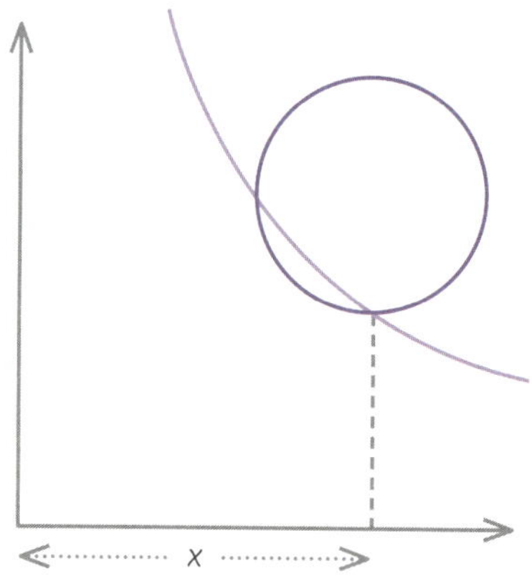

WUSSTEN SIE DAS?

Das Wort **„*Khayyam*“ bedeutet Zeltmacher** – das war der Beruf seiner Vorväter.

FIBONACCI

Fibonacci veränderte die Welt, indem er das indo-arabische Zahlensystem in Europa einführte. Er ist auch berühmt für die nach ihm benannte Zahlenreihe.

WER WAR FIBONACCI?

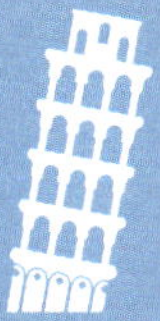

Er wurde in **Pisa,** Italien, 1170 n. Chr. **als Sohn eines Kaufmanns** geboren.

Er hieß zwar eigentlich Leonardo, aber man kannte ihn hauptsächlich als ***filius* Bonacci (Sohn des Bonacci)** – oder verkürzt: Fibonacci.

Fibonaccis Vater, **Guglielmo Bonacci,** leitete einen Handelsposten in Bugia, **Algerien.**

Fibonacci **bereiste das Mittelmeer** und lernte dort viel über **arithmetische Systeme.**

1202 wird sein Buch *Liber abaci* (Buch des Rechnens) veröffentlicht.

1225 wird sein Meisterwerk *Liber quadratorum* veröffentlicht.

Er starb um 1250 in Pisa.

FIBONACCI, DAS GENIE

Auf seinen Reisen entdeckte Fibonacci verschiedene **Zahlensysteme** und bemerkte, dass die **indo-arabischen Zahlen** (0 bis 9) viel **flexibler waren als die römischen** und in **Arithmetik, Handel,** beim **Geldwechsel,** bei **Messungen** und **Zinsen** eingesetzt werden konnten. Er verschriftlichte seine Entdeckungen in seinem Werk *Liber abaci*, das in ganz Europa Anerkennung fand, wo bis dahin nur wenige über die indo-arabischen Zahlen Bescheid wussten.

FIBONACCI-REIHE

Das ist die Denksportaufgabe aus *Liber abaci*: „Ein Mann hielt ein Paar Kaninchen an einem Ort, ringsum von einer Mauer umgeben. Wie viele Paare gibt es nach einem Jahr, wenn jedes neue Paar im zweiten Monat nach der Geburt geschlechtsreif wird?“

Die Lösung ist:

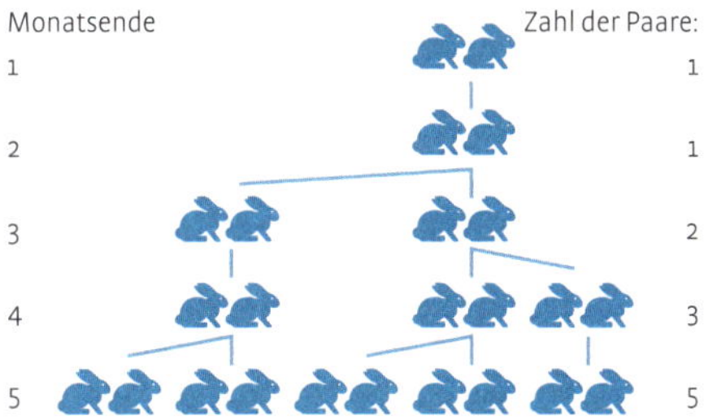

Die Anzahl der Kaninchenpaare bildet die **Fibonacci-Reihe** – in der **jede Zahl die Summe der zwei vorangehenden** ist. Fibonacci benannte die Reihe nicht nach sich, es war der französische Mathematiker **Édouard Lucas,** der im 19. Jahrhundert die Bezeichnung prägte. Die ersten Zahlen der Reihe sind: 1, 1, 2, 3, 5, 8, 13, 21, 34, 55, 89, 144 …

Die Anzahl der Kaninchenpaare nach einem Jahr entspricht der zwölften Zahl der Fibonacci-Reihe: 144.

POLYNOME VIERTEN GRADES

Quadratische Gleichungen sind schon ziemlich knifflig. Darüber hinaus gibt es aber auch noch kubische oder solche vierten Grades – komplexe Gleichungen, die nach ähnlich komplexen Formeln verlangen, um sie zu lösen.

FRÜHE NEUZEIT

628 n. Chr. Der indische Mathematiker Brahmagupta löst als Erster eine quadratische Gleichung mit einer Formel.

1070 Der persische Gelehrte Omar Khayyam findet einen Weg, um kubische Gleichungen geometrisch zu lösen.

Frühes 16. Jahrhundert Scipione del Ferro entwickelt eine Formel, um kubische Gleichungen zu lösen.

1540 Der italienische Mathematiker Lodovico Ferrari entdeckt die Lösung für Gleichungen vierten Grades.

1824 Der Satz von Abel-Ruffini wird bewiesen – die Aussage, dass es keine algebraische Lösung für Gleichungen fünften Grades oder höher gibt.

KUBISCHE GLEICHUNG

Bei kubischen Gleichungen steht x in der dritten Potenz (**x^3**). Sie nehmen folgende Form an:

$$x^3 + ax^2 + bx + c = 0$$

Man löst sie mit einer Formel. Dazu definiert man zwei neue Variablen:

$$q = -\frac{a^3}{27} + \frac{ab}{6} - \frac{c}{2}$$

$$p = q^2 + \left(\frac{b}{3} - \frac{a^2}{9}\right)^3$$

Die Lösungen für die Ausgangsgleichung sind demnach:

$$x = \sqrt[3]{q + \sqrt{p}} + \sqrt[3]{q - \sqrt{p}} - \frac{a}{3}$$

und

$$x = \left(\frac{-1 \pm \sqrt{3}i}{2}\right)\sqrt[3]{q + \sqrt{p}} + \left(\frac{-1 \pm \sqrt{3}i}{2}\right)\sqrt[3]{q - \sqrt{p}} - \frac{a}{3}$$

wobei *i* die imaginäre Zahl ist und √-1 entspricht.

POLYNOM VIERTEN GRADES

Die Formel für die Lösung einer Gleichung vierten Grades ist **noch komplizierter.**

Bei Gleichungen vierten Grades steht x in der vierten Potenz (**x^4**). Sie nehmen folgende Form an:

$$x^4 + ax^3 + bx^2 + cx + d = 0.$$

Der erste Schritt zur Lösung ist es, neue Variablen zu definieren:

$$e = ac - 4d$$
$$f = 4bd - c^2 - a^2d$$

Mit der Formel für kubische Gleichungen löst man dann folgende Gleichung:

$$y^3 - by^2 + ey + f = 0.$$

Dann nimmt man die Lösung ohne imaginäre Zahl und setzt diese gleich *y*. Danach definiert man:

$$g = \sqrt{(a^2 - 4b + y)}$$
$$h = \sqrt{(y^2 - 4d)}$$

Schließlich errechnet man die Lösungen für die ursprüngliche Gleichung vierten Grades (es gibt vier) durch das Lösen der zwei quadratischen Gleichungen :

$$x^2 + \frac{1}{2}(a + g)x + \frac{1}{2}(y + h) = 0$$

$$x^2 + \frac{1}{2}(a - g)x + \frac{1}{2}(y - h) = 0$$

GEROLAMO CARDANO

Als einer der größten Mathematiker der Renaissance führte Cardano negative Zahlen in den allgemeinen Gebrauch ein und war einer der Ersten, der Mathematik auf das Glücksspiel anwandte.

WER WAR CARDANO?

Geboren 1502 in **Pavia, Italien,** als unehelicher Sohn von **Fazio Cardano,** einem Freund **Leonardo da Vincis**

Cardano studierte **Medizin** an den Universitäten von Pavia und **Padua.**

Er war sehr **produktiv** und schrieb Werke über **Mathematik, Wissenschaft** und **Natur.**

Cardano hatte **drei Kinder,** einer seiner Söhne wurde **geköpft**, **weil er seine Frau vergiftet hatte.**

Cardano war ein **besessener Spieler** und spielte um Geld **Karten, Würfeln** und **Schach.**

Er starb 1576 in Italien.

DIE MACHT NEGATIVER ZAHLEN

Eine negative Zahl ist **kleiner als Null.** Die Existenz dieser ganzen Zahl ist heute unbestritten, aber **über Jahrhunderte betrachteten selbst große Mathematiker sie als seltsam, falsch oder sogar völlig absurd.**

Cardano veröffentlichte seine Erkenntnisse in dem Meisterwerk *Ars magna* (1545), einer Abhandlung über Algebra in 40 Kapiteln. Das Werk war höchst erfolgreich, und **Mathematiker begannen, die Legitimität negativer Zahlen zu akzeptieren.**

NEGATIVE ZAHLEN IM ALLTAG

Tiefe unter dem Meeresspiegel

Temperaturen unter Null

Breitengrade unter dem Äquator

Bankauszüge – wenn Sie im roten Bereich sind!

WUSSTEN SIE DAS?

Cardano spielte, um sein Einkommen aufzubessern. Er schrieb ein Buch über die Wahrscheinlichkeit *Liber de ludo aleae* (Über das Würfelspiel).

IMAGINÄRE ZAHLEN

Trotz ihres Namens sind imaginäre Zahlen genauso real wie jede andere mathematische Größe. Heute werden sie in Bereichen wie Ingenieurwesen, reiner Mathematik und Physik verwendet.

DIE WURZEL ALLEN ÜBELS

Stellen Sie sich vor, Sie müssen die Gleichung $x^2 = -1$ lösen. Sie nehmen an, mit der Quadratwurzel beider Seiten eine Lösung für x zu erhalten, doch in diesem Falle ist $x = \sqrt{(-1)}$. Das Dumme ist, dass **die Quadratwurzel einer negativen Zahl nicht existiert – quadrieren Sie irgendeine Zahl, und Sie bekommen eine positive Zahl.**

DIE IMAGINÄRE EINHEIT

Statt solche Fälle als bedeutungslose Spielereien abzutun, schufen Mathematiker die imaginäre Einheit i, die für $\sqrt{(-1)}$ steht, und behandelten sie wie jede andere Zahl. Sie hat die folgenden Eigenschaften:

i^2	-1
i^3	-i
i^4	1
i^5	i
i^6	-1

Mit i kann man die Quadratwurzel jeder negativen Zahl darstellen. Zum Beispiel: $\sqrt{(-16)} = \sqrt{16} \times \sqrt{(-1)} = 4i$.

KOMPLEXE ZAHLEN

In der modernen Mathematik gibt es Zahlen, die aus einem Real- und einem Imaginärteil bestehen. Diese nennt man komplexe Zahlen. Sie werden meist in einem Koordinatensystem dargestellt, wobei die Vertikalachse dem imaginären Teil entspricht und der reelle Teil auf der Horizontalen abgelesen wird. So könnte die komplexe Zahl 4 + 3i aussehen:

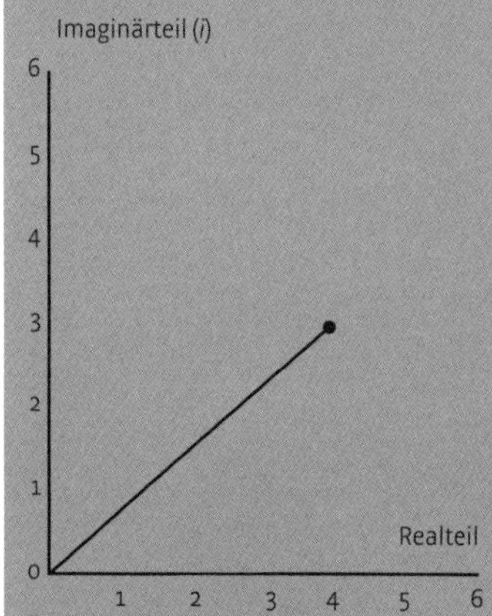

Diese geometrische Darstellung kennt man als das **Argand-Diagramm,** benannt nach dem **Schweizer Mathematiker Jean-Robert Argand.**

1572 Der italienische Mathematiker Rafael Bombelli legt die Regeln für imaginäre Zahlen fest.

1637 Descartes schreibt in seinem Buch *La Géometrie* über imaginäre Zahlen.

1748 Euler zeigt, wie man mit komplexen Zahlen Wellen darstellen kann.

1777 Leonhard Euler verwendet erstmals das Symbol i für $\sqrt{(-1)}$.

1843 William Rowan Hamilton weitet zweidimensionale komplexe Zahlen auf vierdimensionale „Quaternionen" aus:

i, j, k

DIE KEPLERSCHE VERMUTUNG

Was ist die beste Weise, Äpfel in eine Kiste zu schichten? Der deutsche Mathematiker Johannes Kepler hatte eine gute Idee, doch es dauerte über 400 Jahre, bevor seine Vermutungen als richtig bewiesen wurden.

DER KERN DES PROBLEMS

Wirft man Kugeln wahllos in eine Kiste, verteilen sie sich von selbst so, dass sie etwa 65 % des Volumens in der Kiste einnehmen (der Raum zwischen ihnen nimmt die restlichen 35 % des Volumens ein).

Man kann es aber auch noch besser machen. Schichtet man die Kugeln sorgsam entweder in einer kubisch-flächenzentrierten oder einer hexagonalen Packung, dann können sie bis zu

$$\frac{\pi}{3\sqrt{2}} = 0{,}740480489...$$

oder 75 % des verfügbaren Volumens einnehmen.

Die Keplersche Vermutung besagt, dies sei die beste Lösung – es gibt keine effizientere Art, Kugeln zu schichten.

Kubisch-flächenzentrierte (links) und hexagonale Packungen (rechts).

WER WAR KEPLER?

Kepler wird am 27. Dezember 1571 in Weil der Stadt, Deutschland, geboren.

Kaiser Rudolf II. ernennt Kepler 1601 zum kaiserlichen Hofmathematiker des heiligen Römischen Reiches.

1609 veröffentlicht er das erste seiner Gesetze über die Bewegung der Planeten.

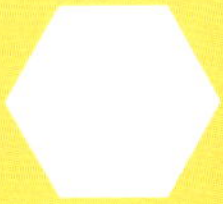

1611 stellt er die Keplersche Vermutung als Teil seiner Arbeit über die hexagonale Symmetrie von Schneeflocken vor.

Er stirbt am 15. November 1630, in Regensburg, Deutschland.

WIE WURDE SIE BEWIESEN?

Im August 2014 wurde die Vermutung von Thomas Hales und einem 21-köpfigen Team der Universität Pittsburgh bewiesen. Im Wesentlichen handelte es sich um einen „Beweis der vollständigen Fallunterscheidung", wobei das Volumen jeder möglichen Schichtung der Kugeln durch einen Computer überprüft wurde.

JOHN NAPIER

Der brillante schottische Mathematiker und Physiker John Napier entdeckte die Logarithmen und entwickelte eine frühe Rechenmaschine.

WER WAR JOHN NAPIER?

Napier wurde 1550 in **Edinburgh** als Sohn von **Sir Archibald Napier** geboren.

Er studierte an der **Universität von St. Andrews** und in Europa.

Napier lebte in **Schlössern** in **Gartness, Stirling,** und **Merchiston, Edinburgh.**

Seine Interessen galten unter anderem der **Mathematik,** der **Theologie** und dem **Okkultismus.**

Er starb 1617 in Edinburgh.

DIE ENTDECKUNG DER LOGARITHMEN

Als schottischer Gutsherr hatte Napier viel Zeit zur Verfügung, die er dem Studium der Mathematik widmete. Er entdeckte die **Logarithmen,** die er 1614 in dem bahnbrechenden Werk *Mirifici logarithmorum canonis cescriptio* (Beschreibung des wunderbaren Gesetzes der Logarithmen) **erstmals erklärte.** Sie drücken die **Potenz aus, zu der eine Zahl erhoben werden muss, um eine andere Zahl zu erhalten.** So ist zum Beispiel $10^2 = 100$. Deshalb gilt: log zur Basis 10 von 100 = 2.

NAPIERSCHE RECHENSTÄBCHEN

Napiersche Rechenstäbchen waren **eine frühe mechanische Rechenmaschine** mit Multiplikationstabellen auf hölzernen Stäbchen. Man konnte damit sogar Quadratwurzeln ziehen. Um zum Beispiel die Multiplikation 425 x 6 auszuführen, nimmt man die Stäbchen für 4, 2 und 5 und liest dann die Reihe, die der Ziffer 6 entspricht:

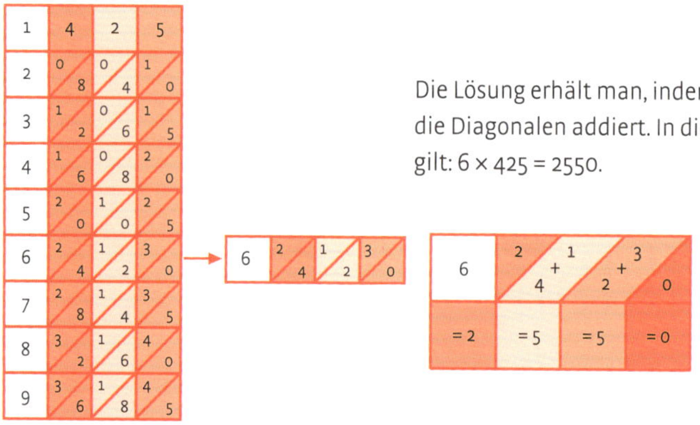

Die Lösung erhält man, indem man die Diagonalen addiert. In diesem Fall gilt: 6 × 425 = 2550.

WUSSTEN SIE DAS?

Der Mondkrater Neper ist nach Napier benannt (nach der lateinischen Version seines Namens, Ioannes Neper).

Napier verwendete in seiner Logarithmus-Tabelle einen Punkt als Kommastelle, seitdem ist das in englischsprachigen Ländern Usus.

Die Edinburgh Napier University ist nach diesem großen Mathematiker benannt.

LOGARITHMEN

Logarithmen sind die Umkehrung der Potenzen. Ihre Anwendungen in der Mathematik und Wissenschaft sind unzählbar.

WAS IST EIN LOGARITHMUS?

Eine Potenzgleichung in der Form $y = b^x$ kann auch so geschrieben werden: $x = \log_b y$. In anderen Worten: $\log_b$ (gesprochen als „Logarithmus zur Basis von b“) hilft dabei, herauszufinden, zu welcher Potenz man b erheben muss, damit sich y ergibt.

GESETZE

Logarithmen gehorchen einigen sehr praktischen Regeln:

Produkt: $\log A + \log B = \log AB$

Verhältnis: $\log A - \log B = \log \frac{A}{B}$

Potenz: $\log A^n = n \log A$

Wurzel: $\log\sqrt[n]{(n)} = \frac{1}{n} \log A$

Wechsel der Basis: $\log_b A = \log_n A / \log_n b$

WOZU?

Logarithmen sind nützlich, wenn man Gleichungen lösen muss, bei denen der Exponent die Unbekannte ist, die man finden möchte.

Wenn man zum Beispiel die Lösung für x in der Gleichung $10^x = 100$ sucht, dann kann man sagen, $x = \log_{10} 100$. Und wenn man eine Logarithmustabelle konsultiert (oder wahrscheinlich eher einen Taschenrechner), zeigt sich: $\log_{10} 100 = 2$.

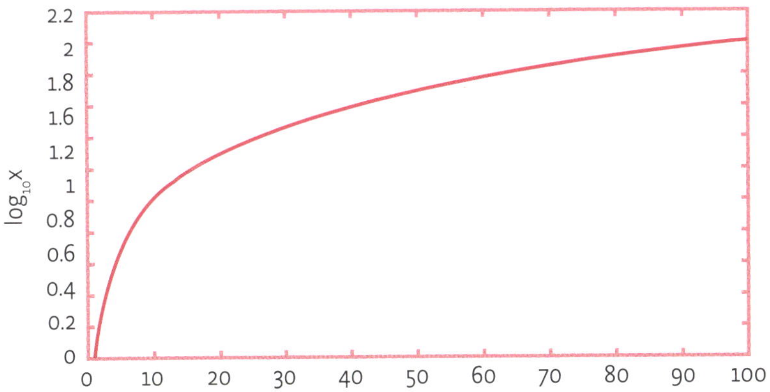

ANWENDUNGEN

Logarithmen verwendet man in der Wissenschaft zur praktischen Handhabung großer Zahlen.

Die Antwort der menschlichen Sinne auf Reize ist logarithmisch.

Deshalb werden Skalen zur Messung von Licht und Tönen auch oft logarithmisch ausgedrückt. Zum Beispiel ist eine Steigerung um 10 auf einer Dezibelskala zur Messung der Tonstärke zehnmal so hoch. Das heißt, wenn die Tonstärke sich von P_0 auf P erhöht, dann ergibt das eine Dezibelerhöhung von $\log_{10}(P/P_0)$.

Logarithmen kommen auch in der Natur vor. Bei der logarithmischen Spirale erhöht sich der Radius jeder Windung der Spiralkurve um einen fixen Faktor (A) anstatt um eine fixe Größe (B).

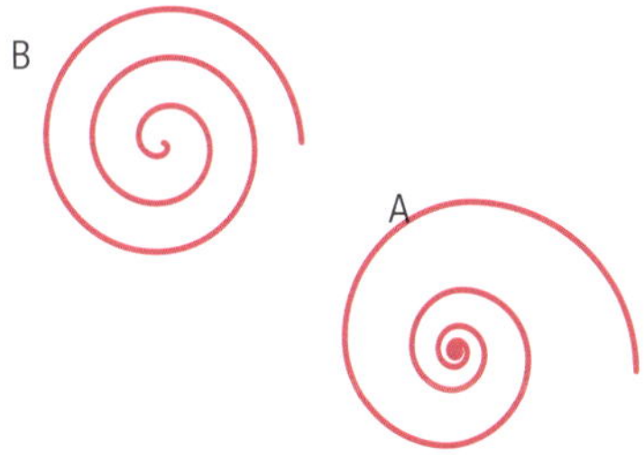

Logarithmische Spiralen sieht man in der Muschelschale eines Nautilus – eines Meeresmollusken – und in den Spiralarmen von Galaxien.

DIE EULERSCHE ZAHL

Die Eulersche Zahl ist eine mathematische Konstante, die überall in der reinen Mathematik vorkommt und die Grundlage der sogenannten natürlichen Logarithmen bildet.

WORUM GEHT ES?

Die Eulersche Zahl ist eine mathematische Konstante, die gewöhnlich als e geschrieben wird **(Leonhard Euler führte das Symbol 1731 ein)** und einen Wert von 2,71828 hat. Wie bei vielen mathematischen Konstanten ist das eine Annäherung, da e eine **transzendente Zahl** mit **unendlich vielen Dezimalstellen** ist.

e^0	1,0000000000000
e^1	2,7182818284590
e^2	7,3890560989304
e^3	20,085536923186
e^4	54,598150033138
e^5	148,41315910255
e^6	403,42879349265
e^7	1096,6331584282
e^8	2980,9579870409
e^9	8103,0839275729
e^{10}	22.026,265794799
e^{11}	59.874,141715175
e^{12}	162.754,79141893
e^{13}	442.413,39200871
e^{14}	1.202.604,2841641
e^{15}	3.269.017,3724702
e^{16}	8.886.110,5205025
e^{17}	24.154.952,753560
e^{18}	65.659.969,137287
e^{19}	178.482.300,96306
e^{20}	485.165.195,40943
e^{21}	1.318.815.734,4822
e^{22}	3.584.912.846,1287
e^{23}	9.744.803.446,2408
e^{24}	26.489.122.129,821
e^{25}	72.004.899.337,323
e^{26}	195.729.609.428,66
e^{27}	532.048.240.601,30
e^{28}	1.446.257.064.290,0
e^{29}	3.931.334.297.139,9
e^{30}	10.686.474.581.513
e^{31}	29.048.849.665.215
e^{32}	78.962.960.182.591

ENTDECKUNG

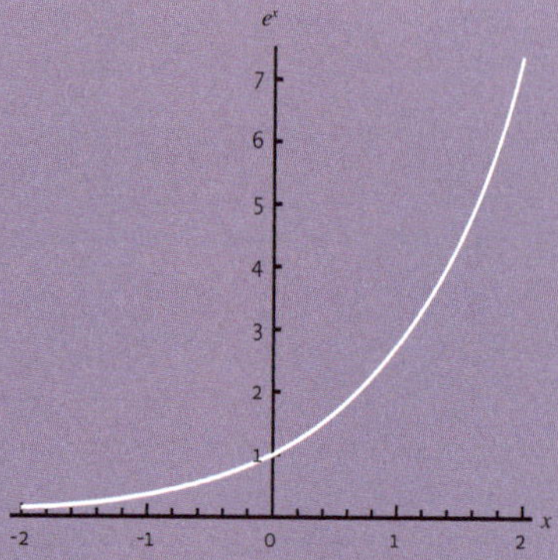

Der Schweizer Mathematiker **Jacob Bernoulli** entdeckte die Eulersche Zahl 1683 bei der Untersuchung der **Zinseszinsrechnung.**

Er überlegte sich Folgendes: Legte man einen Euro bei einer Bank an, die 100 % Zinsen pro Jahr zahlte, hätte man nach einem Jahr $(1 + 1)^1 = 2$ €. Wäre die jährliche Zinsrate gleich, würde aber jedes halbe Jahr ausgezahlt, hätte man nach einem Jahr $(1 + 1/2)^2 = 2{,}25$ €. Oder allgemein: Würde pro Jahr n Mal ausgezahlt, dann hätte man nach einem Jahr $(1 + 1/n)^n$. Und je größer n ist, desto mehr nähert sich die Lösung 2,71828 ... oder e an.

NATÜRLICHE LOGARITHMEN

Im Wesentlichen ist ein natürlicher Logarithmus **wie ein gewöhnlicher Logarithmus, nur auf der Basis von e.** Der natürliche Logarithmus einer Zahl x wir d meist geschrieben als $\log_e x$ oder ln x.

Tabellen mit natürlichen Logarithmen wurden erstmals vom **englischen Mathematiker John Speidell 1619** erstellt.

Natürliche Logarithmen und e tauchen auch in der **Infinitesimalrechnung** auf – dem Teilbereich der Mathematik, der sich damit beschäftigt, **wie sich Größen in Relation zueinander verändern.**

RENÉ DESCARTES

Descartes ist bekannter als Philosoph („Ich denke, also bin ich"), doch er war auch ein brillanter Mathematiker, dessen Werk die Mathematik der Moderne maßgeblich beeinflusste.

WER WAR DESCARTES?

René Descartes wurde 1596 in **La Haye en Touraine,** Frankreich, geboren. Das Dorf wurde ihm zu Ehren umbenannt.

Er studierte **Recht** an der **Universität von Poitiers.**

1618 trat er in die **holländische Armee** ein.

Als **wohlhabender Mann** konnte Descartes **sein Leben den Studien widmen.**

Er starb 1650 in Stockholm an einer **Lungenentzündung.**

ANALYTISCHE GEOMETRIE

1637 wurde Descartes' wichtiges mathematisches Werk *La Géometrie* veröffentlicht, in dem er **als Erster Koordinaten verwendete, was es ihm erlaubte, geometrischen Kurven algebraisch zu bestimmen.** Das war zu dieser Zeit bahnbrechend und **ermöglichte es, davor unmöglich scheinende geometrische Probleme zu lösen.**

ANDERE BEREICHE

Descartes trug auch viel zur Optik bei, indem er geometrische Techniken anwandte, um Resultate von Spiegelung und Brechung zu demonstrieren.

Man vermutet auch, er sei eine große Inspirationsquelle für den jungen Isaac Newton gewesen.

WUSSTEN SIE DAS?

Descartes verwendete x, y und z, um unbekannte Größen auszudrücken – das ist auch heute noch so. Bekannte Größen drückte er durch a, b und c aus.

Er war der Erste, der Exponenten verwendete, also a^3 statt a × a × a.

Descartes unterstrich die fundamentale Bedeutung, die der Algebra in der Mathematik zukommt. Zuvor war es die Geometrie, die an erster Stelle stand.

Seine Arbeit bildete die Grundlage für die Infinitesimalrechnung von Newton und Leibniz.

DAS KARTESISCHE KOORDINATENSYSTEM

Das kartesische Koordinatensystem ermöglicht es, geometrische Formen mithilfe von Zahlen auszudrücken. Heute werden diese Koordinaten in der Navigation, der Bautechnik und der Raumfahrt verwendet.

VON GEOMETRIE ZU ALGEBRA

1637 wurde **René Descartes'** Buch *La Géometrie* publiziert. Darin beschrieb er erstmals die Verwendung von Koordinaten, wobei er **einen Punkt auf einer zweidimensionalen Ebene durch seine Lage auf der horizontalen (x) und der vertikalen (y) Achse** bestimmte. Die Koordinaten des Punktes schreibt man (x, y).

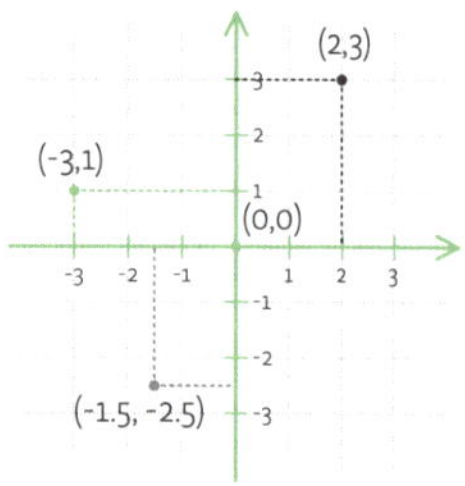

Linien oder Kurven kann man auf der Basis von **algebraischen Gleichungen** einzeichnen – diesen Teilbereich nennt man **analytische Geometrie.** Zum Beispiel beschreibt die Gleichung y = 2x + 3 eine Gerade, die durch die Punkte (–2, –1) und (2, 7) verläuft.

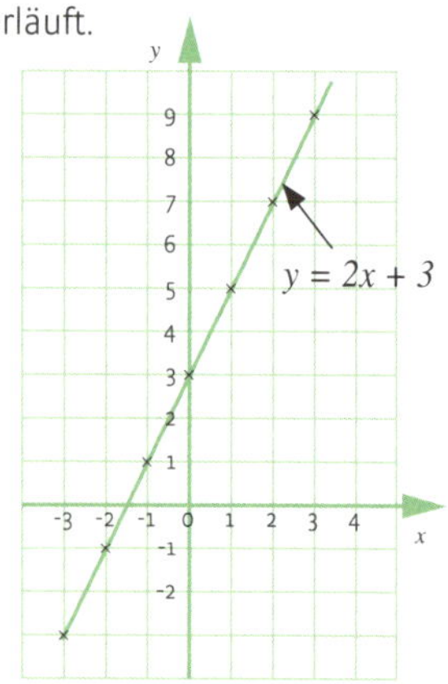

VEKTOREN

Mithilfe von Descartes' Ansatz lassen sich auch **andere Größen ausdrücken:** zum Beispiel die Geschwindigkeit eines Schiffes, das mit vier Knoten in Richtung x und mit drei Knoten in Richtung y fährt – das kann man schreiben als (4, 3). So erhält man einen **Vektor.**

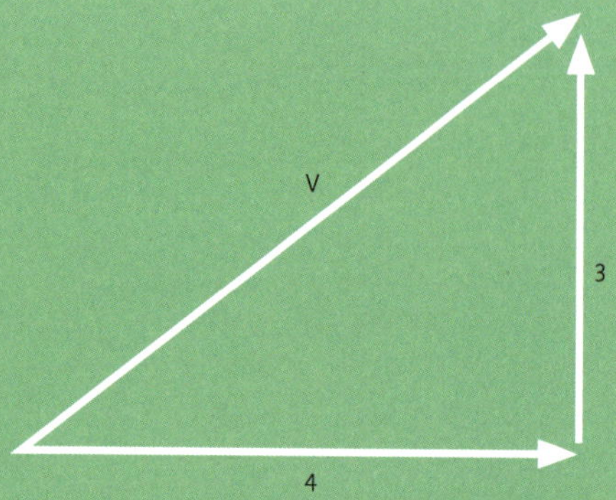

Mit dem **Satz des Pythagoras** kann man die Geschwindigkeit des Schiffes errechnen: $v = \sqrt{(4^2 + 3^2)} = 5$ Knoten.

WUSSTEN SIE DAS?

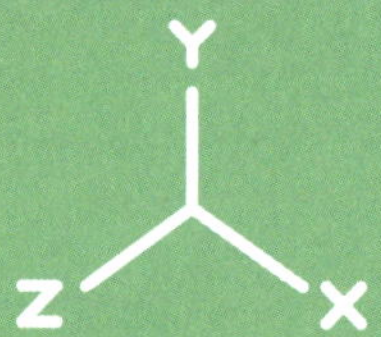

Im **dreidimensionalen Raum** wird das Koordinatensystem um eine **zusätzliche Achse ergänzt,** die man mit z bezeichnet.

(r, θ)

Es folgten andere Koordinatensysteme wie die **Polarkoordinaten,** bei denen die **Lage durch eine Entfernung und einen Winkel bestimmt wird.**

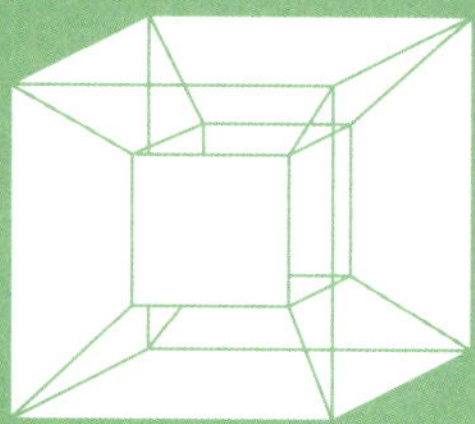

Die analytische Geometrie **ermöglichte es, Räume in unterschiedlichen Dimensionen zu untersuchen** – auch über die drei hinaus, die man leicht anschaulich darstellen kann.

PIERRE DE FERMAT

Fermat war ein Rechtsanwalt und Politiker des 17. Jahrhunderts, den Mathematik und Wissenschaft faszinierten. Er leistete Pionierarbeit in den Bereichen Infinitesimalrechnung, Zahlentheorie und Verhalten von Licht.

WER WAR PIERRE DE FERMAT?

Geburt: 17. August 1601 in Beaumont de Lomagne, Frankreich

Studium: Recht an der Universität von Orléans

Dienst: im Parlament von Toulouse

Zeitgenossen: René Descartes und Blaise Pascal

Interessen: Geometrie, Wahrscheinlichkeitstheorie, Infinitesimalrechnung, Literatur und Sprachen

Tod: 12. Januar 1665 in Castres

EIN GENIE AM WERK

Fermat besaß einen unglaublichen Wissensdurst. Er war nicht nur Rechtsanwalt, er **sprach auch sechs Fremdsprachen.** Mathematik war eigentlich nur sein **Hobby.** Er teilte seine Theoreme durch Briefe mit Freunden und Zeitgenossen wie **Blaise Pascal,** der sein Interesse für die **Zahlentheorie** teilte, mit. Aus unbekannten Gründen zögerte Fermat, **sein umfangreiches Werk zu veröffentlichen,** was seinen Einfluss schmälerte.

WEGWEISENDE ENTDECKUNGEN

Analytische Geometrie: Fermat begründete diesen Teilbereich, der **geometrische Formen algebraisch beschreibt,** mit **Descartes.** Heute wird er in **Weltraumforschung, Luftfahrt** und **Technik** verwendet.

Fermatsches Prinzip: 1622 postulierte er das **„Prinzip der extremalen Laufzeit“: Ein Lichtstrahl legt in einem System von Spiegeln und Linsen zwischen zwei Punkten immer den kürzesten Weg zurück.**

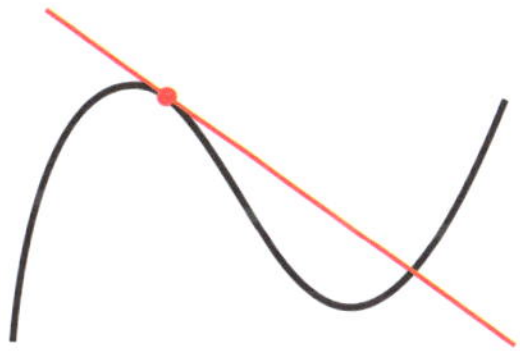

Differentialrechnung: Fermat entwickelte eine Methode, um Tangenten von Kurven zu finden. Die Differentialrechnung wurde von **Sir Isaac Newton** und **Gottfried Leibniz** weiterentwickelt.

Großer Fermatscher Satz: 1637 vermutete er, dass es keine drei positiven ganzen Zahlen a, b und c gibt, die die Gleichung $a^n + b^n = c^n$ erfüllen, wenn n größer als 2 ist. Es dauerte bis 1994, bis die Vermutung bewiesen wurde.

DER GROSSE FERMATSCHE SATZ

Im 17. Jahrhundert verfasste Pierre de Fermat ein Theorem, lieferte dafür aber keine Berechnungen. Es dauerte über 350 Jahre, bis man bewies, dass er recht hatte.

DER SATZ

Der Satz besagt, dass die **diophantische Gleichung**

$$a^n + b^n = c^n$$

für jede positive ganze Zahl a, b und c *unlösbar ist*, wenn n eine ganze Zahl größer als 2 ist.

Ist n = 1, dann ist das Problem trivial, und ist n = 2, dann sind die Lösungen genau die **pythagoreischen Tripel.**

DAS MYSTERIUM

?

1637 kritzelte der französische Mathematiker Fermat den Satz mit der Behauptung, er habe einen „wahrhaft wunderbaren" Beweis gefunden, an den Rand seiner Ausgabe von Diophantos' *Arithmetica* – aber der Rand sei dafür zu schmal. Er starb 1665, und das Rätsel blieb bestehen. Die Behauptung wurde zum Großen Fermatschen Satz – und das Rennen um seinen Beweis war eröffnet.

SPEZIALFÄLLE

Fermat hinterließ einen Beweis für den Fall n = 4, und später fand man auch Beweise für andere Spezialfälle:

n	Autor	Zeitpunkt
4	Fermat	17. Jahrhundert
3	Euler	1770
5	Legendre und Dirichlet (unabhängig voneinander)	1825
6	C. F. Kausler	1802
14	Dirichlet	1832
7	Gabriel Lame	1839
10	H. Kapferer	1913

ALLGEMEINE LÖSUNG

$y^2 = x^3 - 1$ $\quad y^2 = x^3 + 1$ $\quad y^2 = x^3 - 3x + 3$ $\quad y^2 = x^3 - 4x$ $\quad y^2 = x^3 - x$

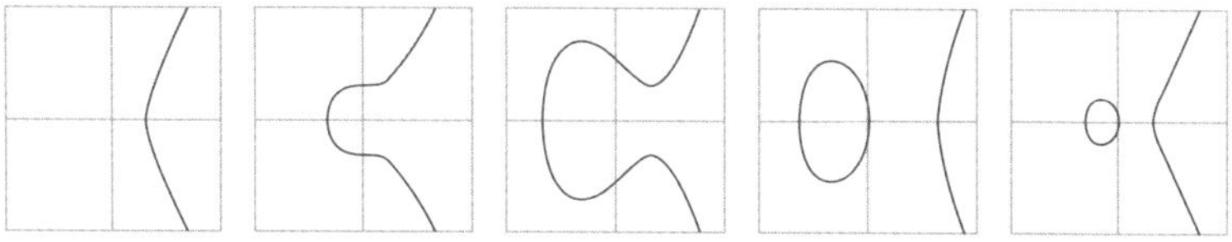

Der britische Mathematiker Andrew Wiles bewies schlussendlich mithilfe seines ehemaligen Schülers Richard Taylor den Satz 1994 für eine beliebige Zahl n. Wiles verwendete einen Ansatz basierend auf dem Modularitätssatz für elliptische Kurven. Der Beweis wurde 1995 in den *Annals of Mathematics* veröffentlicht – 358 Jahre nach Fermats Behauptung.

BLAISE PASCAL

Pascal lebte nur kurz und geplagt von Krankheiten, aber er veränderte die Welt mit Arbeiten über Wahrscheinlichkeitstheorie und Geometrie und dem Pascalschen Dreieck – und er erfand die erste funktionierende Rechenmaschine.

19. Juni 1623 Er wird in Clermont-Ferrand, Frankreich, geboren. Sein Vater Étienne war ein respektierter Mathematiker und Richter am Steuergericht.

1640 Im Alter von 16 Jahren publiziert Pascal seinen *Essai pour les coniques* (Aufsatz über Kegelschnitte), der den Satz von Pascal enthält.

1645 Nach 50 Prototypen präsentiert Pascal seine Rechenmaschine der Öffentlichkeit.

1654 Er arbeitet mit Pierre de Fermat an der Wahrscheinlichkeitstheorie in Bezug auf das Glücksspiel.

19. August 1662 Im Alter von 39 Jahren stirbt Pascal an den Folgen einer Meningitis und eines Magengeschwürs.

BEITRÄGE IN DER WISSENSCHAFT

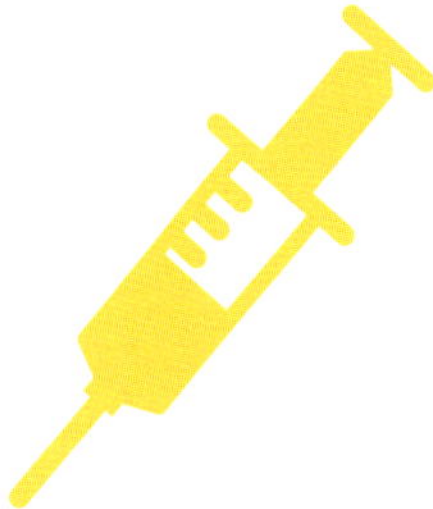

PASCALSCHES GESETZ

Pascal erfand die **erste hydraulische Presse** und die **Spritze.**

Er formulierte das **Pascalsche Gesetz:** Wenn sich der **Druck** einer ruhenden Flüssigkeit in einem Gefäß an einem Punkt **verändert,** wird er **ohne Verlust** an die Wände des Gefäßes **weitergeleitet.**

Die SI-Einheit (metrische Einheit) für Druck nannte man später **Pascal.**

SATZ VON PASCAL

Pascal fand heraus, dass, wenn sechs willkürlich gewählte Punkte auf einer **Kegelschnittkurve (die einfachste ist eine Ellipse)** durch gerade Linien verbunden werden, **die Kreuzungspunkte eine Gerade ergeben – diese nennt man Pascal-Gerade.**

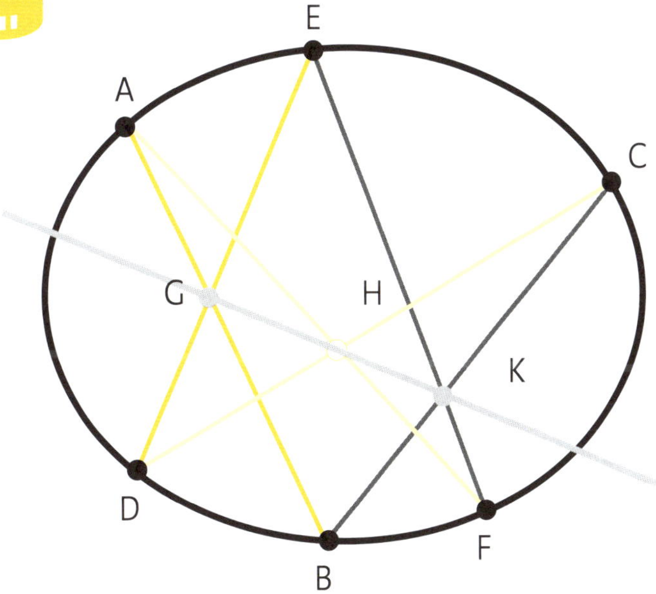

PASCALS RECHENMASCHINE

Es handelte sich um eine **tragbare hölzerne Box mit acht Metallwählscheiben mit Zahlen von 0 bis 9.** Diese konnte man zum **Addieren und Subtrahieren drehen,** womit man Zahlen mit bis zu acht Stellen erhielt, die oben auf der Box abzulesen waren.

DAS PASCALSCHE DREIECK

Das Pascalsche Dreieck ist eine Anordnung von Zahlen mit unzähligen Mustern und fast magischen Verbindungen zu anderen Bereichen der Mathematik.

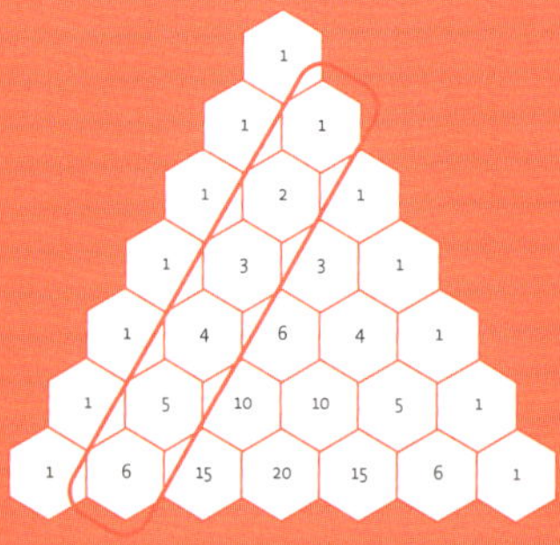

DIY-DREIECK

Beginnen Sie mit einer 1 ganz oben. **Die Einträge in den Reihen darunter ergeben sich durch die Summe der zwei schräg darüberliegenden Einträge** – am **Rand steht immer eine 1.**

NATÜRLICHE ZAHLEN

Die erste Diagonale von rechts oben, parallel zum Rand enthält **die natürlichen Zahlen,** d. h. die positiven ganzen Zahlen 1, 2, 3, 4, 5 ...

DREIECKSZAHLEN

Die **nächste Diagonale enthält die Dreieckszahlen** (Anzahl der Steine, die man zum Legen eines gleichseitigen Dreiecks benötigt) – 1, 3, 6, 10 ...

FIBONACCI

Die Summe der leicht geneigten Diagonalen ergibt die **Fibonacci-Reihe.**

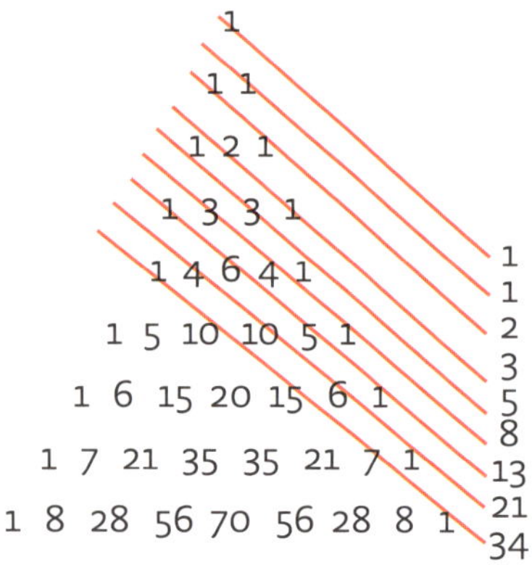

KLAMMERN AUFLÖSEN

Multipliziert man $(1 + x)^2$ aus, ergibt das $1 + 2x + x^2$. Ähnlich $(1 + x)^3$, das ergibt $1 + 3x + 3x^2 + x^3$. Steht an der Spitze des Pascalschen Dreiecks eine 0, dann **enthält die Lösung von $(1 + x)^n$ ansteigende Potenzen von x, jede multipliziert mit den Zahlen der n-ten Reihe des Dreiecks.**

$$(1 + x)^2 = 1 + 2x + x^2$$

$$(1 + x)^3 = 1 + 3x + 3x^2 + x^3$$

$$(1 + x)^4 = 1 + 4x + 6x^2 + 4x^3 + x^4$$

$$(1 + x)^5 = 1 + 5x + 10x^2 + 10x^3 + 5x^4 + x^5$$

$$(1 + x)^6 = 1 + 6x + 15x^2 + 20x^3 + 15x^4 + 6x^5 + x^6$$

KOMBINATORIK

Ist die Spitze des Dreiecks die Reihe 0 und die Spalte am äußeren linken Rand die Spalte 0, dann erhält man die Möglichkeiten, k Objekte aus n zu wählen, durch die Reihe n und die Spalte k. Zum Beispiel gibt es sechs Möglichkeiten, zwei Murmeln aus vier zu ziehen – Spalte 2, Reihe 4.

ANTIKES WISSEN

Obwohl das Dreieck nach dem französischen Mathematiker Blaise Pascal benannt ist, war es persischen Mathematikern, darunter Omar Khayyam, schon im 11. Jahrhundert bekannt.

WAHRSCHEINLICHKEIT

Ein Weg, den Ausgang zufälliger Ereignisse in den Griff zu bekommen, ist es, die Wahrscheinlichkeit zu berechnen – nützlich für Spieler, Physiker und jeden, der entscheiden muss, ob er einen Regenschirm mitnimmt.

$$P(X) = \frac{\text{Anzahl der Ereignisse, in denen X eintritt}}{\text{Gesamtzahl der möglichen Ereignisse}}$$

- **1650er** Fermat, Pascal, Cardano and Huygens legen Grundsteine der Wahrscheinlichkeitstheorie.
- **1718** Abraham de Moivre veröffentlicht *The Doctrine of Chances.*
- **1761** Der Satz von Bayes über bedingte Wahrscheinlichkeit wird bewiesen.
- **1812** Pierre-Simon Laplace veröffentlicht *Philosophischer Versuch über die Wahrscheinlichkeiten.*
- **1859** James Clerk Maxwell formuliert die ersten Konzepte statistischer Mechanik durch Anwendung der Wahrscheinlichkeit auf die Physik.

PLATZIEREN SIE IHRE WETTE

Beim Münzwerfen ist die **Wahrscheinlichkeit für Zahl oder Kopf** ½ oder 0,5.

Bei einem Würfel mit sechs Seiten ist **die Wahrscheinlichkeit jeder einzelnen Zahl** 1/6 oder 0,167.

Im Allgemeinen ist die Wahrscheinlichkeit, dass X eintritt, bestimmt durch P(X):

P(X) = (Anzahl der Ereignisse, in denen X eintritt)/(Gesamtanzahl der möglichen Ereignisse).

Wirft man zwei Würfel mit sechs Seiten, gibt es 36 mögliche Ergebnisse – alle sind gleich wahrscheinlich.

	⚀	⚁	⚂	⚃	⚄	⚅
⚀	2	3	4	5	6	7
⚁	3	4	5	6	7	8
⚂	4	5	6	7	8	9
⚃	5	6	7	8	9	10
⚄	6	7	8	9	10	11
⚅	7	8	9	10	11	12

Davon ergeben sechs Ergebnisse summiert 7. Also ist die Wahrscheinlichkeit, dass sich die Summe 7 ergibt, gleich 6/36 = 1/6. Andererseits ist die Wahrscheinlichkeit einer Summe von 10 nur 3/36 (da es nur drei Möglichkeiten gibt, sie zu erreichen) oder 1/12.

REGELN DER WAHRSCHEINLICHKEIT

Sind zwei Ereignisse **unabhängig** voneinander – keines der beiden beeinflusst das andere –, **erhält man die Wahrscheinlichkeit, dass beide eintreffen, durch die Multiplikation ihrer individuellen Wahrscheinlichkeiten.**

$$P(X \text{ und } Y) = P(X) \times P(Y)$$

Schließen zwei Ereignisse **einander aus** – d. h. eines beherrscht das andere –, dann ergibt sich **die Wahrscheinlichkeit des Eintretens des einen oder des anderen durch Addition ihrer individuellen Wahrscheinlichkeiten.**

$$P(X \text{ oder } Y) = P(X) + P(Y)$$

UNENDLICHKEIT

Unendlich ist mehr als nur eine sehr große Zahl. Mathematiker zerbrachen sich jahrhundertelang den Kopf über die Rafinessen und Paradoxa der Unendlichkeit.

6. Jahrhundert v. Chr. Anaximander führt den Begriff Unendlichkeit ein.

5. Jahrhundert v. Chr. Eudoxos von Knidos zieht das Gegenteil in Betracht – unendlich klein = infinitesimal.

δ

4. Jahrhundert v. Chr. Die alten Griechen Platon und Aristoteles verabscheuen den Begriff Unendlichkeit.

1657 John Wallis führt den „Liebesknoten“ als Symbol für Unendlichkeit ein.

∞

1874 Cantor führt in seinem Werk das Konzept von Unendlichkeit und Mächtigkeit aus.

ℵ

WAS IST UNENDLICHKEIT?

Unendlichkeit **verhält sich nicht so, wie man glauben möchte.** Stellen Sie sich die größte Zahl vor, die Sie sich denken können. Zählen Sie nun 1 dazu, so ist die neue Zahl um 1 größer als die vorhergehende. **Doch ∞ + 1 ist wieder nur ∞.**

∞

MÄCHTIGKEIT

ℵ

Der **deutsche Mathematiker Georg Cantor** bewies, dass es **verschiedene Arten von Unendlichkeiten gibt.** Er teilte sie danach ein, was er „Mächtigkeit“ nannte, und verwendete dafür den hebräischen Buchstaben ℵ („Aleph“).

1,2,3...

Die kleinste Unendlichkeit ist $\aleph_0$ – sie **beinhaltet alle natürlichen,** also **zählbaren, Zahlen. Man darf aber dennoch nicht glauben, die Unendlichkeit der ungeraden und gerade Zahlen sei größer als die Unendlichkeit der ganzen Zahlen, sie sind** – **bizarrerweise** – **alle gleich groß.**

1/2, 1/3, 1/4...

Cantor zeigte, dass **rationale Brüche** auch in $\aleph_0$ enthalten sind.

Es gibt höhere ℵ-Niveaus, um größere Unendlichkeiten zu klassifizieren.

Irrationale Zahlen wie ϖ, e, √2 bilden ein **„Kontinuum“** und haben eine verblüffende Mächtigkeit von $2^{\aleph_0}$.

INFINITESIMALRECHNUNG

Die Infinitesimalrechnung ist eine Methode der Analysis, die sich mit der Steigung von und der Fläche unter mathematischen Kurven beschäftigt. Sie wird überall angewandt – von der Quantenphysik bis zur Wirtschaft.

DIFFERENTIALRECHNUNG

Stellen Sie sich vor, Sie fahren einen Hügel hinauf. Je steiler der Hang ist (die **Steigung**), desto mehr muss der Motor arbeiten.

Mithilfe der Differentialrechnung kann man **die Steigung einer Kurve berechnen.** Sie ist gleich der **Tangente,** die die Kurve an einem gegebenen Punkt der Kurve berührt.

SO FUNKTIONIERT ES

Hat man die Gleichung $y = x^n$, dann ist die Steigung gegeben durch nx^{n-1}. Die Steigung von y im Bezug auf x wird meist geschrieben als $\frac{dy}{dx}$ – eine **Notation,** die **Gottfried Leibniz** einführte. Die Ableitungen einiger häufiger Funktionen lauten:

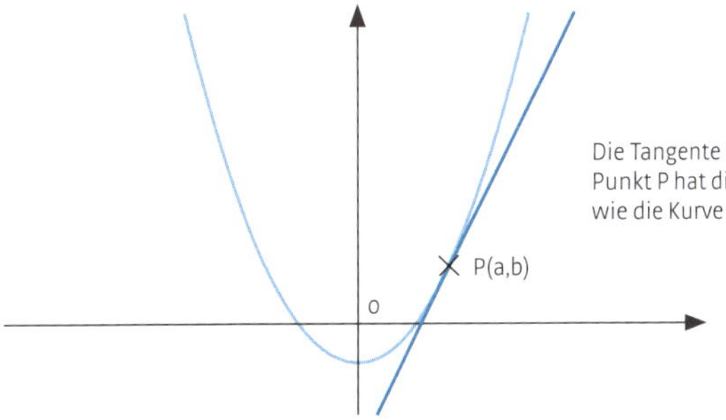

Die Tangente der Kurve am Punkt P hat dieselbe Steigung wie die Kurve an diesem Punkt.

$$\frac{d}{dx} n = 0$$

$$\frac{d}{dx} x = 1$$

$$\frac{d}{dx} x^n = nx^{n-1}$$

$$\frac{d}{dx} e^x = e^x$$

$$\frac{d}{dx} \ln x = \frac{1}{x}$$

$$\frac{d}{dx} n^x = n^x \ln x$$

$$\frac{d}{dx} \sin x = \cos x$$

$$\frac{d}{dx} \cos x = \sin x$$

INTEGRALRECHNUNG

Das Gegenteil ist die **Integralrechnung.** Das **Integral** einer Gleichung ergibt die Fläche unter einer Kurve – **berechnet wird es umgekehrt wie das Differential.** Ist $y = x^n$, ist das Integral von y

$$\int y\,dx = \int x^n dx = \frac{x^{n+1}}{n+1} + C$$

Dabei zeigt dx, dass nach x integriert wurde, und C eine **beliebige Konstante** ist, die immer addiert wird (und die verschwindet, wenn man differenziert, um zur Ursprungsgleichung zurückzukehren).

ANWENDUNGEN

Minima und Maxima: Differentialrechnungen dienen zur Berechnung des größten und kleinsten Werts einer Funktion.

Fläche und Volumen: Integralrechnungen dienen zur Berechnung von **Flächen und Volumen von Ebenen und Körpern.**

Dynamik: Infinitesimalrechnungen findet man oft in der Physik bei **zeitabhängig variablen Phänomenen.**

Numerik: Schätzungen der **Steigung einer Funktion** kann man verwenden, um **algebraische Lösungen finden,** meist mithilfe eines **Computers.**

GOTTFRIED WILHELM LEIBNIZ

Der außergewöhnlich begabte Universalgelehrte Leibniz war der Erste, der eine Abhandlung zur Infinitesimalrechnung veröffentlichte. Er steuerte auch Beiträge zu Geometrie, Topologie und Lösungen von Gleichungen bei.

1. Juli 1646 Leibniz wird in Leipzig, Sachsen, als Sohn eines Moralphilosophen geboren. Als begabtes Kind genießt er es, in der Bibliothek in philosophischen Werken zu schmökern.

1661 Mit 14 Jahren geht er an die Universität von Leipzig, um Philosophie zu studieren. Ein Jahr später macht er den Bachelor, 1664 erwirbt er dann seinen Master. Er studiert auch Recht.

1666 Leibniz beginnt eine lange Karriere als Staatssekretär und Diplomat in ganz Europa. Während er in Paris lebt, bringt er sich selbst Mathematik und Physik bei.

1673 Leibniz arbeitete am Prototyp einer Rechenmaschine, die addieren, subtrahieren, multiplizieren und dividieren konnte, mit. Bei seinem Aufenthalt in London präsentiert er sie der Royal Society, die ihn schnell als Mitglied aufnimmt.

1675 Leibniz entwickelt seine eigene Version der Integral- und Differentialrechnung.

1684 Er veröffentlicht seine Entdeckungen dahingehend in dem Buch *Nova methodus pro maximis et minimis*. In späteren Werken erkennt er die Beiträge Newtons auf diesem Gebiet an.

1712 Es kommt zum Streit, wer die Infinitesimalrechnung entwickelt hat. Eine Gruppe Gelehrter klagt Leibniz des Plagiats an Newtons Werk an – es wird vermutet, dass Newton dahintersteckte.

14. November 1716 Leibniz kommt nie über diese Verleumdung hinweg und stirbt in Hannover im Alter von 70 Jahren. Die Nachwelt schreibt beiden, Leibniz und Newton, die Entwicklung zu. Man bevorzugt jedoch die Notation von Leibniz, die auch heute noch verwendet wird.

ISAAC NEWTON

Als einer der brillantesten Wissenschaftler aller Zeiten brachte Newton jeden Bereich der Mathematik, mit dem er sich befasste, voran. Seine Arbeiten zur Infinitesimalrechnung sind eine Grundlage der Physik und der Baukunst.

DER GRÖSSTE WISSENSCHAFTLER GROSSBRITANNIENS

Nach dem julianischen Kalender wird Newton am **Christtag 1642** in **Woolsthorpe Manor,** Lincolnshire, in eine Bauernfamilie **geboren.**

Newtons **Vater** starb drei Monate vor seiner Geburt, und seine **Mutter** heiratete ein zweites Mal. Er wurde von seinen **Großeltern** aufgezogen.

1661 ging Newton ans **Trinity College** in Cambridge, um **Recht** zu studieren. Er **arbeitet als Diener,** um sein Studium zu finanzieren.

1665 brach in Cambridge die Pest aus, und Newton kehrte nach Woolsthorpe zurück, wo er zwei Jahre mit Überlegungen zu **Infinitesimalrechnung, Optik, Planetenbewegung** und **Gravität** zubrachte.

$$\frac{dy}{dx}$$

Newton wurde zum **Fellow des Trinity College** in **Cambridge** und folgte 1668 **Isaac Barrow** auf dem prestigeträchtigen **Lucasischen Lehrstuhl für Mathematik** nach.

Newton entwickelte die **Theorie der Infinitesimalrechnung** zur selben Zeit wie der deutsche Mathematiker **Gottfried Leibniz,** was zu einem **Streit, wer der tatsächliche Entdecker** sei, führte.

Sein Genie wurde bereits zu Lebzeiten anerkannt, und er erhielt mehrere angesehene Posten, darunter **Master of the Royal Mint (Münzmeister der Königlichen Münzprägeanstalt).**

Newton **starb** am 31. März 1727 in Kensington, London, im Schlaf. Er wurde in **Westminster Abbey** begraben.

FAKTEN UND ZAHLEN

Er wurde **1705** von Königin Anne als zweiter Wissenschaftler in den Ritterstand erhoben.

Newton war **zwei** Jahre lang Mitglied des Parlaments der Universität von Cambridge.

Er hatte **24** Jahre den Posten des Präsidenten der Royal Society inne.

1687 erschien sein wegweisendes Werk *Philosophiae Naturalis Principia Mathematica.*

NUMERISCHE MATHEMATIK

Während einige mathematische Gleichungen leicht zu lösen sind, sind andere super komplex – mit Lösungen, die man nur findet, wenn man die brachialen Methoden der numerischen Mathematik anwendet.

FRÜHE NEUZEIT

1656 John Wallis publiziert algebraische Methoden, um sich der Fläche unter Kurven anzunähern – hauptsächlich durch numerische Integration.

1675 Isaac Newton veröffentlicht zum ersten Mal seine Methode, um Gleichungen numerisch zu lösen.

1690 Joseph Raphson verbessert und vereinfacht Newtons Methode.

1895 Carl Runge veröffentlicht eine numerische Methode, um Differentialgleichungen zu lösen – jene sowohl mit einer Variable als auch einem Gradienten.

1940er Jahre Die Erfindung des elektronischen Computers führt dazu, dass numerische Analysis automatisiert werden kann.

GRAPHISCHE LÖSUNGEN

Die Gleichung $x - 2 = 0$ kann man leicht lösen, indem man 2 auf beiden Seiten addiert, was die Lösung $x = 2$ ergibt. Aber was ist mit $x^5 + \sqrt{x} - 3 = 0$? Solche Gleichungen haben keine Lösung, die man mit Papier und Bleistift errechnen kann. Stattdessen verwenden Mathematiker dafür **Algorithmen.**

Ein einfacher Ansatz ist es, **die Funktion graphisch darzustellen.**

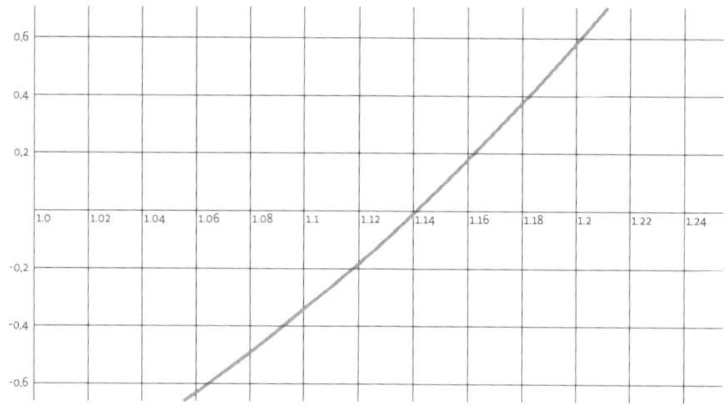

Der Graph zeigt: $x^5 + \sqrt{x} - 3$ verläuft durch Null, wenn $x \approx 1{,}14077$ ist.

BISEKTION

Wenn man weiß, dass die Lösung einer Gleichung in einem gegebenen Intervall liegt, dann ist die **Bisektion** die geeignete Methode. Dabei wird **das Intervall halbiert, dann findet man heraus, in welcher Hälfte die Lösung liegt** – dieser Vorgang wird **wiederholt.**

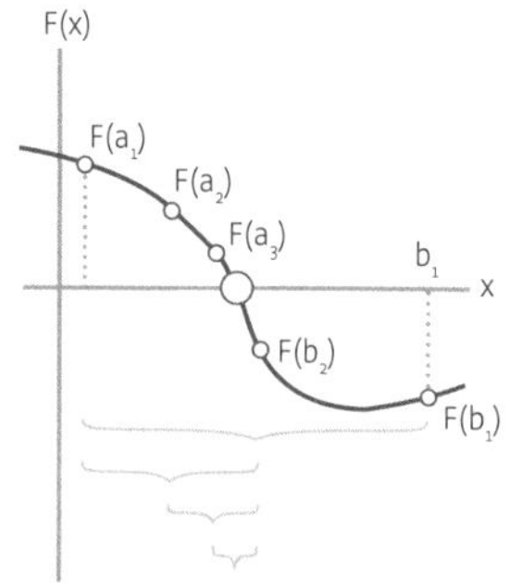

NEWTONS METHODE

Isaac Newton (und unabhängig von ihm der englische Mathematiker **Joseph Raphson**) entwickelte im 17. Jahrhundert eine **numerische Methode, um Gleichungen zu lösen.**

Um $f(x) = 0$ zu lösen, **beginnt** Newtons Methode **mit einer Vermutung** (x_0), dann berechnet man die **Tangente der Kurve** an diesem Punkt, findet die **Nullstelle dieser Tangente** (x_1) und verwendet diese als **nächste Vermutung.** Der Prozess wird **wiederholt, bis die Schätzungen in einer Lösung konvergieren.**

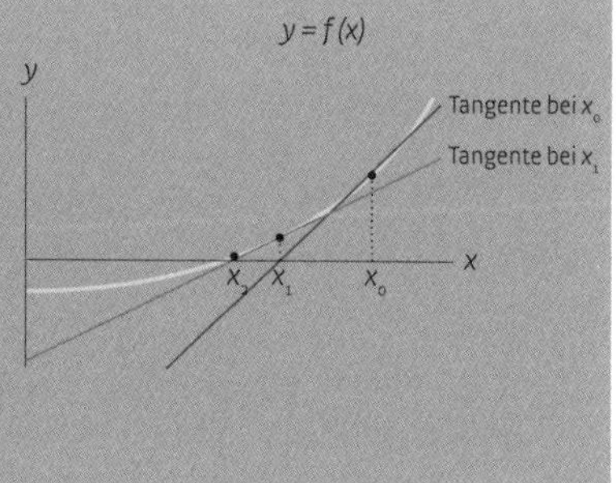

MECHANIK

Eine der ersten Anwendungen der Mathematik auf die Physik war die Mechanik, die sich mit der Bewegung von Körpern unter Krafteinwirkung beschäftigt.

4. Jahrhundert v. Chr. Die alten Griechen betrachten die Reaktion von Objekten auf Krafteinwirkung.

1687 Newton publiziert die drei Grundgesetze der Bewegung.

1765 Euler weitet die Gesetze der klassischen Mechanik auf rotierende Objekte aus.

1788 Lagrange entwickelt einen alternativen Ansatz, basierend auf Energie statt auf Kraft.

1900 Max Planck entwickelt erste Ideen zur Quantenmechanik für die Bewegung subatomarer Teilchen.

1905 Einstein veröffentlicht die spezielle Relativitätstheorie und zeigt, dass die newtonschen Gesetze mit der Lichtgeschwindigkeit ein Problem haben.

1928 Paul Dirac kombiniert Quantenmechanik und spezielle Relativitätstheorie zur Beschreibung ultraschneller Bewegungen in der subatomaren Welt.

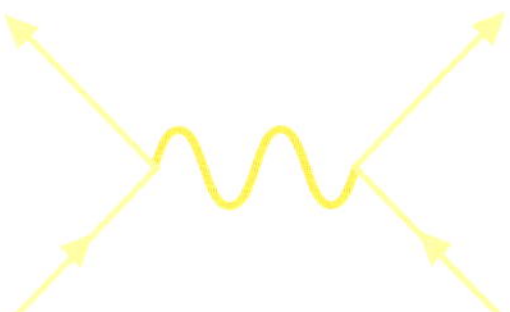

WORUM GEHT ES?

Mechanik beschreibt, wie **Billardkugeln aufeinandertreffen, Pendel schwingen, Flaschenzüge funktionieren** und vieles mehr.

Die **newtonschen Gesetze der Bewegung** bestimmten die Mechanik viele hundert Jahre lang, erfuhren jedoch im 20. Jahrhundert **Korrekturen** für **sich sehr schnell bewegende (Relativitätstheorie)** und **sehr kleine Objekte (Quantenmechanik).**

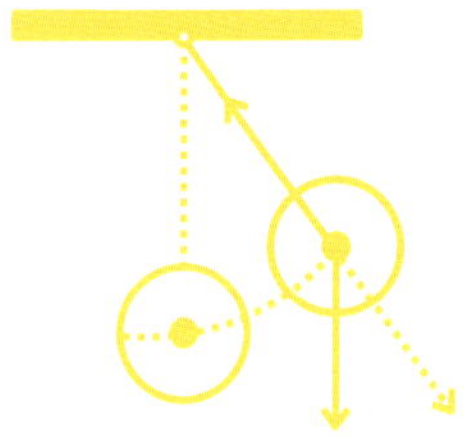

NEWTONSCHE GESETZE

Die **drei Grundgesetze der Bewegung** des britischen Wissenschaftlers **Sir Isaac Newton** enthalten die Prinzipien der **klassischen Mechanik:**

1. Ein Körper verharrt in Ruhe oder bleibt in gleichförmiger Bewegung, sofern ihn keine äußere Kraft zu einer Änderung seines Zustandes zwingt.

2. Die Größe einer Kraft F ist proportional zur Beschleunigung a, welche ein Körper der Masse m durch die Kraft erfährt: $F = ma$.

Je mehr Kraft,
desto mehr Beschleunigung!

3. Für jede Aktion gibt es eine gleich große, aber entgegengesetzte Reaktion. Deshalb gibt es einen Rückstoß, wenn man ein Gewehr abfeuert.

POLARKOORDINATEN

Statt einem Punkt auf einem Raster geben die Polarkoordinaten eine Position ausgehend von einem Fixpunkt als Entfernung und Richtung an. Sie werden tagtäglich in Navigation, Robotik, Mathematik und Physik angewandt.

WAS SIND POLARKOORDINATEN?

Vielleicht haben Sie selbst schon einmal eine Form von Polarkoordinaten verwendet. Wenn man sie fragt, wo Sie wohnen, antworten Sie vielleicht: „20 km nördlich von Berlin." Was Sie da sagen, ist eine **Art von Polarkoordinaten** – eine **Richtung** und eine **Entfernung.**

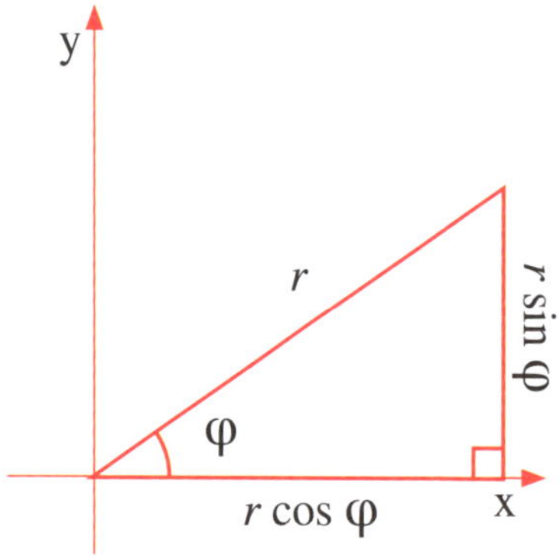

Das Diagramm zeigt ein zweidimensionales Polarkoordinatensystem, in dem ein Punkt auf einer Ebene durch den **Winkel** φ, gemessen gegen den Uhrzeigersinn von der *x-Achse* aus, und die **Radialkoordinate** *r* bestimmt wird. Polarkoordinaten kann man mit **kartesischen Koordinaten** (x, y) durch Gleichungen in Beziehung zueinander setzen.

$$x = r \cos \varphi$$

$$y = r \sin \varphi$$

DIE ARCHIMEDISCHE SPIRALE

Formen wie **Spiralen** und **Rollkurven** kann man durch Polarkoordinaten definieren. **Archimedes** beschrieb eine Spirale, bei der sich der **Radius** im Verhältnis zum **Winkel** vergrößert.

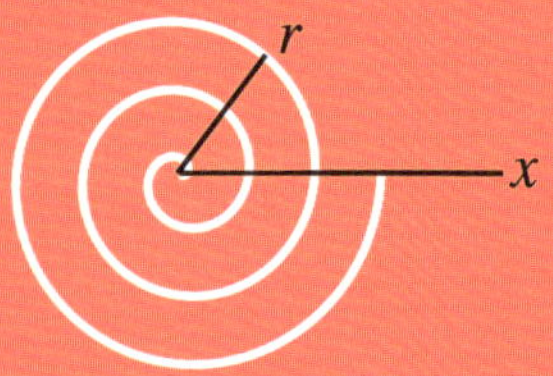

Das Bild oben zeigt eine archimedische Spirale, bei der sich *r* linear von Null aus vergrößert – um φ bei jeder Drehung gegen den Uhrzeigersinn um die Achse *x*.

WUSSTEN SIE DAS?

Das Konzept von Winkel und Radius kannten schon Gelehrte der Antike. **Hipparchos** (ca. 2. Jahrhundert v. Chr.) verwendete Polarkoordinaten, um die Positionen von Himmelskörpern zu bestimmen.

Polarkoordinaten vereinfachen **Bewegungsgleichungen rotierender mechanischer Systeme.**

Dreidimensionale Polarkoordinaten verwendet man in der **Physik für elektrische, magnetische und Temperaturfelder.**

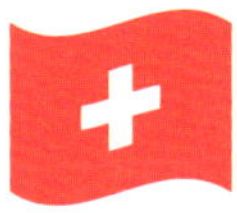

1691 entwickelte der Schweizer Mathematiker **Jacob Bernoulli** Polarkoordinaten für unzählige mathematische Probleme.

Man verwendet sie auch zur Messung der **Bewegung von Planeten.**

ABRAHAM DE MOIVRE

Abraham de Moivre ist sowohl für die gleichnamige Formel, die komplexe Zahlen und Trigonometrie verbindet, als auch für das Vorantreiben der Studien zur Wahrscheinlichkeitstheorie berühmt.

LEBEN UND ZEIT

De Moivre wurde am 26. Mai 1667 in der französischen Provinz Champagne geboren. Er studierte **Physik** in Paris, aber wegen seines Glaubens (er war **Protestant**) wurde er verfolgt und war gezwungen **zu fliehen** – er ließ sich in **London** nieder. Dort freundete er sich mit **Sir Isaac Newton** und dem Astronomen **Edmond Halley** an.

DER MOIVRESCHE SATZ

Für jede **reelle Zahl** x und jede **ganze Zahl** n gilt:
$(\cos x + i \sin x)^n = \cos(nx) + i \sin(nx)$.

Der Satz ermöglicht die Berechnung der **Potenzen komplexer Zahlen.** Das sind Zahlen, die man in der Form a + bi schreibt, wobei i die **imaginäre Einheit darstellt** (definiert als $i^2 = -1$).

Der Moivresche Satz verbindet **komplexe Zahlen** und **Trigonometrie.** Er war wesentlich für die Überführung der Trigonometrie aus dem Bereich der **Geometrie** in jenen der **Analysis.**

WAHRSCHEINLICHKEIT

Trotz seiner Brillanz bekam de Moivre keinen Lehrstuhl für Mathematik an einer Universität. Er verdiente sein Leben als **privater Mathematiklehrer** und **Berater für Glücksspiel und Versicherungen.** Sein Werk *The Doctrine of Chances* (1718) enthielt zahlreiche Problemstellungen des Würfelspiels und anderer Glücksspiele und förderte das Studium der Wahrscheinlichkeitstheorie in außerordentlichem Maße.

WUSSTEN SIE SCHON?

Es heißt, de Moivre habe – erfolgreich! – **das Datum seines eigenen Todes vorhergesagt.** Er hatte bemerkt, dass er im Alter jede Nacht um 15 Minuten länger schlief, und berechnete korrekt, dass sein Schlaf am 27. November 1754, seinem Todestag, genau 24 Stunden betragen würde.

UNENDLICHE REIHEN

Die Fähigkeit, mathematische Funktionen als Reihe zu schreiben – eine Summe mit unendlich vielen Summanden –, ist ein nützlicher Kunstgriff, der sich in zahlreichen Anwendungen wiederfindet.

UNENDLICHE SUMME

Man könnte meinen, dass eine **unendliche Summe** als Lösung **unendlich** ergeben müsste. Aber stellen Sie sich einen Läufer vor, der sich dem Ziel nähert. Man könnte die Bewegung als unendliche Reihe von Schritten darstellen, wobei mit jedem Schritt die Hälfte der übrigen Strecke zurückgelegt wird. Obwohl das eine **unendliche Anzahl an Schritten ergibt,** überquert der Läufer die Ziellinie in **endlicher Zeit.**

Die Bruchteile der Distanz bis zum Ziel, die mit jedem Schritt zurückgelegt werden, entsprechen einer unendlichen

$$\frac{1}{2} + \frac{1}{4} + \frac{1}{8} + \frac{1}{16} + \ldots$$

Reihe, die gegen 1 konvergiert.

NOTATION

Summen werden durch den **griechischen Großbuchstaben** Σ („Sigma") ausgedrückt, wobei die **unten stehende Zahl** den **Startwert** einer Reihe und die **oben stehende** den **Endwert** angibt.

$$\sum_{k=0}^{\infty} x^k$$

bedeutet: die Summe von k = 0 bis unendlich von x^k.

BEISPIELE

Einige Reihen mit ihren Lösungen:

$$\sum_{k=1}^{\infty} \frac{1}{k^2} = \frac{\pi^2}{6}$$

$$\sum_{k=1}^{\infty} \frac{x^k}{x!} = e^x$$

DIE TAYLORREIHE

Die Taylorreihe ist nach dem englischen Mathematiker **Brook Taylor** benannt, der 1715 bewies, dass jede mathematische Funktion $f(x)$ an einen Punkt $x = a$ durch die folgende Reihe angenähert werden kann:

$$f(x) \approx f(a) + \frac{1}{1!}\frac{df(a)}{dx}(x-a) + \frac{1}{2!}\frac{d^2f(a)}{dx^2}(x-a)^2 + \ldots$$

Wobei ! die Fakultätsfunktion ist und $\frac{df(a)}{dx}$ $f(x)$ abgeleitet nach x, ausgewertet am Punkt x = a ist, und $\frac{d^2f(a)}{dx^2}$ $f(x)$ zweimal abgeleitet nach x, ausgewertet am Punkt $x = a$ ist.

Man kann zum Beispiel $f(x) = x^2$ annähern durch

$$f(x) \approx a^2 + 2a\,(x-a) + (x-a)^2 + \ldots$$

Die Annäherung gilt für Werte von x nahe a, deshalb werden die höheren Potenzen von $(x - a)$ bald klein genug, um ignoriert werden zu können.

GRAPHENTHEORIE

Ein Netzwerk von Punkten und die Verbindungen dazwischen kann man mit einem Bereich der Mathematik, der als Graphentheorie bekannt ist, analysieren.

DAS KÖNIGSBERGER BRÜCKENPROBLEM

Im 18. Jahrhundert bestand die Stadt **Königsberg** im heutigen Russland am Fluss Pregel aus vier unzusammenhängenden Landmassen, die durch sieben Brücken verbunden waren. Man stellte sich die Frage, ob es einen Weg gibt, bei dem man alle sieben Brücken genau einmal überquert, und wenn ja, ob auch ein Rundweg möglich ist, bei dem man wieder zum Ausgangspunkt gelangt.

ABSTRAKTE GRAPHEN

1735 hatte der Schweizer Mathematiker **Leonhard Euler** den Einfall, die **Karte von Königsberg in eine abstrakte Form zu bringen,** wobei er die **Landmassen** als einfache **Punkte** und die **Brücken** als Verbindungslinien darstellte. Die Länge der **Linien** ist dabei unerheblich – das, was zählt, ist der **Aufbau der Verbindungen.**

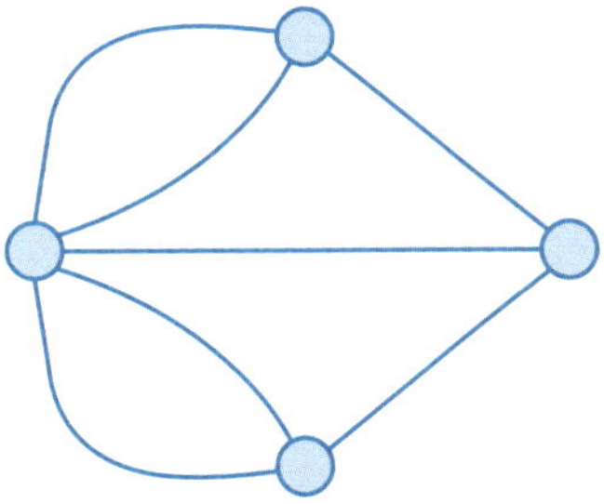

Die Frage lautete dann, ob man, wenn man an einem der vier Punkte (oder **Knoten,** wie man sie nennt) beginnt, eine Route entlang dieses **Graphen** finden kann, wobei jede Verbindung (oder **Kante**) nur einmal benutzt wird.

EULERS LÖSUNG

Euler bemerkte, dass es die gesuchte Route nur gibt, wenn nach Abzug von Anfangs- und Endpunkt eine **gerade Zahl an Brücken übrig bleibt** – das heißt, wenn sie **„gleichen Grades“** sind. Dies wurde bekannt als **Eulerkreis.** Im Falle der Königsberger Brücken sind die Koten **ungleichen Grades,** deshalb gibt es keine Lösung. Das war die **erste Anwendung** dessen, was später als **Graphentheorie** bekannt wurde.

Es gibt einige sehr komplizierte Graphen.

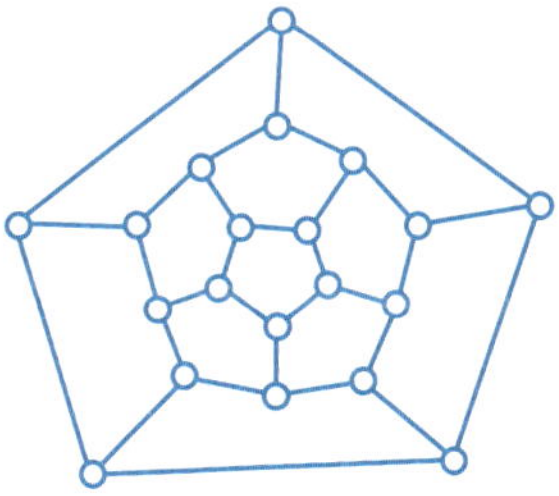

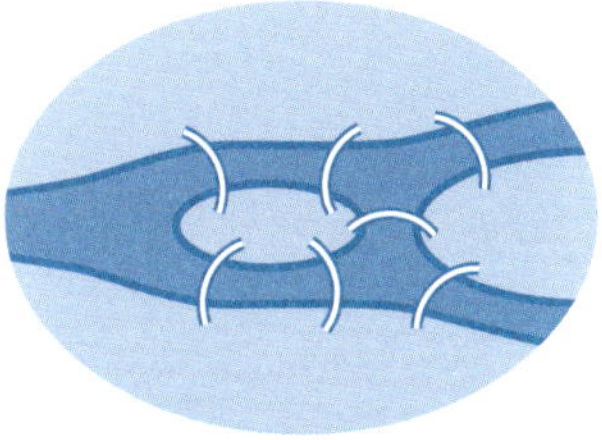

ANDERE ANWENDUNGEN

Graphentheorie verwendet man auch in:

- **Topologie**
- **statistischen Modellen**
- **Informatik**
- **Gruppentheorie**

GLÜCKSSPIEL

Im 18. Jahrhundert konnte man ordentlich Gewinn machen, wenn man Mathematik auf das Glücksspiel anwandte. Nicht wenige Mathematiker besserten ihr Einkommen so auf.

ERWARTUNGSWERT

Ein Spieler macht Gewinn, wenn er den **Erwartungswert** der Wetten maximiert. Dieser ergibt sich durch das **Summieren von Gewinn und Verlust** bei jedem möglichen Ergebnis, **multipliziert mit der Wahrscheinlichkeit.**

BEISPIEL

Ein Spiel im Casino mit einem idealen Würfel: Der Einsatz sind 6 €, die Sie verlieren, wenn Sie zwischen 1 und 5 würfeln, bei 6 gewinnen Sie 24 €. In diesem Fall ist der Erwartungswert:

$$E = -\frac{5}{6} \text{ x } 6\,€ + \frac{1}{6} \text{ x } 24\,€ = -5\,€ + 4\,€ = -1\,€$$

Also verlieren Sie im Durchschnitt 1 € bei jedem Wurf. Das ist nicht so gut. Wenn allerdings der Einsatz auf 3 € gesenkt wird, dann steigert sich der Erwartungswert auf + 1,50 € – und Sie sind auf der Gewinnerseite!

SANKT-PETERSBURG-PARADOXON

Nun zum Münzwurf – bei Zahl verlieren Sie 2 €, bei Kopf gewinnen Sie 2 €. Gewöhnlich hat dieses Spiel einen Erwartungswert von 0. Was geschieht, wenn Sie den Einsatz bei jedem Spiel verdoppeln und nach einem Gewinn aufhören? Dann ist der Erwartungswert:

$$E = -\frac{1}{2} \text{ x } 2\,€ + \frac{1}{2} \text{ x } \frac{1}{2} \text{ x } 4\,€$$

$$+ \frac{1}{2} \text{ x } \frac{1}{2} \text{ x } \frac{1}{2} \text{ x } 8\,€ + \ldots$$

$$= 1\,€ + 1\,€ + 1\,€ + \ldots$$

Und ergibt **unendlich**. Das nennt man das **Sankt-Petersburg-Paradoxon,** benannt nach der russischen Stadt, in der der Mathematiker **Daniel Bernoulli** lebte, als er versuchte, das Problem zu lösen.

DIE LÖSUNG

Bernoulli glaubte, die Lösung hätte mit dem **sinkenden Grenznutzen des Geldes zu tun.** Bekämen Sie zum Beispiel eine Million Euro, mag das Ihr Leben verändern. Würden zwei Millionen Euro ihr Leben zweimal so sehr verändern? Wahrscheinlich nicht. Das ist der Grenznutzen.

Die moderne Lösung liegt darin, dass **man unbeschränkte Geldmittel für diese Spielstrategie benötigt,** um dem womöglich außergewöhnlich langen Spielverlauf zu trotzen – wahrscheinlich wird das Casino aber auch irgendwann Ihre steigenden **Einsätze nicht mehr akzeptieren.**

LEONHARD EULER

Euler trug wesentlich zur Weiterentwicklung von Geometrie, Algebra, Zahlentheorie, Trigonometrie und Infinitesimalrechnung bei. Es gibt viele Formeln und Sätze in der Mathematik, die nach ihm benannt sind.

WER WAR LEONHARD EULER?

Euler wurde am 15. April 1707 in Basel in der Schweiz geboren. Sein **Vater** war **Pastor** der reformierten Kirche. Die Familie war gut bekannt mit **Johann Bernoulli,** einem der größten Mathematiker Europas.

1720 besuchte Euler die **Universität von Basel** und schloss seine Studien mit Arbeiten über **Descartes** und **Newton** ab.

Euler war **Professor für Physik** an der **Kaiserlich-Russischen Akademie der Wissenschaften** in **St. Petersburg.** 1741 ging er an die **Akademie der Wissenschaften in Berlin.**

Eulers **Augenlicht verschlechterte sich** immer mehr. Nach einem Fieberanfall 1738 wurde er **auf dem rechten Auge fast blind.** Das hatte jedoch wenig Auswirkung auf seine **Produktivität** – dank seines **bemerkenswerten Rechentalents** und seiner **erstaunlichen Merkfähigkeit.**

Euler **starb** am 18. September 1783 in St. Petersburg, Russland, **an einer Gehirnblutung.**

DIE SCHÖNSTE ALLER GLEICHUNGEN

Die eulersche Identität gilt als die **schönste Gleichung in der Mathematik.** Manche Leute lassen sie sich sogar **tätowieren.** Warum?

$$e^{i\pi} + 1 = 0$$

Die Gleichung besitzt **mathematische Schönheit,** weil sie **drei wesentliche Rechenarten** beinhaltet: **Addition, Multiplikation** und **Exponentiation.** Sie enthält zudem **fünf mathematische Konstanten:** 0, 1, π, e (die Basis natürlicher **Logarithmen,** 2,7182818284) und i (die **imaginäre Einheit**).

So zeigt sie eine **Verbindung** zwischen den Bereichen der **Geometrie,** der **Infinitesimalrechnung** und der **komplexen Zahlen auf.**

Einige Historiker behaupteten, Euler sei nicht der Erste gewesen, der die Identität abgeleitet habe, sie geht aber sicher **auf Konzepte zurück, die er mit entwickelte.**

TOPOLOGIE

Die Topologie beschäftigt sich mit Oberflächen und Körpern, die unter stetiger Verformung erhalten bleiben. Sie findet Anwendung im Studium von Knoten, der Teilchenphysik und dem Universum als Ganzem.

300 v. Chr. Euklid veröffentlicht sein Werk *Elemente*, das die Grundpostulate der Geometrie enthält.

1736 Leonhard Euler veröffentlicht die erste Arbeit über die Graphentheorie, einen Vorläufer der Topologie.

1858 Möbius und Listing beschreiben das Möbiusband.

1882 Felix Klein beschreibt die Kleinsche Flasche.

2006 Der russische Mathematiker Grigori Perelman beweist die Poincaré-Vermutung im Hinblick auf die Topologie eines dreidimensionalen Objekts.

FLEXIBLE GEOMETRIE

In der Topologie **sind zwei Körper gleich, wenn einer in den anderen verformt werden kann.** Das ist ungefähr so, als wären sie aus formbarem Gummi. Eine **Kugel ist topologisch das Gleiche wie ein Würfel,** denn man kann sie theoretisch so verformen, dass sie zum Würfel wird – und vice versa.

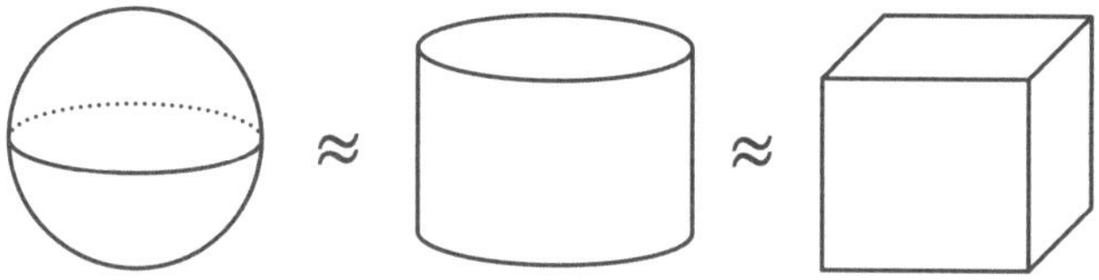

DIE GANZE WAHRHEIT

Die Körper dürfen dabei nicht zerrissen oder zerschnitten werden, das heißt, dass **topologisch gleiche Körper dieselbe Anzahl an „Löchern" aufweisen müssen.** Schneidet man ein Loch in ein Blatt Papier, gibt es keine Möglichkeit, es wieder in ein Blatt ohne Loch zu verwandeln. **Objekte mit derselben Anzahl an Löchern kann man hingegen in einander verformen**. In der Topologie sind deshalb ein Donut und eine Tasse dasselbe – sie sind homöomorph.

EIGENARTIGE FORMEN

Das **Möbiusband** (unten) ist ein **topologischer Sonderfall** – es ist eine **Fläche mit nur einer Seite.**

Ein Möbiusband besteht aus einem **um 180 Grad verdrehten Streifen,** bei dem **die Enden aneinandergeklebt sind.**

Es hat aber immerhin eine Kante – die **Kleinsche Flasche** (rechts) hingegen ist ein Beispiel einer **nicht-orientierbaren Fläche ohne Kanten.**

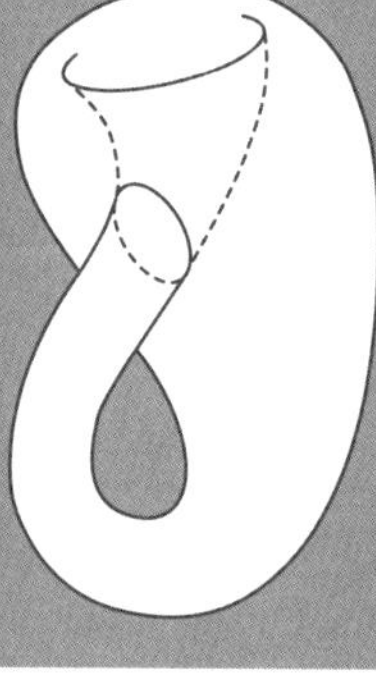

DIE FAMILIE BERNOULLI

Diese Schweizer Familiendynastie brachte nicht weniger als acht talentierte Mathematiker hervor, die wesentliche Beiträge zur Mathematik als auch zur theoretischen Physik lieferten.

$$e = \lim_{n \to \infty} \left(1 + \frac{1}{n}\right)^n$$

Jacob Bernoulli (1654–1705) schrieb das Werk *Ars conjectandi* über die Wahrscheinlichkeit. Die **Bernoulli-Zahlen** sind nach ihm benannt, und er entdeckte die **mathematische Konstante e,** die man in vielen mathematischen Formeln findet.

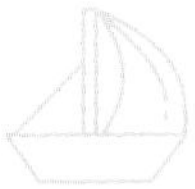

Johann Bernoulli (1667–1748) und sein Bruder Jacob arbeiteten gemeinsam an der **Infinitesimalrechnung** und ihren Anwendungen, darunter der **Mathematik von Segeln für Schiffe** und **der Optik.**

Nikolaus Bernoulli (1662–1718) Der dritte Bruder war ein Maler und Ratsherr (ein Mitglied des Stadtrates) in der Schweizer Stadt Basel.

Nikolaus I. Bernoulli (1687–1759), Neffe von Jacob und Johann, arbeitete vor allem in den Bereichen **Wahrscheinlichkeitstheorie, Geometrie** und **Differentialgleichungen.**

Daniel Bernoulli (1700–1782), zweiter Sohn von Johann, wandte Mathematik auf **Strömungsmechanik** an (er entdeckte dabei das **Prinzip, wodurch später Flugzeuge flogen**) und machte **bahnbrechende Fortschritte** in **Statistik** und **Wahrscheinlichkeitstheorie.**

Johann II. Bernoulli (1710–1790), dritter Sohn von Johann, folgte seinem Vater als **Professor der Mathematik** an der **Universität von Basel** und **studierte auch Physik.**

Nicolaus II. Bernoulli (1695–1726), Sohn von Johann, erdachte das **Sankt-Petersburg-Paradoxon,** das mit der **Wahrscheinlichkeit in der Wirtschaft** und im **Glücksspiel zu tun hat.**

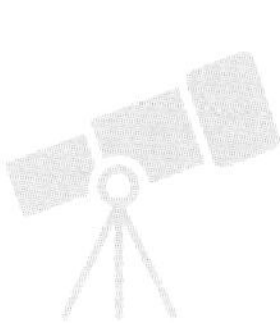

Johann III. Bernoulli (1744–1807), Sohn von Johann II., war ein **Wunderkind.** Im Alter von 19 Jahren war er **Königlicher Astronom in Berlin.** Er lehrte Mathematik an der **Berliner Akademie der Wissenschaften** und schrieb Werke über **Astronomie, Reisen** und **Geographie.**

Jacob II. Bernoulli (1759–1789), dritter Sohn von Johann II., wurde in Russland geboren und war **Professor für Mathematik** an der **Akademie von St. Petersburg.** Er **ertrank** beim Schwimmen in der Newa – nur ein paar Monate nach seiner **Heirat mit einer Enkelin Leonhard Eulers.**

WAHRSCHEINLICHKEITSVERTEILUNGEN

Die Wahrscheinlichkeitsverteilung beschreibt die Wahrscheinlichkeiten aller möglichen Ergebnisse eines zufälligen Ereignisses – etwa beim Würfelspiel, einer Pferdewette oder der Frage, wie das Wetter am folgenden Tag wird.

1755 Thomas Simpson untersucht Wahrscheinlichkeitsverteilungen als Möglichkeit, Fehler bei Messungen zu verstehen.

1774 Pierre-Simon Laplace schlägt Wahrscheinlichkeitsverteilungen auf Basis der Potenzen der Exponentialfunktion *e* vor.

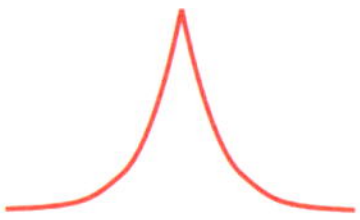

1809 Carl Friedrich Gauss veröffentlicht die wichtigste aller Verteilungen – die Normalverteilung.

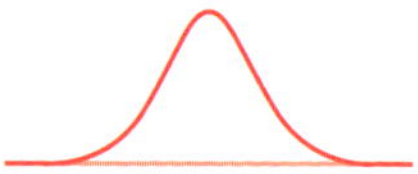

1894 Der englische Statistiker Karl Pearson führt den Begriff der Standardabweichung ein, um die Streuung der möglichen Werte einer Wahrscheinlichkeitsverteilung zu beschreiben.

σ

AUGE UM AUGE

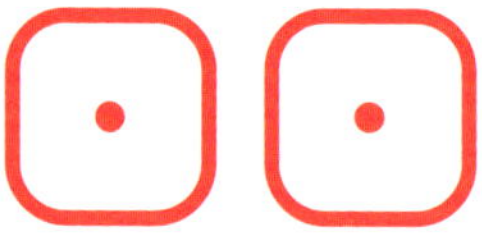

Wirft man zwei ideale Würfel, so liegt die Summe der Augen zwischen 2 und 12. Deren **Auftreten ist allerdings nicht gleich wahrscheinlich.** Von den 36 Möglichkeiten (6 x 6), kann sich ein Ergebnis von 2 nur auf eine Art (1 und 1) ergeben, d. h. mit einer Wahrscheinlichkeit von 1/36, während man 7 auf sechs Arten (1 und 6, 2 und 5, 3 und 4, 4 und 3, 5 und 2, 6 und 1) erhalten kann; daher ist hier die Wahrscheinlichkeit 6/36 oder 1/6.

Die Wahrscheinlichkeit jedes möglichen Ergebnisses ist:

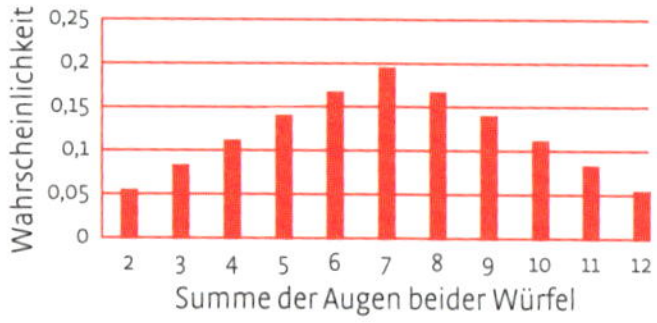

Das ist ein Beispiel für eine **Wahrscheinlichkeitsverteilung.**

DISKRETE VERTEILUNG

Die Verteilung beim Würfeln ist eine **diskrete Verteilung,** weil nur eine **ganze Zahl** das Ergebnis sein kann. Diskrete Verteilungen ähneln **Säulendiagrammen.** Andererseits erlaubt eine **stetige Verteilung nicht-ganzzahlige Werte**. In diesem Fall **ergibt es keinen Sinn, über die Wahrscheinlichkeit des Auftretens eines bestimmten Wertes zu sprechen.** Stattdessen arbeiten Statistiker die Wahrscheinlichkeit von **Wertbereichen** aus, die man durch **Integrieren der Verteilung** erhält. Zum Beispiel gibt die orange eingefärbte Fläche der stetigen Verteilung rechts oben die Wahrscheinlichkeit einer Zufallsvariable x an, die zwischen 11 und 14 liegt.

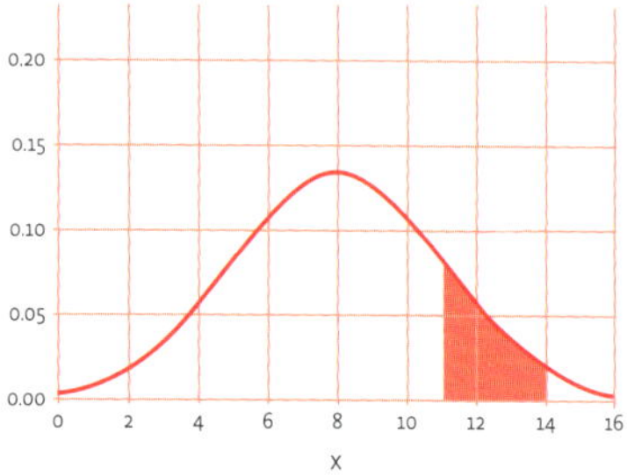

Das sind einige der häufig auftretenden Wahrscheinlichkeitsverteilungen:

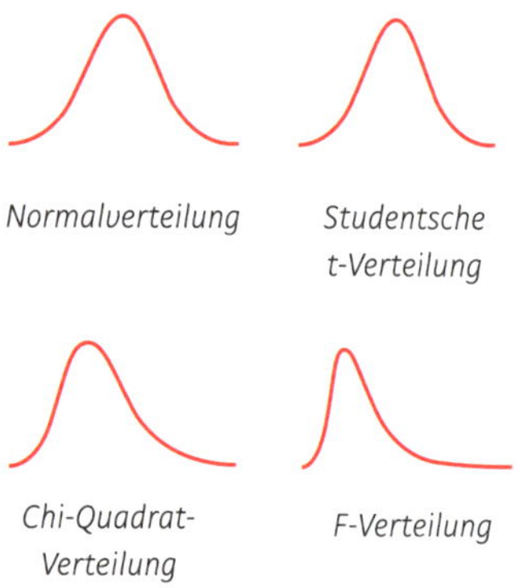

DER SATZ VON BAYES

Der Satz von Bayes wurde im 18. Jahrhundert von Thomas Bayes aufgestellt – es handelt sich um ein mathematisches Theorem zur Wahrscheinlichkeit des Eintretens bedingter Ereignisse.

THOMAS BAYES

1701 Bayes wird in London, England, geboren.

1742 Er wird zum Mitglied der Royal Society gewählt.

1761 Er stirbt in Tunbridge Wells und wird in Bunhill Fields, London, begraben.

1763 Sein Aufsatz *An Essay Towards Solving a Problem in the Doctrine of Chances*, mit der ersten Erwähnung des Satzes von Bayes, wird in der Royal Society posthum vorgelesen.

1950er Jahre Die Bayes-Statistik erfreut sich endlich wachsender Beliebtheit – davor wurde sie als zu subjektiv abgelehnt.

WORUM GEHT ES?

Für zwei Ereignissen *A* und *B* besagt der Satz von Bayes, dass die **Wahrscheinlichkeit, dass A unter der Bedingung von B eintritt, gleich hoch ist wie die Wahrscheinlichkeit, dass B unter der Bedingung von A eintritt, multipliziert mit der Wahrscheinlichkeit von A dividiert durch die Wahrscheinlichkeit von B.**

Das heißt:

$$P(A|B) = \frac{P(B|A)\,P(A)}{P(B)}$$

Dabei ist *P(A|B)* die Wahrscheinlichkeit von *A* unter der Bedingung von *B* – manchmal auch **bedingte Wahrscheinlichkeit** genannt.

BEISPIEL

Eine Krankheit betrifft 2 % der Bevölkerung. Bei einem Test wird die Krankheit zu 90 % entdeckt. Der Test ergibt in 3 % der Fälle ein positives Ergebnis. Das heißt:

$$P(Krankheit) = 0{,}02$$
$$P(positiver\ Test \mid Krankheit) = 0{,}9$$
$$P(positiver\ Test) = 0{,}03$$

Der Satz von Bayes besagt, dass die **Wahrscheinlichkeit des Auftretens der Krankheit bei positivem Test**

$$P(\text{Krankheit} \mid \text{positiver Test}) = \frac{0{,}9 \times 0{,}02}{0{,}03} = 0{,}6$$

oder 60 % ist.

ANWENDUNGEN

Beweisführung: bei **Gericht**, um die **Wahrscheinlichkeit der Schuld** bei gegebener **Beweislage** festzustellen

Wissenschaft: Mit einem **Bayes-Schätzer** kann man **die Ergebnisse eines Experimentes gegenüber vorherigen Annahmen** abwägen.

Spam-Filter: Auf Basis des **Bayesschen Algorithmus** stellen sie dem Inhalt gemäß die **Wahrscheinlichkeit** fest, mit der **eine E-Mail eine Spam-Mail ist.**

KNOTENTHEORIE

Die Knotentheorie ist ein Teilbereich der Topologie, der sich mit der Klassifikation von verschlungenen Linien beschäftigt und Anwendung in der Molekularbiologie und der Informatik findet.

WORUM GEHT ES?

Die Knotentheorie umfasst die **Untersuchung mathematischer Knoten** – die ähnlich wie Knoten mit Schnüren sind, außer dass ihre **Enden verbunden sind.** Wie in der Topologie **betrachtet man zwei Knoten als identisch, wenn sie durch Drehen**, **Dehnen** und **Verformen** – aber **ohne sie zu zerschneiden – in eine andere Form überführt werden können.**

DIE KLEEBLATTSCHLINGE

Der einfachste **Knoten** hat nach der **Alexander-Briggs-Notation die Bezeichnung** 3_1 und wird auch **Kleeblattschlinge genannt.** Man macht ihn einfach wie einen **„Altweiberknoten“** und klebt dann die **Enden zusammen.**

KREUZUNGSZAHL

Mathematische Knoten werden **durch die Anzahl ihrer Kreuzungspunkte definiert.** Man bezeichnet Knoten in Knotentabellen wie hier unten meist mithilfe der **Alexander-Briggs-Notation** – die große Zahl gibt die Zahl der Kreuzungen an, die **Unterzahl** ist ein Beschriftung, die die Knoten mit derselben Kreuzungszahl durchnummeriert.

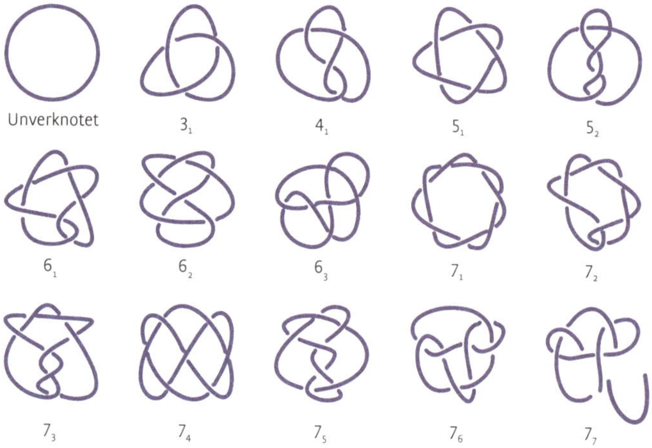

ANWENDUNGEN

Topologische Quantencomputer: Diese Geräte verwenden die Braids (Flechten oder Knoten) der **Spuren, die Quantenpartikel,** genannt **Anionen oder Quasiteilchen,** hinterlassen, um **Berechnungen** auszuführen.

DNA: Studien anhand der Knotentheorie zeigten, **wie Zellen DNA-Stränge entschlüsseln.**

Schuhe zubinden: Kein Witz, die Knotentheorie kann helfen, Schuhe schneller und effizienter zuzubinden!

Molekulare Chiralität: Mit der Knotentheorie lässt sich die **Händigkeit (Spiegelsymmetrie von Molekülen)** bestimmen.

LATEINISCHE QUADRATE

Sudokus gehen auf alte mathematische Formen zurück, die sogenannten lateinischen Quadrate. Sie finden heutzutage Anwendung in Fehlerkorrekturcodes, die man bei Datentransfers verwendet.

ANTIKE RÄTSEL

Ein lateinisches Quadrat ist eine **Anordnung von natürlichen Zahlen,** bei der **jede *n* Mal in einem Quadrat *n* × *n* vorkommt – und nur einmal in jeder Reihe** und **jeder Spalte.** Lateinische Quadrate haben ihren Ursprung vermutlich in der **islamischen Welt** während des **Mittelalters.**

1	2	3
2	3	1
3	1	2

Ein lateinisches Quadtrat mit $n = 3$.

GRIECHISCH-LATEINISCHE QUADRATE

1700 war der koreanische Mathematiker **Choi Seok-Jeong** der Erste, der lateinische Quadrate im Neunerraster präsentierte. Jahrzehnte später versuchte **Leonhard Euler,** zwei Quadrate zu einem griechisch-lateinischen Quadrat zu fusionieren. Die Herausforderung dabei war, **Symbole aus beiden Quadraten so in einem zu kombinieren, dass kein Symbolpaar wiederholt wird.**

Aα	Bγ	Cβ
Bβ	Cα	Aγ
Cγ	Aβ	Bα

FEHLERKORREKTUR

Sudoku-Raster (9 x 9) **können nur eine Lösung haben, wenn zumindest 17 Zahlen angegeben** werden. Das zeigt die Nützlichkeit von lateinischen Quadraten. Wenn man ein Raster von 81 Zellen mit nur 17 Anhaltspunkten lösen kann, bedeutet das, dass diese Hinweise die **Antwort auf fehlende oder falsche Daten** liefern. Dies wendet man heute auf den modernen **Datentransfer** an – man verwendet lateinische Quadrate und ähnliche Objekte im Rahmen der **Fehlerkorrektur.**

ENORME MÖGLICHKEITEN

Man kann lateinische Quadrate jeder Größe konstruieren, dabei **steigt die Anzahl der einzigartigen Kombinationen schnell.** Es gibt zum Beispiel nur zwei unterschiedliche lateinische Quadrate mit 2 x 2 Feldern (**zwei Quadrate, die sich gespiegelt oder rotiert selbst abbilden, werden als identisch betrachtet**). Mittlerweile sind zwölf unterschiedliche lateinische Quadrate mit 3 x 3 Feldern bekannt, bei Quadraten mit 9 x 9 Feldern – der Grundlage von **Sudokus** – beläuft sich die **Anzahl der möglichen Anordnungen** auf unvorstellbare 6.670.903.752.021.072.936.960!

JOSEPH-LOUIS DE LAGRANGE

Als Astronom, Mathematiker und theoretischer Physiker lieferte Lagrange Beiträge zur klassischen Mechanik, zur Physik der Umlaufbahnen der Planeten und zur Theorie der partiellen Differentialgleichungen.

1736 Lagrange wird am 25. Januar in Turin geboren. Sein **Vater,** ein Franzose, war Schatzkanzler des Königs von Sardinien, verlor aber sein Vermögen durch Spekulation. Lagrange meinte einst, dass er, **wenn er reich gewesen wäre, sein Leben wahrscheinlich nicht der Mathematik gewidmet hätte.**

1750er Jahre Er besucht die **Universität von Turin** und studiert klassisches Latein. Sein Interesse an Mathematik wird durch den Aufsatz des britischen Astronomen **Edmond Halley** ausgelöst. Er ist Autodidakt.

1755 Als Teenager **lehrt** Lagrange **an der Militärakademie von Turin Mathematik.** Seine Arbeiten erwecken Aufmerksamkeit, besonders bei **Leonhard Euler.**

1764 Er präsentiert einen **preisgekrönten Aufsatz** über die **„Befreiung" des Mondes** – die sichtbare Oszillation des Mondes, die Veränderungen in der Erscheinungsform bewirkt, die von der Erde aus sichtbar ist – an der **Französischen Akademie der Wissenschaften.**

1766 Auf Einladung **Friedrich des Großen, der den „größten Mathematiker Europas" an seinem Hof haben will,** nimmt er einen Posten in **Berlin** an.

2, 3, 5, 7,

1766–1787 Seine Zeit in Berlin ist äußerst produktiv – mit Fortschritten in der **Theorie der Primzahlen, Algebra, Differentialgleichungen, Wahrscheinlichkeit** und **Mechanik.**

1786 Nach Friedrichs Tod wird er von **Ludwig XVI. nach Frankreich eingeladen,** wo er mit allen Ehren empfangen wird und eine Wohnung im Louvre erhält.

1789 In Frankreich bricht die **Revolution** aus, und alle **Nicht-Franzosen müssen das Land verlassen.** Lagrange jedoch darf bleiben und **seine Studien fortsetzen.**

1794 Er wird zum **Professor** der angesehenen **École polytechnique** ernannt.

1813 Lagrange stirbt am 10. April in Paris.

ADRIEN-MARIE LEGENDRE

Dieser innovative französische Gelehrte gehörte zu denen, die die Mathematik auf die Physik anwandten – mit faszinierenden Ergebnissen.

WER WAR LEGENDRE?

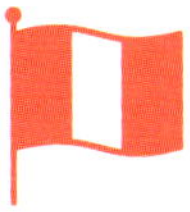

1752 in eine wohlhabende Pariser Familie geboren, studiert Legendre **Mathematik** und **Physik** am **Collège Mazarin.**

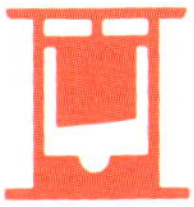

Er **unterrichtet** von 1775 bis 1780 **Mathematik** an der Militärakademie und an der **Französischen Akademie der Wissenschaften,** die allerdings während der Französischen Revolution geschlossen wird.

1782 gewinnt Legendre einen **Preis der Berliner Akademie** für die Beschreibung der **Kurve, die Kanonenkugeln zurücklegen,** wobei er **Luftwiderstand, Geschwindigkeit** und **Schusswinkel** in Betracht zieht.

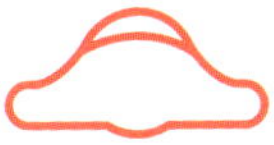

In der Regierungszeit **Napoleons** lehrt er an der prestigeträchtigen **École polytechnique** und wird zum Offizier der **Ehrenlegion** ernannt.

Legendre **stirbt 1833 in Paris** nach **langer, schwerer Krankheit**. Er ist einer von 72 französischen Wissenschaftlern, deren Namen **am Eiffelturm** eingraviert werden.

LEISTUNGEN

In seinem Werk *Éléments de géométrie* (1794) vereinfacht und überarbeitet Legendre **Euklids** *Elemente.* Es war 100 Jahre lang das **führende mathematische Lehrbuch.**

Legendre beschäftigt sich intensiv mit **elliptischen Integralen.** Man braucht sie, um die **Bogenlänge einer Ellipse** zu berechnen, und sie werden auch in der **Mechanik angewandt.**

Legendres Hauptwerk *Exercices de calcul intégral* (1811) erklärt die **elliptische Integralfunktion** sowie **Beta- und Gammafunktionen.**

Er ist zudem bekannt für die **Legendre-Transformation,** die man in der **klassischen Mechanik und der Thermodynamik** anwendet, sowie für Lösungen von **Differentialgleichungen.**

Legendre-Polynome werden in der **Physik** und im **Maschinenbau** angewandt. Ein Polynom ist ein **Ausdruck mit mehr als zwei algebraischen Gliedern.** Diese dann man durch beeindruckende Formen ausdrücken.

Legendre arbeitete auch mit der **Zahlentheorie** und stellte Vermutungen über das **quadratische Reziprozitätsgesetz** an, das die Existenz von **ganzzahligen Lösungen für quadratische Gleichungen** ermittelt, was später der deutsche Mathematiker **Carl Friedrich Gauss** bewies.

$$x^2$$

PIERRE-SIMON LAPLACE

Laplace, einer der größten Wissenschaftler aller Zeiten, arbeitete zu Infinitesimalrechnung, Himmelsmechanik und Gezeitentheorie. Er entwickelte zudem auch die Wahrscheinlicheitstheorie weiter.

Laplace wird am **23. März 1749** in Beaumont-en-Auge, Normandie, als Sohn eines Cidre-Händlers geboren.

1765 besucht Laplace die Universität von Caen, wo seine Begabung für Mathematik auffällt.

Laplace ist **neunzehn,** als er eine Professur an der Militärakademie erhält, wo er Napoleons Prüfer wird.

1796 veröffentlicht er *Exposition du système du monde*, sein Opus magnum über Himmelsmechanik.

Napoleon erhebt ihn **1806** zum Grafen, nach der Bourbonischen Restauration wird er **1817** Marquis.

Er stirbt **1827** in Paris, sein Gehirn wird im anatomischen Museum in Großbritannien ausgestellt.

VON DER ALGEBRA ZUR ASTRONOMIE

∫ Laplace führte auch wichtige Forschungen über die **Theorie von Determinanten in der Algebra** aus und entwickelte eine **Formel, um sich Integralen anzunähern (Laplace-Methode).**

Er entwickelte die **Laplace-Transformation** als Weg, um **komplexe Differentialgleichungen in eine abstrakte, aber lösbare Form zu bringen** und dann **die Lösungen wieder in die reale Welt zu überführen.**

In den 1770er Jahren versuchte er, mit den Gesetzen der **Gravitation, der Rotation** und der **Fluiddynamik** die **Gezeiten** zu erklären.

Laplace vermutete sogar, dass es **Sterne mit so hoher Gravitation gibt, dass sie kein Licht ausstrahlen** – was man heute ein **schwarzes Loch** nennen würde.

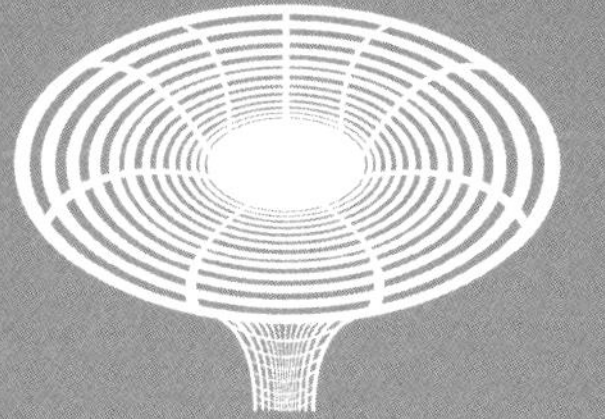

WAHRSCHEINLICHKEIT

In Laplaces Hauptwerk zur Wahrscheinlichkeit, *Théorie analytique des probabilités*, stellt er seine Methoden zur Berechnung **der Wahrscheinlichkeit des Eintretens von Naturereignissen vor.**

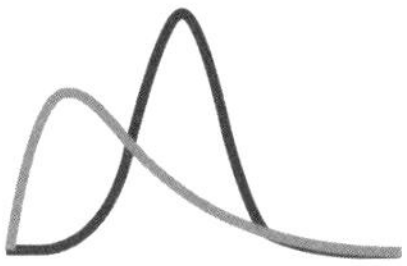

Laplace unterstützte die Verbreitung dessen, was man heute unter **Bayes-Statistik** versteht. Er entwickelte auch die **Methode der kleinsten Quadrate** und lieferte einen der ersten Beweise für den **zentralen Grenzwertsatz.**

SOPHIE GERMAIN

Da sie als Frau nicht die Universität besuchen durfte, musste Sophie Germain als Mann auftreten, damit ihr mathematisches Genie glänzen konnte.

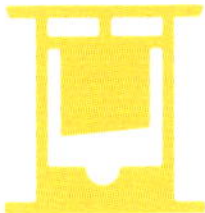

Marie-Sophie Germain wird 1776 in Paris geboren. Sie durchläuft keine **formelle Ausbildung** und bringt sich selbst **Griechisch, Latein** und **Mathematik** bei.

Während der **Französischen Revolution** aus Sicherheitsgründen zum Aufenthalt im Haus gezwungen, beschäftigt sich Germain mit den Werken von **Sir Isaac Newton, Leonhard Euler** und **Archimedes.**

1794 wird die **École polytechnique gegründet,** aber als Frau darf sie sie nicht besuchen. Sie erhält jedoch **Vorlesungsaufzeichnungen.**

Germain sendet ihre Aufzeichnungen unter dem **Pseudonym Monsieur Le Blanc** an den berühmten Mathematiker **Joseph-Louis de Lagrange,** der ihr **außergewöhnliches Talent** sofort bemerkt und ein Treffen anbietet. Germain muss ihre **wahre Identität** preisgeben, doch Lagrange kümmert das wenig, und er wird zu **ihrem Mentor.**

Sie **stirbt** 1831 an Brustkrebs.

ERRUNGENSCHAFTEN

1816 gewann Germain **als erste Frau** einen Preis der **Französischen Akademie der Wissenschaften** für eine Theorie, die das **Verhalten von schwingenden Metallplatten** erklärt. Ihre Lösung gewann beim dritten Versuch.

Als der **Eiffelturm** gebaut wurde, mussten die Ingenieure genau auf die **Elastizität des verwendeten Materials** achtgeben. Trotz der Wichtigkeit von Germains Theorien auf diesem Gebiet war sie **nicht unter den 72 Wissenschaftlern, deren Namen auf dem Turm eingraviert wurden.**

Eine der besten Arbeiten führte Germain im Bereich der **Zahlentheorie** aus. Insbesondere faszinierte sie der **Große Fermatsche Satz.** Germain entwickelte ihr eigenes Theorem im Zusammenhang mit Lösungen der Gleichung $x^p + y^p = z^p$.

JOSEPH FOURIER

Fourier, berühmt für die Entdeckung des Treibhauseffektes, war ein begabter Mathematiker. Er überlebte die Gefangenschaft während der Französischen Revolution und wurde einer der führenden Wissenschaftler Frankreichs.

1768 Fourier wird in Auxerre, im Burgund, Frankreich, geboren.

ca. 1777 Er wird an der lokalen Militärschule von Benediktinermönchen ausgebildet.

1795 Fourier lehrt Mathematik an der École normale und später an der École polytechnique.

1798 Er begleitet Napoleon als wissenschaftlicher Berater nach Ägypten.

1807 Fourier präsentiert Arbeiten über die Wärmeausbreitung in Festkörpern.

1822 Er wird führendes Mitglied der Französischen Akademie der Wissenschaften.

1830 Fourier stirbt an einer Herzkrankheit, die er sich in Ägypten zugezogen hat.

WICHTIGSTE LEISTUNGEN

Wärmeleitungsgleichung: Fourier untersuchte 15 Jahre lang die **Wärmeleitung** und präsentierte seine Erkenntnisse 1822 im Aufsatz *Théorie analytique de la chaleur*. Er fand heraus, dass die **Wärmeübertragung zwischen angrenzenden Molekülen proportional zu ihrem Temperaturunterschied** ist.

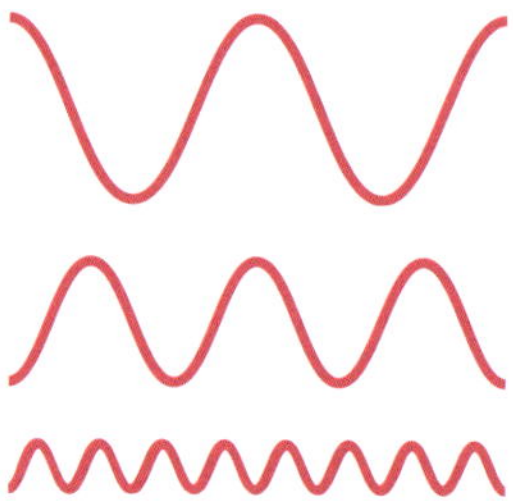

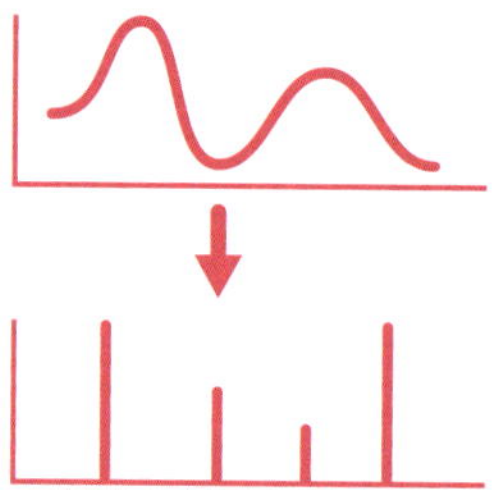

Fourierreihen: Periodische Funktionen kann man als Reihe von Sinus- und Kosinusfunktionen schreiben.

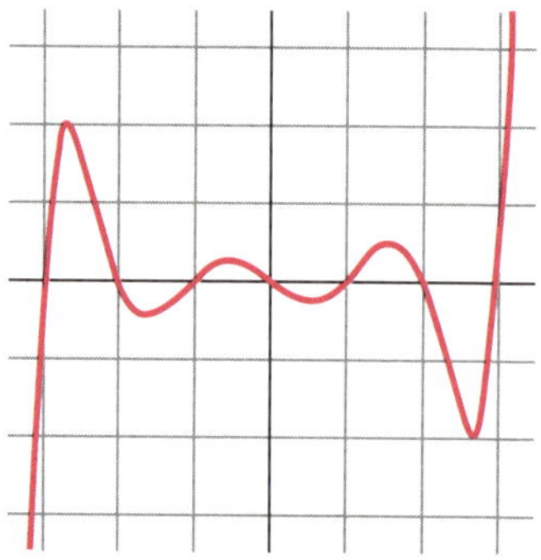

Fourier-Transformation: Sie weitet den Gedanken der Reihen aus, um **beliebige Gleichungen als komplexe Integralexponentialfunktion** darzustellen.

Satz von Fourier-Budan: eine Methode, um die Anzahl reeller (nicht-imaginärer) Wurzeln eines **Polynoms** (einer Gleichung, die verschiedene ganzzahlige Potenzen einer unbekannten Variable aufweist) zu finden.

DER TREIBHAUSEFFEKT

In den 1820er Jahren berechnete Fourier, dass es aufgrund der Größe der Erde und ihrer Entfernung zur Sonne **viel kälter sein müsste,** als es der Fall ist. Er war der Erste, der daraus korrekt ableitete, dass die **Erdatmosphäre als Isolierschicht** dienen muss.

DIE FOURIER-ANALYSIS

Die Fourier-Analysis ermöglicht es, Gleichungen zu einer Reihe von Wellenfunktionen zu vereinfachen. Anwendungen finden sich in der Signalverarbeitung, der Infinitesimalrechnung, der Wärmeleitung und vielen anderen Bereichen.

WELLENFUNKTIONEN

Das grundlegende Prinzip ist, **Gleichungen** mittels der **trigonometrischen Verhältnisse Sinus und Kosinus aufzulösen. Sie ergeben „reine" Wellen.**

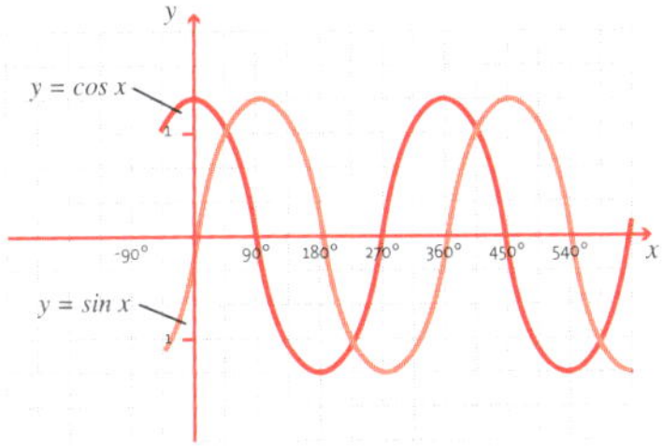

ÜBERLAGERUNGEN

Sinus- und Kosinuswellen unterschiedlicher **Wellenlänge** (die Entfernung zwischen zwei aufeinanderfolgenden Spitzen oder Tälern der Welle) und **Amplitude** (die Höhe der Welle) kann man zu **noch komplexeren Kurven addieren.**

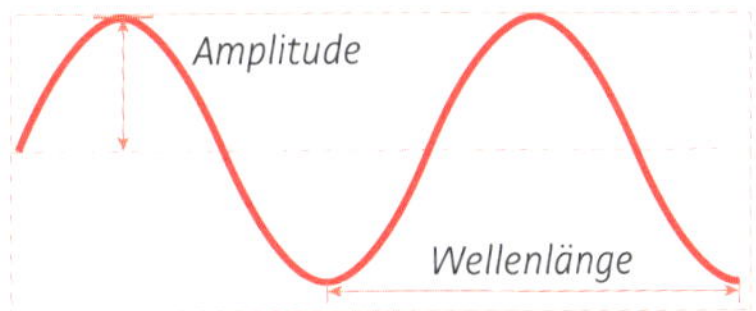

Zum Beispiel haben die beiden **Ausgangswellen** in der Abbildung unten **dieselbe Amplitude,** aber **unterschiedliche Wellenlängen.** Addiert ergeben sie die **obere Funktion.**

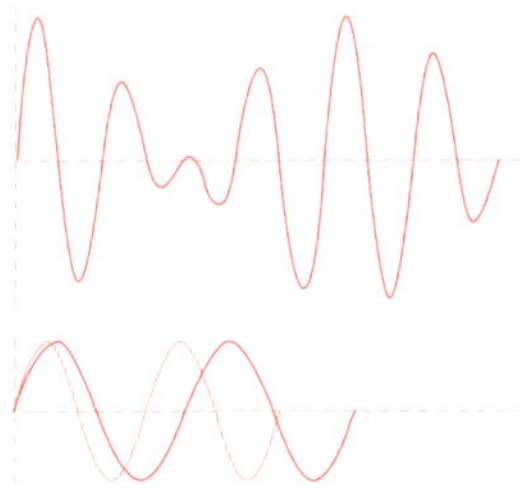

FOURIERREIHEN

1807 behauptete der französische Mathematiker **Joseph Fourier,** dass **jede periodische mathematische Funktion** in eine **Reihe von Sinus- und Kosinusfunktionen heruntergebrochen werden kann,** zum Beispiel:

$$f(x) = \sum_n a_n \sin nx + \sum b_n \cos nx$$

An jedem Punkt x ist der Wert von *f* gegeben als **Summe von Sinus- und Kosinuswellen unterschiedlicher Wellenlänge** (bestimmt durch *n*), jeweils mit der **Amplitude** a_n und b_n.

Fourier zeigte auch, dass die **Koeffizienten** a_n und b_n für jedes *n* als **Integrale** berechnet werden können:

$$a_n = \frac{1}{\pi}\int_{-\pi}^{\pi} f(t) \sin nt \, dt$$

$$b_n = \frac{1}{\pi}\int_{-\pi}^{\pi} f(t) \cos nt \, dt$$

BEISPIEL

Eine **Sägezahnwelle** kann man als **Summe von Sinuswellen** ausdrücken:

$$y = \sin x + \frac{1}{2}\sin 2x + \frac{1}{3}\sin 3x + \ldots + \frac{1}{n}\sin nx$$

FOURIER-TRANSFORMATION

Fourierreihen sind die diskrete Form der Fourier-Analysis – eine *Summe* mit verschiedenen *n*. Bei der kontinuierlichen Form, der Fourier-Transformation, ersetzt man die Summe durch das folgende Integral:

$$f(x) = \int_{-\infty}^{\infty} g(t) e^{itx} dt$$

Dabei gilt, dass *g(t)*, das Gegenstück der Koeffizienten, gegeben ist durch:

$$g(t) = \frac{1}{2\pi}\int_{-\infty}^{\infty} f(x) e^{-itx} dx$$

Dabei ist *e* die **eulersche Zahl** (= 2,718...) und *i* die **imaginäre Einheit** ($i^2 = -1$).

MODULARE ARITHMETIK

Was ist, wenn sich Zahlen so verhalten wie der Bildschirm bei einem Wraparound-Videospiel, sodass man nach einer bestimmten Zahl wieder bei Null landet? Willkommen in der Welt der modularen Arithmetik.

2-MAL-12-STUNDEN-ZÄHLUNG

Ein Beispiel der modularen Arithmetik ist die **2-mal-12-Stunden-Zählung.** Zeit zu irgendeiner Zeitablesung hinzuzufügen, ist im wesentlichen Arithmetik modulo 12. So ist es etwa fünf Stunden nach 10.00 Uhr 3.00 (und nicht 15.00 Uhr) – denn, sobald 12 erreicht ist, **wird auf 0 zurückgesetzt.**

10.00

3.00

NOTATION

Wenn die **Differenz zwischen zwei Zahlen** *a* und *b* **ohne Rest durch eine dritte Zahl** *m* **teilbar ist,** dann sagt man *a* und *b* seien **kongruent zu modulo** *m*.

Formal würde ein Mathematiker schreiben $a \equiv b \ (mod\ m)$.
Zum Beispiel $8 \equiv 4 \ (mod\ 2)$, denn die Differenz von 8 und 4 ist genau durch 2 teilbar.
Man könnte das Uhrenbeispiel also schreiben als $10 + 5 = 15 \equiv 3 \ (mod\ 12)$.

Hier noch ein paar Beispiele:

$$64 \equiv 10 \ (mod\ 6)$$

$$-9 \equiv 6 \ (mod\ 5)$$

$$-11 \equiv -9 \ (mod\ 2)$$

ANWENDUNGEN

Es gibt zahlreiche Anwendungen der modularen Arithmetik.

Computerprogrammierung:
Sie wird verwendet, um **zyklische Operationen** zu implementieren, wenn man **Daten durchlaufen lässt.**

Kryptographie: Mit modularer Arithmetik generiert man die Schlüssel, die man für **Public-Key-Kryptosysteme** verwendet.

Woche: Die Wochentage funktionieren gemäß der **Arithmetik modulo 7.**

Bankwesen: Internationale Kontonummern gehorchen der **Arithmetik modulo 97 bei der Fehlerüberprüfung.**

Mathematik: Sie taucht auch in zahlreichen anderen Bereichen auf – darunter **Zahlentheorie, Gruppentheorie** und **Knotentheorie.**

MODULARE GESCHICHTE

Die modulare Arithmetik wurde 1801 in ihrer heutigen Form von **Carl Friedrich Gauss** in seinem Buch *Disquisitiones Arithmeticae* niedergeschrieben. Aber auch andere Mathematiker, darunter **Euler** und **Lagrange,** lieferten Beiträge dazu.

KORRELATION UND REGRESSION

Ein Ziel mathematischer Statistik ist es, die Beziehungen zwischen Zufallsvariablen zu beschreiben. Korrelation und Regression sind zwei tolle Hilfsmittel, um das zu tun.

KORRELATION

Den Begriff Korrelation führte der englische Universalgelehrte **Francis Galton** im späten 19. Jahrhundert als Eigenschaft zweier Variablen ein, die beschreibt, **wie die Abweichung der einen der Abweichung der anderen entspricht.**

Der englische Statistiker **Karl Pearson** entwickelte den **Korrelationskoeffizienten,** ein numerisches Maß der Korrelation, das von 1 **(positive Korrelation) über 0 (keine Korrelation)** bis zu -1 **(negative Korrelation** – das heißt, der Zuwachs bei der einen Variablen fällt zusammen mit der Verminderung der anderen) reicht.

BEISPIEL

In der Darstellung unten haben x und y einen Korrelationskoeffizienten von 0,92 und korrelieren somit stark.

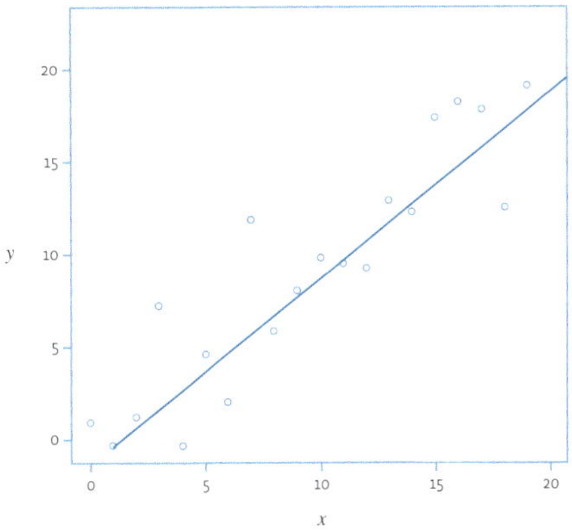

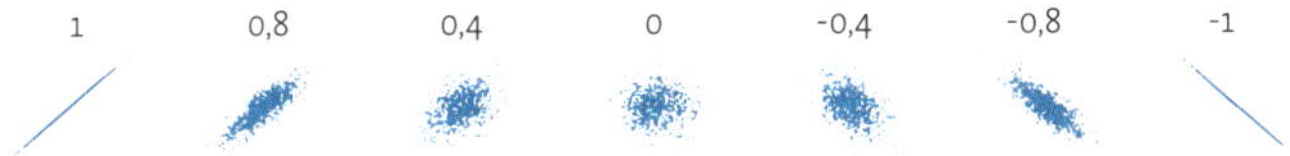

WUSSTEN SIE DAS?

Korrelation bedeutet nicht Kausalzusammenhang. Zum Beispiel besteht eine Korrelation zwischen nassem Gras und einem Regenbogen – aber nicht, weil eines das andere bedingt, sondern weil beide **eine gemeinsame Ursache haben,** den Regen.

REGRESSION

Regression ist ein Mittel, um **mathematische Beziehungen zwischen Variablen zu rekonstruieren.**

Der Graph im Beispiel oben wurde durch Regression berechnet und repräsentiert die **Ausgleichsgerade** der **Punkte.**

Sie ist bestimmt durch die Gleichung

$$y = 1{,}0125x - 0{,}4992$$

y ist die **unabhängige Variable** und *x* die **erklärende Variable.**

Man kann Regression **auf mehr als eine erklärende Variable anwenden** und für ausgeklügeltere **Beziehungen als nur eine Gerade** verwenden.

Ausgleich bedeutet, den Graph zu wählen, der die Quadratsumme der vertikalen Distanz zwischen zwei Punkten und dem Graph minimiert – bekannt als *kleinste quadratische Abweichung.*

DIE NORMALVERTEILUNG

Abraham de Moivre entdeckte die Normalverteilung vor mehr als 200 Jahren – sie ist vermutlich die wichtigste Wahrscheinlichkeitsverteilung in der gesamten Statistik.

WORUM GEHT ES?

Wenn man die Körpergröße einer zufällig ausgewählten Menge an Personen misst und die sich ergebenden Maße in Form eines **Histogramms** einzeichnet, erhält man eine **Kurve, die die Normalverteilung darstellt.** Man bezeichnet die Normalverteilung ihrer Form nach auch als **Glockenkurve.**

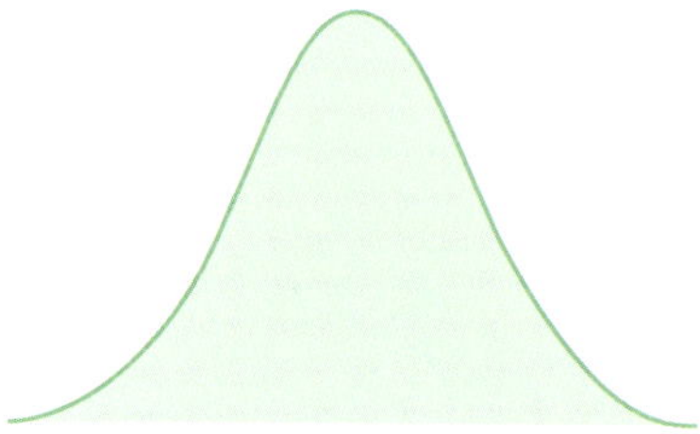

WAS BEDEUTET DAS?

Wie jede **Wahrscheinlichkeitsverteilung** stellt die Kurve die **Wahrscheinlichkeiten von zufällig auftretenden Werten dar** – in diesem Fall die Körpergröße der Personen, aber die Verteilung kann auf viele verschiedene Merkmale und Ereignisse angewandt werden.

Die **Spitze der Kurve** entspricht dem **Durchschnitt** oder **Hauptwert,** oft dargestellt als μ.

Die **Streuung der Verteilung** wird dargestellt von der **Standardabweichung** σ, die so berechnet wird, dass 68 % der Daten in eine, 95 % in zwei und 99,7 % in drei Standardabweichungen fallen.

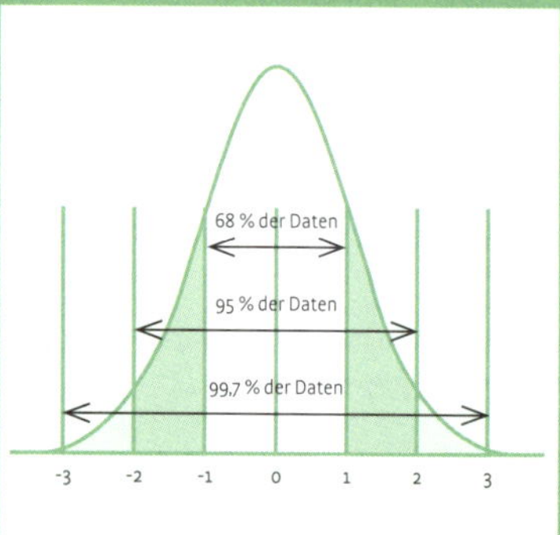

WUSSTEN SIE DAS?

Die **Form der Kurve** ergibt sich aus dieser Gleichung:

$$y = \frac{1}{\sqrt{2\pi\sigma^2}} e^{-\frac{(x-\mu)^2}{2\sigma^2}}$$

Das fand **Carl Friedrich Gauß** heraus, deshalb gibt es auch die alternative Bezeichnung **Gauß-Verteilung.**

ZENTRALER GRENZWERTSATZ

Der **Grenzwertsatz** besagt, dass die Summe vieler Zufallsvariablen der Normalverteilung entspricht.

Wenn man also einen Würfel 1.000 Mal wirft, so ergibt die Summe aller Würfe, **ohne Berücksichtigung der Verteilung der einzelnen Würfe,** eine **Normalverteilung.**

DER GOLDENE SCHNITT

Vom Parthenon bis zu den Pyramiden – der Goldene Schnitt, auch Göttliches Verhältnis genannt, findet sich überall. Er ist neben π und e eine der wichtigsten Konstanten in der Mathematik.

WAS IST DER GOLDENE SCHNITT?

Der Begriff „Goldener Schnitt" wurde vom deutschen Wissenschaftler **Martin Ohm** geprägt, er wird durch den griechischen Buchstaben φ (phi) dargestellt.

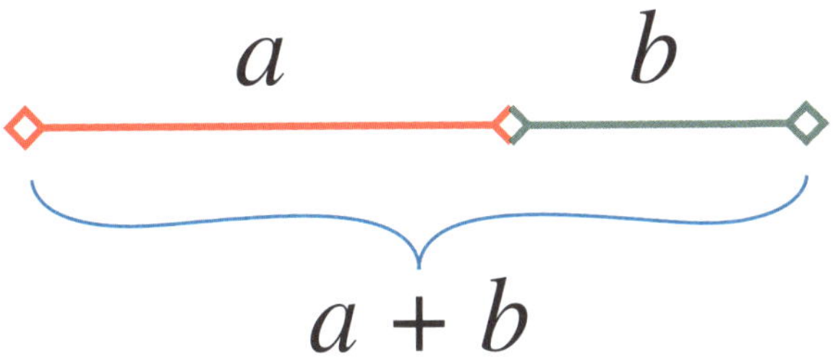

$a + b$ verhält sich zu a wie a zu b

Man teilt eine Gerade in **zwei Abschnitte unterschiedlicher Länge** *a* und *b*. Sie befinden sich im Goldenen Schnitt, wenn:

$$a / b = (a + b) / a = \varphi$$

Formuliert man um, erhält man:

$$\varphi = 1 + \frac{1}{\varphi} \text{ oder } \varphi^2 - \varphi - 1 = 0$$

So ergibt sich eine **quadratische Gleichung** mit der Lösung:

$$\varphi = \frac{1 + \sqrt{5}}{2} \approx 1{,}6180339887498948420$$

DAS GOLDENE RECHTECK

Phi wird häufig in **Kunst, Architektur** und **Design** angewandt, oft in Form des Goldenen Rechtecks mit den Seitenlängen im Verhältnis von φ. Ein Goldenes Rechteck mit den Seiten *a* und *b* (wobei *a* die längere Seite ist) hat die Eigenschaft, dass sich, schließt man es an ein Quadrat mit der Seitenlänge *a* an, ein **neues Goldenes Rechteck** mit den Seitenlängen *a* und *a* + *b* ergibt.

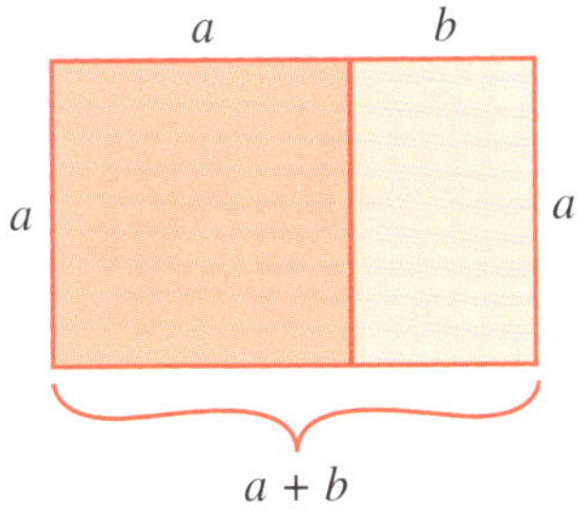

WUSSTEN SIE DAS?

Es gibt eine **enge Beziehung** zwischen dem **Goldenen Schnitt** und der **Fibonacci-Reihe**

0, 1, 1, 2, 3, 5, 8, 13, 21, 34, 55, 89, 144, 233 …

Egal welche Zahl der Reihe man nimmt und durch die vorhergehende Zahl dividiert – das **Resultat nähert sich immer mehr dem Goldenen Schnitt an:**

5/3 = 1,666666666

8/5 = 1,6

CARL FRIEDRICH GAUSS

Neben Newton und Archimedes gilt Gauß als einer der größten Mathematiker der Geschichte. Er leistete enorme Beiträge zu Algebra, Zahlentheorie und Geometrie.

ERRUNGENSCHAFTEN

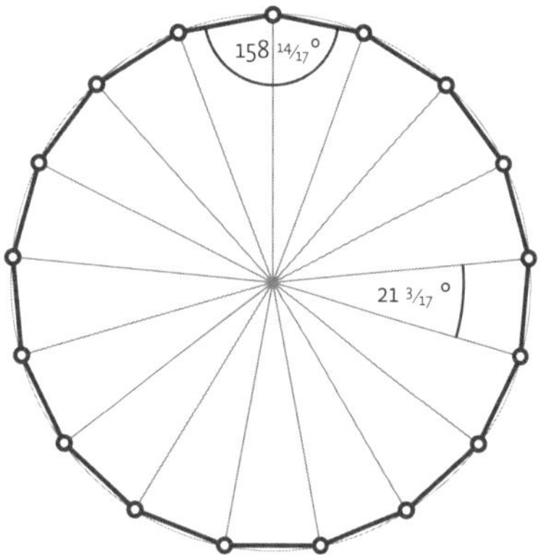

Gauß bewies, dass ein regelmäßiges **Vieleck** mit 17 Seiten (ein **Heptadekagon**) nur mit **Lineal und Zirkel konstruiert werden kann.**

Er bewies, dass das mit **jedem Vieleck** durchgeführt werden kann, dessen **Seitenzahl einer Fermatschen Primzahl entspricht** ($2^{2^n} + 1$, wobei n = 0, 1, 2, …). Das war insofern wichtig, als es eine **Verbindung zwischen Algebra und Geometrie** aufzeigte – was Mathematiker bereits seit 2.000 Jahren versucht hatten zu tun.

In seiner Doktorarbeit bewies Gauss den **Fundamentalsatz der Algebra** – nämlich dass **jede algebraische Gleichung zumindest eine Lösung** besitzt. Mathematiker hatten seit Jahrhunderten damit gerungen.

In der **Zahlentheorie** lieferte er die **ersten zwei Beweise des quadratischen Reziprozitätsgesetzes,** eines Lehrsatzes aus dem Bereich der **modularen Arithmetik.**

Gauß stellte die Gleichung auf, die die **Normalverteilung** untermauerte, ein wichtiges Mittel in der **Statistik** und der **Wahrscheinlichkeitstheorie.**

Er führte das **Symbol** ≡ ein, um die **Kongruenz in der modularen Arithmetik** darzustellen.

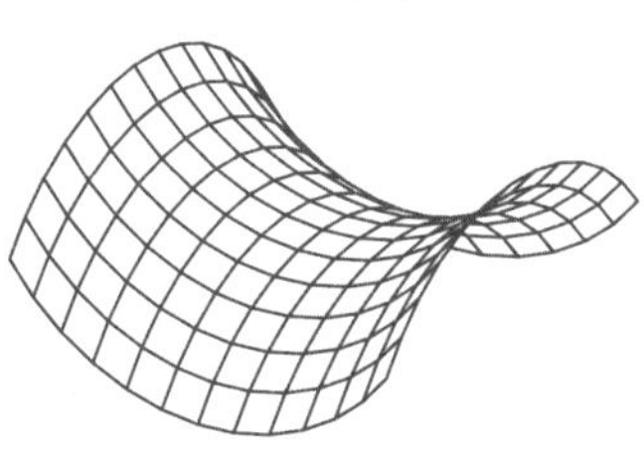

Gauß half, die Grundlagen für die **mathematische Behandlung nichteuklidischer Geometrien** (gekrümmter Räume) zu erstellen, nachdem er das riesige Potential dieses Gebietes erkannt hatte.

EIN JUNGES GENIE

Gauß wurde 1777 in eine Arbeiterfamilie in Braunschweig, Deutschland, geboren. Er war ein **Wunderkind,** das **bereits im Alter von drei Jahren mathematische Fehler korrigierte.** Der **Herzog von Braunschweig** erkannte sein Talent und **finanzierte sein Studium an der Universität von Göttingen,** wo er später Professor wurde.

Die meisten seiner **bahnbrechenden Theorien stellte er als Teenager auf,** veröffentlicht wurden sie seinem Hauptwerk *Disquisitiones Arithmeticae* (1798).

Er **starb** 1855 in Göttingen.

COMPUTER

Computer sind eine der jüngsten praktischen Anwendungen von Mathematik und Logik. Man findet sie heute so gut wie überall – vom Handy bis zum Kühlschrank.

2500 v. Chr. Die alten Sumerer bauen eine erste Rechenhilfe – den Abakus.

200 v. Chr. Der indische Mathematiker Pingala entwickelt das binäre Zahlensystem, was es erlaubt, einen Wert als Schalter an/aus darzustellen.

125 v. Chr. Der griechische Mechanismus von Antikythera, einer der ältesten mechanischen Computer der Welt, wird für die Kartierung der Position von Planeten verwendet.

1823 Charles Babbage entwirft die Analytical Engine, eine Maschine zur Automatisiserung komplexer Rechnungen.

1832 Lochkarten sind eine frühe Form von Datenspeichern.

1843 Die britische Mathematikerin Ada Lovelace schreibt für die neue Analytical Engine von Babbage das vermutlich erste Computerprogramm.

1847 George Boole entwickelt seine Schaltalgebra zur Handhabung logischer Variablen (wahr/falsch).

1936 Alan Turing veröffentlicht einen wissenschaftlichen Aufsatz, in dem er ein mathematisches Modell eines Universalrechners, bekannt als Turingmaschine, vorstellt.

1944 Der für die Entschlüsselung der deutschen Lorenz-Schlüsselmaschine gebaute Computer Colossus im britischen Dechiffrierungszentrum Bletchley Park nimmt seine Arbeit auf.

1946 ENIAC, der erste elektronische Universalrechner wird im Ballistischen Forschungslabor in Maryland, USA, eingeweiht.

1951 UNIVAC, gebaut von den Erfindern von ENIAC, ist der erste kommerziell erfolgreiche elektronische Computer.

1953 An der Universität von Manchester, England, wird der ersten transistorbasierte Computer gebaut.

1957 Entwicklung von FORTRAN, der ersten höheren Programmiersprache

1971 Produktion des ersten Mikroprozessors für den Verkauf – vollgepackt mit einer riesigen Anzahl an Transistoren auf einem Halbleiterchip

Von diesem Zeitpunkt an traten die Computer aus den Laboren heraus – in alle Bereiche des heutigen Lebens.

AUGUSTIN-LOUIS CAUCHY

Cauchy veröffentlichte fast 800 Forschungspapiere, in denen er die Grundlagen der heutigen modernen mathematischen Analysis legte, und lieferte zudem bedeutende Beiträge zur mathematischen Physik.

1789 Cauchy, der Sohn eines hochrangigen Polizeioffiziers, wird zu Beginn der Französischen Revolution geboren.

1793 Während der Terrorherrschaft muss die Familie aus Paris fliehen.

1802 Bei ihrer Rückkehr glänzt Cauchy an der École centrale du Panthéon, einer der besten Sekundarschulen.

1807 Er macht seinen Abschluss an der École polytechnique und beginnt ein Studium als Ingenieur.

1812 Nach der Arbeit an Napoleons Marinebasis in Cherbourg kehrt Cauchy nach Paris zurück und träumt von einer akademischen Karriere in der Mathematik.

1815 Cauchys Brillanz bringt ihm einen Posten als Professor der Mathematik an der École polytechnique ein, den er auch nach Napoleons Fall behält.

1818 Cauchy heiratet Aloïse de Bure, deren Familie viele seiner Abhandlungen publiziert. Cauchys Lebenswerk füllt 27 Bände.

1830 Nach der Juli-Revolution geht der entrechtete Cauchy acht Jahre lang ins Exil.

1838 Er kommt nach Paris zurück und erhält mehrere angesehene Posten an Hochschulen, darunter der Akademie der Wissenschaften.

1857 Cauchy stirbt in Sceaux, Paris, an einer Lungenentzündung. Er ist einer von 72 Wissenschaftlern, deren Namen auf dem Eiffelturm verewigt werden.

WICHTIGSTE LEISTUNGEN

Cauchy gewann 1816 den **Grand Prix** der **Französischen Akademie der Wissenschaften** für seine **Theorie zu Wellenausbreitung.**

Cauchy war der **Erste, der den Fermatschen Polygonalzahlensatz bewies.**

Er besagt, dass jede natürliche Zahl als Summe von höchstens *n* *n*-gonalen Zahlen darstellbar ist, zum Beispiel bei den 3-gonalen Zahlen nur die Dreieckszahlen – 1, 3, 6, 10, …

Er entwickelte eine **komplexe Funktionentheorie,** die später zum cauchyschen Integralsatz wurde.

1827 fand Cauchy einen Weg, um detailliert zu beschreiben, wie sich **Materie unter äußerer Einwirkung verformt.**

NICHTEUKLIDISCHE GEOMETRIE

Jahrtausendelang hatten die Axiome Euklids die Geometrie beherrscht. Im 19. Jahrhundert begannen Mathematiker zu überlegen, was geschähe, würde man damit etwas entspannter umgehen.

- **300 v. Chr.** Euklid schreibt *Elemente*, die wichtige Abhandlung über Flächengeometrie.
- **ca. 1830** Nikolai Lobatschewski und János Bolyai veröffentlichen unabhängig voneinander Arbeiten zu hyperbolischer Geometrie.
- **1854** Der deutsche Mathematiker Bernhard Riemann führt die riemannsche Geometrie ein, um gekrümmte Räume zu untersuchen.
- **1859** Der Brite Arthur Cayley initiierte die Studien der elliptischen Geometrie.
- **1868** Der italienische Mathematiker Eugenio Beltrami entwirft das Modell der hyperbolischen Ebene.

PARALLELEN

Das vielleicht berühmteste Postulat Euklids war das **Parallelenaxiom** – das besagt, dass **parallele Linien für immer parallel bleiben.**

Im frühen 19. Jahrhundert konzipierten mehrere Forscher Geometrien, in denen **parallele Linien divergieren.**

Während Euklids Regeln sich auf die flache Ebene bezogen, wurde der neue Ansatz als **hyperbolische Geometrie** bekannt, weil sie einen **gekrümmten Raum** beschreibt, der **einer Hyberbel ähnelt.**

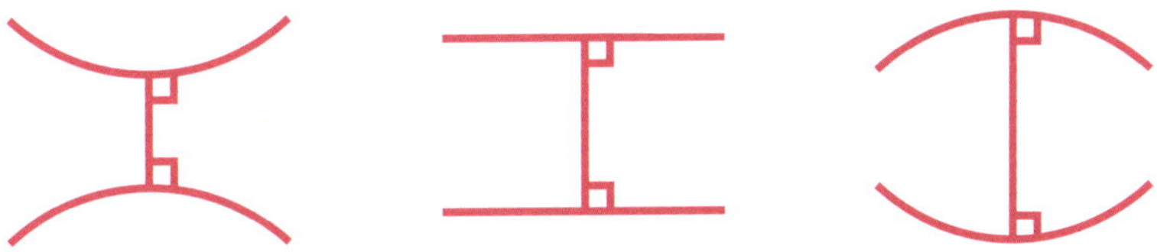

Hyperbolisch *Euklidisch* *Elliptisch*

HÖHERE FUNKTIONEN

Es existieren auch **hyperbolische Äquivalente für Gleichungen.** Während also die **Trigonometrie normalerweise** auf Sinus und Kosinus basiert, werden diese im **hyperbolischen Raum durch Hyperbelfunktionen** ersetzt – **sinh** (Sinus hyberbolicus) und **cosh** (Kosinus hyberbolicus).

ELLIPTISCHE GEOMETRIE

Die hyperbolische Geometrie kann als **negativ gekrümmt** gedacht werden, aber es **existieren auch Räume** mit **positiven Krümmungen, wo parallele Linien konvergieren.** Das nennt man **elliptische Geometrie.** Die **einfachste Form ist eine Kugel wie die Erde**. Stellen Sie sich zwei Linien vor, die vom Äquator nach Norden führen – sie sind **parallel** und **kreuzen sich dennoch am Nordpol.**

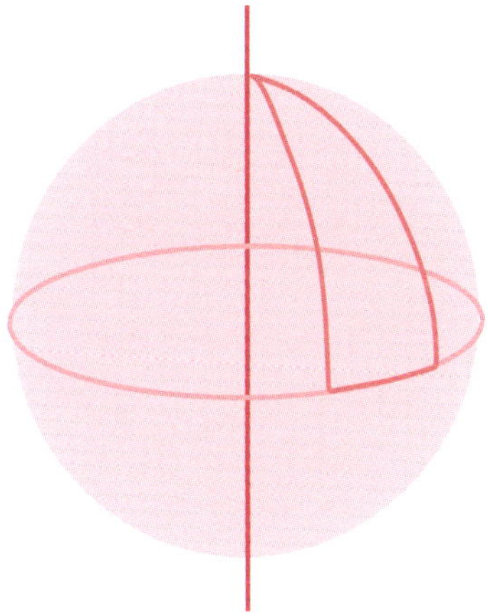

GRUPPENTHEORIE

Die Gruppentheorie klassifiziert mathematische Objekte entsprechend ihrer Eigenschaften und Symmetrien. Sie findet Anwendung in der Teilchenphysik und der Kryptographie.

WORUM GEHT ES?

Die Gruppentheorie als **mathematische Disziplin** wurde im frühen 19. Jahrhundert **entwickelt** – vom jungen, begeisterten französischen Mathematiker **Évariste Galois.**

ÉVARISTE GALOIS

19. JAHRHUNDERT

- **Geboren** am 25. Oktober 1811 in Bourg-la-Reine im französischen Kaiserreich.
- **Abschluss** in Mathematik an der **École normale, Paris,** am 29. Dezember 1829.
- **Veröffentlicht** drei mathematische Abhandlungen im Jahre 1830.
- **Galois** wird wegen **politischen Protests** festgenommen und kommt ins Gefängnis (1831). **Er entwickelt sein mathematisches Werk in Gefangenschaft.**
- **Er stirbt** am 30. Mai 1832 mit 20 durch eine Schussverletzung aus einem **Duell.**

Er postulierte, dass die **Menge an Dingen einer Gruppe *G* die folgenden vier Axiome erfüllen muss:**

1. Die Verknüpfung zweier Elemente der Gruppe ergibt wiederum ein Element derselben Gruppe.

2. Jede Gruppe hat ein **einziges neutrales Element,** das **keine Auswirkungen hat, wenn es mit einem anderen verknüpft wird.**

3. Für jedes Element in *G* gibt es ein Umkehr-Element, beide **verknüpft ergeben das neutrale Element.**

4. Verknüpft man Elemente innerhalb von *G*, gehorcht dieser Vorgang dem **Assoziativgesetz,** das heißt, **x verknüpft mit (y verknüpft mit z) ist gleich (x verknüpft mit y) verknüpft mit z.**

BEISPIEL

Ganze Zahlen kann man als **Gruppe** betrachten, deren **Elemente durch Addition verknüpft werden.**

Das neutrale Element ist 0 – es gilt für jedes Element x, dass $x + 0 = x$ ist.

Der Kehrwert von x ist $-x$, denn $x + -x = 0$ – das **neutrale Element.**

Und $x + (y + z) = (x + y) + z$, also sind sie **assoziativ.**

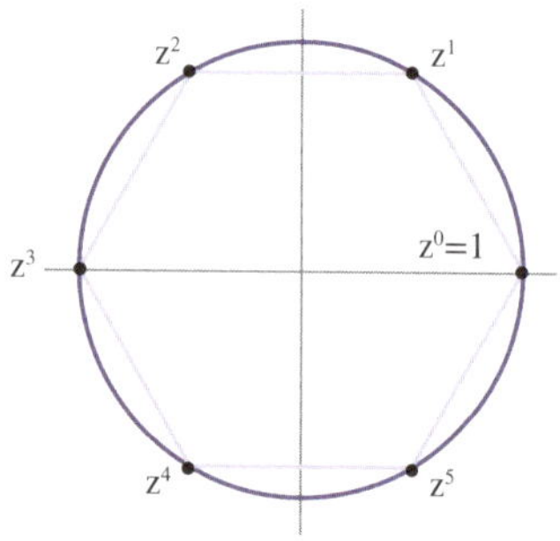

ANWENDUNGEN

Die Gruppentheorie wird eingesetzt, um **Symmetrien in den Gesetzen der Grundlagenphysik zu klassifizieren,** sowie bei der **Erstellung von Codes und Verschlüsselungen** oder der Beschreibung der zulässigen Drehungen beim **Rubik-Würfel.**

DIFFERENTIALGEOMETRIE

Hat man einmal akzeptiert, dass gekrümmte – nichteuklidische – Geometrien existieren, besteht die Herausforderung darin, sie mathematisch zu beschreiben. Hier kommt die Differentialgeometrie ins Spiel.

DIE GAUSSSCHE KRÜMMUNG

Rollt man ein Blatt Papier auf, sieht es gekrümmt aus. Diese **Krümmung** ist nur **extrinsisch** – man kann das Papier wieder aufrollen und flach hinlegen. Eine Kugel hingegen ist **intrinsisch gekrümmt.** Man kann ihre Oberfläche nicht flach auflegen, **ohne sie zu zerschneiden oder zu zerreißen** – so ähnlich, als würde man eine Orange schälen.

Der Deutsche **Carl Gauß** bemerkte diesen Unterschied im frühen 19. Jahrhundert und nannte es das **Theorema egregium.** Davon leitete er eine Maßeinheit ab, die angibt, wie **intrinsisch gekrümmt ein Raum** ist – die **Gaußsche Krümmung.**

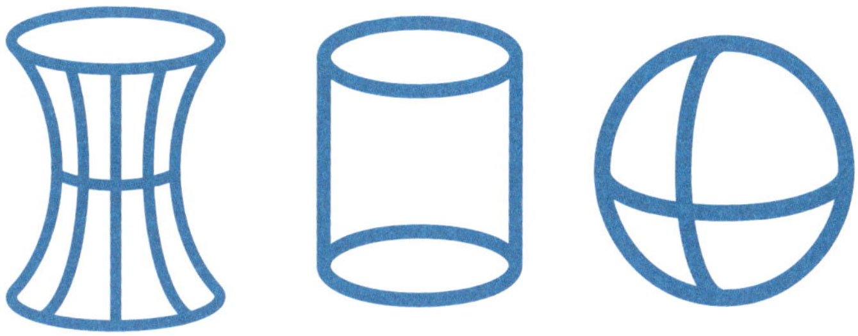

Sie ist **negativ für hyperbolische Räume, Null für ebene oder zylindrische Räume** und **positiv für elliptische oder kugelförmige Räume.**

GEODÄTEN

Auf der **euklidischen Ebene** ist die **kürzeste Strecke zwischen zwei Punkten eine Gerade.** In **gekrümmten Räumen nennt man** diese **Geodäten – und sie sind ebenfalls gekrümmt:** Auf der **Erdkugel** sind Geodäten zum Beispiel **Großkreise,** die um den Globus laufen.

RIEMANNSCHE MANNIGFALTIGKEIT

Der deutsche Mathematiker **Bernhard Riemann** entwickelte die Idee weiter zu einem **mathematischen Regelwerk, mit dem man Entfernungen und Winkel** sowie **andere geometrische Eigenschaften** einer **gekrümmten Oberfläche** misst.

Tatsächlich eignen sich **nicht alle gekrümmten Oberflächen dafür.** Die geeigneten – die **riemannschen Mannigfaltigkeiten** – sind **glatt,** sodass man an ihnen überall **Infinitesimalrechnungen** anwenden kann.

ALLGEMEINE RELATIVITÄT

1915 wandte **Albert Einstein** die Prinzipien der **Differentialgeometrie** auf **Raum** und **Zeit** an. Seine **allgemeine Relativitätstheorie** beschreibt die **Schwerkraft als Krümmung von Zeit und Raum.** Einstein entwickelte eine **Gleichung, bei der er die geometrische Krümmung der Raumzeit mit der Materie des Universums in Verbindung setzte.**

$$R_{\mu\nu} - \frac{1}{2}Rg_{\mu\nu} = (8\pi G)\, T_{\mu\nu}$$

Krümmung der Raumzeit — *Konstanten* — *Energie und Impuls*

CHARLES BABBAGE

Babbage schrieb Geschichte, da er die ersten Computer der Welt erfand. Seine mechanischen Geräte waren die Grundlage der heutigen modernen Computertechnologie.

Babbage wurde am **26. Dezember 1791** in London als Sohn eines Bankiers geboren.

1810 ging er an die Universität von Cambridge.

Babbage und seine Freunde gründeten **1820** die Royal Astronomical Society (Königliche Astronomische Gesellschaft).

Er hatte **elf Jahre** den Lucasischen Lehrstuhl für Mathematik an der Universität Cambridge inne.

Babbage starb **1871,** nach 40-jähriger Karriere. Er verweigerte die Ritterschaft und den Titel des Baronets.

Im frühen 19. Jahrhundert führte man Rechnungen **von Hand** mithilfe **gedruckter mathematischer Tabellen** aus. Babbage erkannte, wie einschränkend das war.

Er war überzeugt, dass man eine **Maschine bauen könne, um die Rechnungen automatisch schnell und korrekt durchzuführen.** 1823 bekam er für seinen Projektentwurf der **Differenzmaschine Unterstützung von der Regierung.**

Das Gerät bestand aus **Zahnrädern,** funktionierte wie ein **Uhrwerk** und wurde durch eine **Handkurbel** angetrieben. Es hatte eine **Kapazität von 20 Stellen,** und die **Lösung** wurde **auf weiches Metall gestanzt,** das man als **Druckplatten** verwendete.

Er produzierte 1832 ein kleines Arbeitsmodell, das Zahlen **zur zweiten und dritten Potenz erheben** und **quadratische Gleichungen lösen konnte.** Trotz Subventionen der Regierung **gerieten die Kosten außer Kontrolle,** und die **Differenzmaschine wurde nie ganz fertiggestellt.**

In den frühen 1830er Jahren begann Babbage, an einer **größeren, leistungsfähigeren Maschine zu arbeiten,** mit dem Ziel, **jede mathematische Funktion zu berechnen.** Bei der **Analytical Engine** erfolgte die **Eingabe über Lochkarten,** sie konnte **1.000 48-stellige Zahlen speichern und verarbeiten.** Leider **stellte er auch sie nicht fertig.**

Eine **funktionierende Differenzmaschine wurde später nach** Babbages Entwurf konstruiert und steht seit 1991 im **Science Museum** in **London.**

PETER GUSTAV LEJEUNE DIRICHLET

Inspiriert von den Arbeiten von Carl Friedrich Gauß, lieferte Dirichlet Beiträge zur Zahlentheorie, zur Fourier-Analysis, zu Differentialgleichungen und zur Statistik.

Dirichlet wurde 1805 in Düren, einer Stadt am Rhein in Deutschland, geboren, die damals unter französischer Herrschaft war.

Er war das jüngste von sieben Kindern einer Familie mit bescheidenen Mitteln. Doch seine Eltern unterstützten seine Ausbildung, und er studierte am katholischen **Jesuiten-Gymnasium** in **Köln** bei dem brillanten Physiker und Mathematiker Georg Ohm.

Dirichlet studierte Mathematik in Paris und wurde **Privatlehrer.** Er kehrte nach Deutschland zurück, wo er als **Professor für Mathematik an den Universitäten Breslau, Berlin** und **Göttingen** lehrte.

Dirichlet **starb** 1859 in Göttingen.

ERRUNGENSCHAFTEN

Dirichlet war besonders fasziniert von der **Zahlentheorie,** und sein Beweis des **Großen Fermatschen Satzes** (unten) für n = 5 machte ihn schnell berühmt. Später gelang ihm auch der Beweis für den Fall n = 14.

$$x^n + y^n = z^n$$

1837 publizierte er den **dirichletschen Primzahlsatz,** wobei mittels **mathematischer Analysis algebraische Probleme** bewältigt werden. Damit begründete er einen eigenen Teilbereich der Mathematik: die **analytische Zahlentheorie.**

Er schlug das moderne Konzept einer **Funktion** vor (**Regel oder Gesetz, das die Beziehung zwischen Variablen definiert**). Zum Beispiel y = f(x), wobei gilt, dass für jedes x ein einziges y existiert.

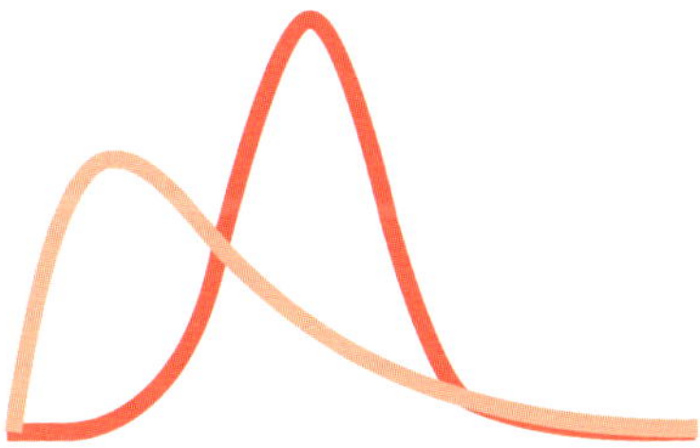

Die **Dirichletverteilung** der **Bayes-Statistik** ist nach ihm benannt.

WUSSTEN SIE DAS?

Man benannte einen **Mondkrater** und einen **Asteroiden** (11665) **nach Dirichlet.**

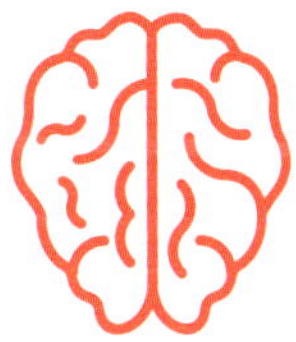

Sein **Gehirn** wird an der **Universität von Göttingen** gemeinsam mit dem Gehirn von **Gauß** aufbewahrt.

ADA LOVELACE

Lovelace war eine viktorianische Aristokratin, die von Mathematik fasziniert war. Zu einer Zeit, als sich nur wenige Frauen in akademischen Kreisen bewegten, wurde sie die erste Programmiererin.

10. Dezember 1815 Augusta Ada Byron wird in London als Tochter von Lord Byron und Anne Isabella Milbanke geboren.

1816 Zwei Monate nach ihrer Geburt trennen sich ihre Eltern.

1824 Sie ist acht Jahre alt, als ihr Vater stirbt.

1820er Lady Byron unterstützt das rege Interesse ihrer Tochter für Mathematik und lässt sie von der großen schottischen Universalgelehrten Mary Somerville unterrichten.

1833 Somerville stellt Lovelace Charles Babbage vor, dem Erfinder der Differenzmaschine, eines mechanischen Computers. Lovelace ist fasziniert, und Babbage ist ebenfalls beeindruckt von ihr. Er wird zu ihrem Mentor und lebenslangen Freund.

1835 Sie heiratet William, 8. Baron King, den späteren Earl of Lovelace. Sie bekommen drei Kinder.

1842 Lovelace übersetzt einen Aufsatz des italienischen Mathematikers Luigi Menabrae über die Analytical Machine von Babbage, seinen erfolgreichsten Entwurf. Sie fügt ausführliche Anmerkungen hinzu, in denen sie beschreibt, wie die Maschine funktioniert – eine unglaublich komplexe Aufgabe.

1843 Lovelaces Arbeit wird unter großem Zuspruch publiziert. Sie beschreibt darin, wie die Analytical Machine programmiert werden könnte, um die Bernoulli-Zahlen zu berechnen – vermutlich der erste veröffentlichte Computer-Algorithmus.

27. November 1852 Im Alter von 36 Jahren stirbt Lovelace an Gebärmutterhalskrebs. Die frühe Programmiersprache „Ada" wurde später nach ihr benannt.

WILLIAM ROWAN HAMILTON

Der irische Mathematiker William Rowan Hamilton entdeckte die Quaternionen, die Erweiterung der imaginären Zahlen in höheren Dimensionen, und erarbeitete eine neue Mechanik.

EIN LEBEN FÜR DIE MATHEMATIK

- Hamilton wird 1805 als Sohn eines Anwalts in Dublin geboren.
- Mit drei Jahren schickt man ihn zu seinem Onkel, der eine Schule im County Meath leitet. Hamilton zeigt **bemerkenswertes Talent für klassische und antike Sprachen.** Er studiert **Mathematik, Physik** und **klassische Sprachen** am **Trinity College, Dublin,** mit ausgezeichnetem Erfolg.
- **1827** Er wird **Professor für Astronomie am Trinity College und Königlicher Astronom für Irland.** Sein Dienstsitz war das **Observatorium in Dunsink.**

- Hamilton macht seine bahnbrechende Entdeckung **der Quaternionen** während eines Spaziergangs nach Dublin.
- Er wird 1835 durch den **Lord Lieutenant of Ireland** (Repräsentant des englischen Königs) zum Ritter geschlagen.
- Hamilton **stirbt** 1865 im Alter von 60 Jahren nach einem heftigen Gichtanfall, hervorgerufen durch übermäßiges Essen und Trinken.

GEISTESBLITZ AUF DER BRÜCKE

Hamilton forschte in den Bereichen **Optik** und **Dynamik,** aber seine größte Leistung lag in der Entdeckung der **Algebra der Quaternionen.**

Er fand heraus, dass man **komplexe Zahlen als Punkte auf einer Ebene** darstellen kann – den **reellen Teil auf der einen Achse** und den **imaginären auf der anderen.** Er wollte sie allerdings auch im **dreidimensionalen Raum darstellen** und **verstehen, wie man sie dividieren und multiplizieren kann.**

Am 16. Oktober 1843 hatte Hamilton bei einem Spaziergang nach Dublin einen Geistesblitz. Es dämmerte ihm, dass er **statt drei Dimensionen vier verwenden müsse.** Er konnte nicht widerstehen, **seine Gleichung für die sogenannten Quaternionen in die Steinmauer der Brücke zu ritzen:**

$$i^2 = j^2 = k^2 = ijk = -1$$

Hamilton widmete den Großteil seines Leben dem Studium der Quaternionen und deren **Anwendungen in der Geometrie.**

KLASSISCHE MECHANIK

1833 entwickelte Hamilton eine Formulierung für klassische Mechanik, basierend auf dem, was man später als hamiltonsche Gleichung bezeichnen sollte: der Summe von kinetischer und potentieller Energie. Heute wird sie in der Quantenphysik angewandt.

QUATERNIONEN

Quaternionen sind eine Erweiterung der komplexen Zahlen in höhere Dimensionen. Sie werden angewendet zur Beschreibung der Rotation in der Mechanik und der Computergrafik und in der theoretischen Physik.

ARGAND-DIAGRAMM

Komplexe Zahlen bestehen aus einem **reellen Teil** und einem **imaginären Teil** und werden meist in Form von $z = a + bi$ dargestellt, wobei i die imaginäre Einheit ist, definiert als $i^2 = -1$, und a und b gewöhnliche reelle Zahlen sind.

Komplexe Zahlen kann man in eine **zweidimensionale Ebene,** das **Argand-Diagramm,** einschreiben – den **reellen Teil auf der horizontalen** und den **imaginären auf der vertikalen Achse.**

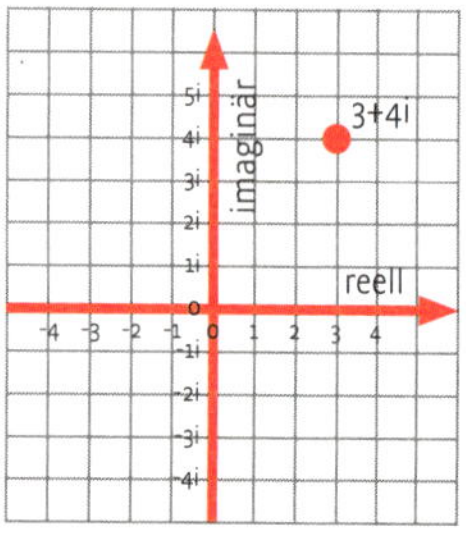

WAS SIND QUATERNIONEN?

Der irische Mathematiker **William Rowan Hamilton** überlegte im 19. Jahrhundert, ob es möglich sei, eine **zusätzliche imaginäre Komponente hinzuzufügen,** um die **Argand-Ebene** in die **dritte Dimension** zu erweitern.

Er fand jedoch heraus, dass das nur funktionierte, wenn man **zwei zusätzliche imaginäre Dimensionen** einführt. Hamiltons **neue komplexe Zahlen** schreibt man als $z = a + bi + cj + dk$, wobei a, b, c und d reelle Zahlen und i, j und k imaginäre Einheiten sind, die diese Gleichung erfüllen:

$$i^2 = j^2 = k^2 = ijk = -1$$

Hamilton nannte seine vierdimensionalen komplexen Zahlen Quaternionen.

WIE FUNKTIONIEREN SIE?

Für die unten stehende Gleichung gilt:

$$ij = k, \quad ij = -k,$$
$$jk = i, \quad jk = -i,$$
$$ki = j, \quad ki = -j.$$

Die Multiplikation von Quaternionen **ist nicht umkehrbar** – so ist ij nicht gleich ji.

Quaternionen beschreiben eine **Rotation,** denn **eine imaginäre Zahl j mit i zu multiplizieren, bedeutet, j in Richtung k zu drehen.**

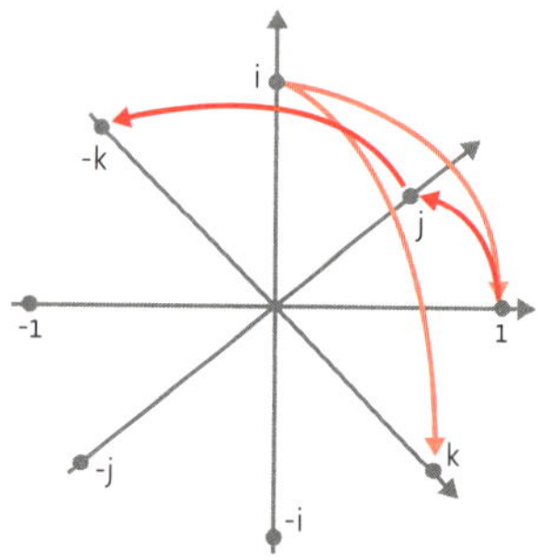

ANWENDUNGEN

Rotation: Die Fähigkeit von Quaternionen, Rotationen zu beschreiben, führte zur Anwendung in **der Computergrafik** und in **der Flugnavigation.**

Physik: Quaternionen verwendet man zur Beschreibung von **Elektromagnetismus,** und sie sind **vergleichbar mit den Matrizen, die den Spin von subatomaren Teilchen in der Quantentheorie** beschreiben.

OKTONIONEN

Oktonionen sind eine **Erweiterung der Quaternionen** von **vier auf acht Dimensionen.** Sie sind ein **heißes Thema in der Forschung** – man vermutet, sie **würden Einsichten in die schwer fassbare Verbindung von Gravität und Quantenphysik** liefern.

DIE CATALANSCHE VERMUTUNG

Dieses Theorem der Zahlentheorie stellte der in Belgien geborene Mathematiker Eugène Charles Catalan 1844 vor. Es wurde allerdings erst 2002, eineinhalb Jahrhunderte später, bewiesen.

DIE VERMUTUNG

Catalan erkannte, dass man die **Zahlen 8 und 9 als 2^3 und 3^2** schreiben kann. Das sind zwei ganze Zahlen, potenziert mit einer ganzen Zahl, die zwei aufeinander folgende ganze Zahlen ergeben.

Seine Vermutung war, dass das, **mit Ausnahme von 0 und 1, nur mit den Exponenten 2 und 3 möglich ist**.

Das Problem kann beschrieben werden durch die **diophantische Gleichung**

$$x^a - y^b = 1$$

und entspricht der Behauptung, dass das die **einzige Lösung für *a* und *b* größer als 1 ist:**

$$a = 2,\ b = 3,\ x = 3,\ y = 2$$

1343 Man glaubt, der französische Gelehrte Gersonides habe die Vermutung bereits gekannt.

1844 Catalan veröffentlicht sein Problem.

1976 Der holländische Mathematiker Robert Tijdeman beweist, dass die Lösungen für a, b, x und y endlich sein müssen.

2002 Im April 2002, 158 Jahre nachdem das Problem veröffentlicht wurde, bewies der rumänische Mathematiker Preda Mihăilescu endlich Catalans Vermutung.

EUGÈNE CHARLES CATALAN

1814 Catalan wird am 30. Mai in der belgischen Stadt **Brügge** als Sohn eines Juweliers geboren.

1848 Aufgrund seiner **linksgerichteten politischen Ansichten** nahm Catalan an der **Revolution von 1848** teil.

1865 Er bekommt den Lehrstuhl für **mathematische Analysis an der Universität Lüttich.**

1894 Catalan **stirbt** am 14. Februar in der belgischen Stadt Lüttich.

TRANSZENDENTE ZAHLEN

Falls Sie dachten, irrationale Zahlen seien seltsam, dann sind transzendente Zahlen noch befremdlicher, denn sie kann man mit gewöhnlicher Algebra gar nicht konstruieren.

1844 Joseph Liouville gibt das erste Beispiel für transzendente Zahlen.

1873 Charles Hermite beweist, dass *e* transzendent ist.

1874 Georg Cantor beginnt seine Arbeit über die unendliche Natur von transzendenten Zahlen.

1882 Ferdinand von Lindemann demonstriert die Transzendenz von π.

1900 David Hilbert veröffentlicht sein siebtes Problem: Wenn *a* eine algebraische Zahl und *b* irrational, aber auch algebraisch ist, ist dann a^b immer transzendent?

1936 Aleksandr Gelfond und Theodor Schneider beweisen, dass die Antwort auf Hilberts siebtes Problem Ja ist.

WORUM GEHT ES?

Die **Quadratwurzel einer ganzen Zahl, die kein perfektes Quadrat ist, ergibt eine irrationale Zahl.** Zum Beispiel:

$$\sqrt{2} = 1{,}41421356\ldots$$

Sie ist **irrational, weil sie eine unendliche Anzahl an Dezimalstellen hat,** doch man **kann sie als gewöhnliche algebraische Operation schreiben** (in diesem Fall eine Quadratwurzel) **angewandt auf eine rationale Zahl** (in diesem Fall 2).

Transzendente Zahlen können nicht auf diese Art dargestellt werden. Beispiele sind das **geometrische Verhältnis π** und die **Eulersche Zahl *e*.**

Man kennt sie auch als **„nicht-algebraische" Zahlen.**

DIE HÄUFIGSTEN ZAHLEN

Trotz ihrer scheinbaren Eigenartigkeit kommen **transzendente Zahlen am häufigsten vor.** In den 1870er Jahren zeigte **Georg Cantor** erstmals, dass es eine **zählbare Unendlichkeit von nicht-transzendenten Zahlen** gibt, und danach, dass die transzendenten Zahlen eine **unzählbare Unendlichkeit** darstellen. Das bedeutet, dass tatsächlich **fast jede Zahl transzendent** ist.

BEISPIELE

Bekannte transzendente Zahlen:

e, π, e^{π}

e^a (wenn a algebraisch und nicht 0 ist)

a^b (wenn *a* algebraisch und nicht 0 oder 1 ist und *b* irrational, aber nicht transzendent)

$\sin(a)$

$\cos(a)$

$\tan(a)$

$\ln(a)$

Die vier oben stehenden Beispiele sind transzendent, wenn *a* algebraisch und nicht 0 ist. Das bedeutet, dass logarithmische und trigonometrische Funktionen nicht algebraisch sind.

GEORG FRIEDRICH BERNHARD RIEMANN

In seiner kurzen Karriere schrieb dieser deutsche Mathematiker Geschichte: Er erstellte die mathematischen Gleichungen, die Albert Einstein als Grundlage für die allgemeine Relativitätstheorie verwendete.

10/10

17. September 1826 Riemann wird im Königreich Hannover geboren. Als Kind leidet er an Nervenzusammenbrüchen und sozialer Angst.

1840–1846 Riemann besucht das Gymnasium in Hannover und die Sekundarschule Johanneum in Lüneburg, wo sein mathematisches Genie die Lehrer in Erstaunen versetzt.

1846 An der Universität von Göttingen drängt Carl Friedrich Gauß Riemann, Mathematik statt Theologie zu studieren. Riemann nimmt den Rat an und besucht die Universität von Berlin, wo er unter großen Köpfen wie Peter Dirichlet lernt.

1854 Er stellt seine Theorien zur Geometrie vor, die später zur Mathematik der allgemeinen Relativität werden sollten.

1859 Riemann erhält den Lehrstuhl für Mathematik an der Universität von Göttingen.

1862 Er heiratet Elise Koch, und sie bekommen eine Tochter.

1866 Die Armeen von Hannover und Preußen treffen in Göttingen aufeinander, Riemann flieht.

1866 Er stirbt an Tuberkulose während eines Aufenthaltes am Lago Maggiore in Italien.

SEIN ERBE

Riemann **veränderte** durch seine **innovative Art, Geometrie zu betrachten, den Lauf der Wissenschaft.** Er glaubte, dass die wesentlichen Elemente der Geometrie **ein Raum aus Punkten (genannt Mannigfaltigkeit)** und ein System, das Entfernungen entlang einer Raumkrümmung misst, sind.

Er glaubte, dass der Raum **unendlichdimensional** sein könnte. Das war die **mathematische Basis der vierdimensionalen Geometrie,** die der **Schlüssel zum Verständnis der Raumzeit der Relativitätstheorie Einsteins** ist.

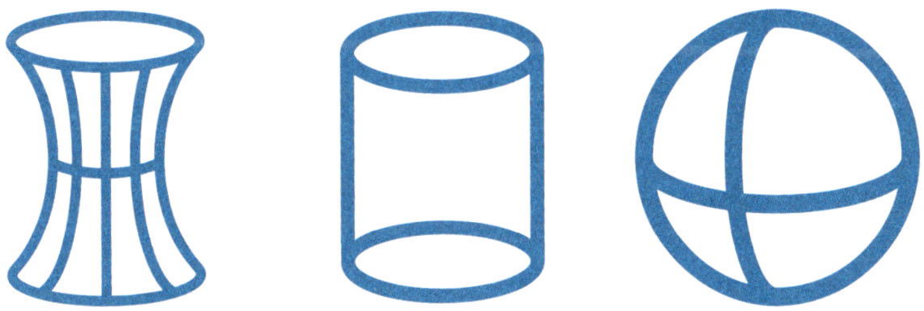

NIELS HENRIK ABEL

Der brillante junge Norweger Abel starb im Alter von 26 Jahren; seine Entdeckungen jedoch – die Bereiche wie Gleichungen fünften Grades und elliptische Funktionen abdecken – hinterließen ein dauerhaftes Erbe.

WER WAR ABEL?

Abel wurde 1802 in **Nedstrand, Norwegen,** als Sohn eines armen lutherischen Theologen geboren. Er begann sein Studium 1821 an der **Königlichen Friedrichs-Universität in Christiania (Oslo),** wo er bereits den Ruf hatte, der **kompetenteste Mathematiker des Landes** zu sein.

WICHTIGE DURCHBRÜCHE

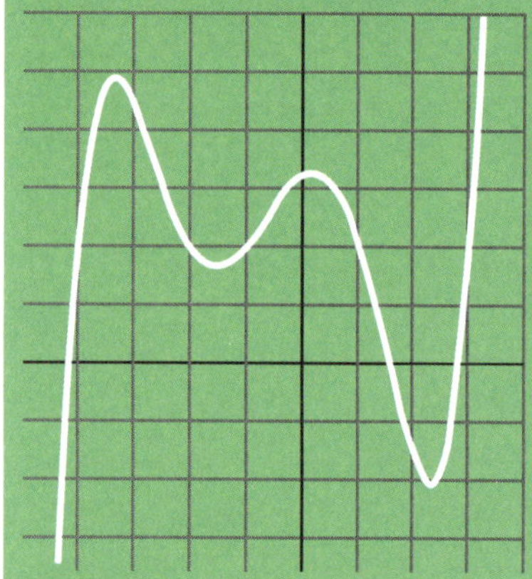

Abel versuchte, eine Lösung für **Gleichungen fünften Grades** zu finden, über die sich Mathematiker seit 250 Jahren den Kopf zerbrochen hatten. Das sind Funktionen, die definiert sind durch ein **Polynom 5. Grades,** z. B.:

$$\begin{aligned} g(x) &= ax^5 + bx^4 + cx^3 \\ &\quad + dx^2 + ex + f \\ &= 0 \end{aligned}$$

Dabei sind a, b, c, d, e und f **reelle Zahlen,** und a ist **ungleich Null.** Abel entdeckte, dass eine **allgemeine algebraische Lösung für eine Gleichung fünften oder höheren Grades unmöglich** ist.

Abel war einer der **ersten Mathematiker, der eine Integralgleichung löste** – wobei die **gesuchte Variable x unter einem Integral vorkommt,** z. B.:

$$\int_0^x \frac{\phi(s)}{\sqrt{x-s}}\, ds = 0$$

1826 ging Abel nach **Paris,** damals ein Mekka für Mathematiker. Er verfasste ein **wichtiges Werk** über die **Theorie von Integralen algebraischer Funktion.** Darin enthalten war auch der **Abelsche Grenzwertsatz,** der für die **Theorie elliptischer Gleichungen und ihrer Integrale** wichtig ist.

TRAGISCHER VERLUST

Abel zog sich in Paris **Tuberkulose** zu und wurde auf einer Schlittenfahrt nach Froland zu seiner **Verlobten Christine Kemp** schwer krank.
Er **starb** am 6. April 1829.

DER ABELPREIS

Abels Erbe lebt weiter durch den **gleichnamigen Preis,** der jedes Jahr vom norwegischen König an **außerordentliche Mathematiker** vergeben wird. Er wurde 2002 erstmals verliehen (dem 200. Geburtstag Abels) und ist **dem Nobelpreis** nachempfunden.

DER VIER-FARBEN-SATZ

Wie viele verschiedene Farben braucht man, um eine zweidimensionale Karte so einzufärben, dass keine zwei angrenzenden Länder dieselben Farbe haben? Die Erfahrung sagt vier. Das zu beweisen, war jedoch eine andere Geschichte.

1852 Augustus De Morgan stellt die Vier-Farben-Vermutung in einem Brief an William Rowan Hamilton auf.

1879 Arthur Cayley publiziert eine Arbeit über das Problem mit einer eventuellen Lösung.

1890 Percy Heawood findet einen Fehler in Alfred Kempes Beweis für das Problem, den dieser elf Jahre zuvor veröffentlicht hatte.

1976 Kenneth Appel und Wolfgang Haken veröffentlichen den Computerbeweis für den Satz.

1994 Ein neuer Algorithmus reduziert Appels und Hakens 1.938 einzigartige Graphen auf nur mehr 633.

WORUM GEHT ES?

Augustus De Morgan stellte das Problem dem irischen Mathematiker **William Rowan Hamilton** 1852 in einem Brief vor.

Zur Lösung wurden **einige Vereinfachungen benötigt. Länder, die nur an einem Punkt zusammentrafen, galten nicht als benachbart.** Und man traf die **Annahme, dass alle Länder** aus **einer zusammenhängenden Fläche bestehen** – nicht so wie in der realen Welt, wo zum Beispiel Alaska nicht an die restlichen Staaten der USA grenzt.

VON KARTEN ZU GRAPHEN

Der erste Schritt zu einem Beweis war es, einen **systematischen Weg** zu finden, um **Karten zu klassifizieren.** Das wurde mit der **Graphentheorie** erreicht. **Bestimmte Gebiete** auf einer Karte wurden Eckpunkten eines Graphen zugeordnet, während die **Kanten des Graphen die Grenzen zwischen den Gebieten repräsentieren.**

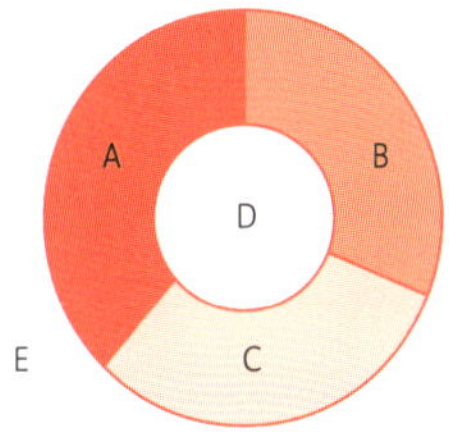

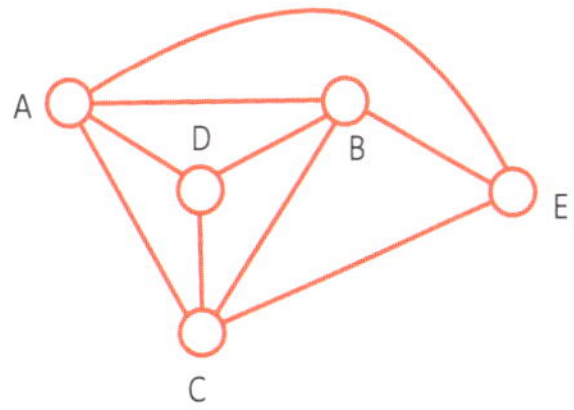

Aber selbst so konnte man über **9.000 mögliche Graphen erstellen**.

DER BEWEIS

Um 1976 konnten **Kenneth Appel** und **Wolfgang Haken** von der Universität von Illinois **die Anzahl der einzigartigen Graphen auf 1.938 reduzieren.** Dann schrieben sie ein Computerprogramm, um zu überprüfen, dass **keiner davon fünf oder mehr Farben benötigte** – dafür brauchte **der Computer 1.000 Stunden Rechenzeit.**

DIE BOOLESCHE LOGIK

Dieser systematische Weg, Logikregeln niederzuschreiben, wurde im 19. Jahrhundert vom Mathematiker George Boole entwickelt und ist nach ihm benannt. Er ist die Basis für digitale Elektronik und Software-Design.

19. JAHRHUNDERT

1815 Boole wird in Lincoln, England, geboren.

1854 Er veröffentlicht *An Investigation of the Laws of Thought*, in dem er die Prinzipien der Booleschen Logik darlegt.

1864 Boole stirbt in Cork, Irland.

1886 Charles Sanders Peirce zeigt, wie Boolesche Logik auf elektrische Schaltungen angewendet werden kann.

1965 Die Fuzzylogik wird von Lotfi Zadeh eingeführt, um partielle Wahrheiten zu handhaben.

1995 Forscher kreieren die ersten Quantengatter, die in Zukunft Anwendung bei Quantencomputern finden sollten.

WORUM GEHT ES?

Die Boolesche Logik betrifft die **Aussagenlogik – ob Aussagen wahr oder falsch** sind. Aussagen können etwa sein: „Alle Hunde sind braun" – die den Wert falsch hat – oder „London ist die Hauptstadt Englands" – die den Wert wahr annimmt.

Boole **verschlüsselte wahr und falsch in Variablen** und **entwarf dann Wege, sie zu kombinieren** – etwa in **derselben Art, wie Algebra Zahlen Symbolen zuordnet – und Regeln aufstellt, wie die Symbole behandelt werden können.**

LOGIKGATTER

Zwei logische Variablen können kombiniert werden, indem man **Logikgatter** verwendet. Zum Beispiel kombiniert ein **Und-Gatter** zwei Boolesche Variablen X und Y zu einer dritten Variablen Z, gemäß der folgenden Tabelle:

Hier wird „wahr" durch 1 und „falsch" durch 0 repräsentiert.

Input		Output
X	Y	Z
0	0	0
0	1	0
1	0	0
1	1	1

Es existieren auch andere **logische Gatter,** wie etwa **Oder-Gatter**

Input		Output
X	Y	Z
0	0	0
0	1	1
1	0	1
1	1	1

und **Nicht-Gatter.**

Input	Output
X	Z
0	1
1	0

DIE RIEMANNSCHE VERMUTUNG

Vorgestellt 1859 von Bernhard Riemann, könnte diese Aussage über die Nullstellen der Riemannschen Zetafunktion den Schlüssel für die Verteilung von Primzahlen enthalten. Nun ist sie nur noch zu beweisen.

DIE RIEMANNSCHE ZETAFUNKTION

Die Riemannsche Vermutung hängt mit der **Riemannschen Zetafunktion zusammen.** Diese ist wie folgt definiert:

$$\zeta(s) = \sum_{n=1}^{\infty} \frac{1}{n^s} = \frac{1}{1^s} + \frac{1}{2^s} + \frac{1}{3^s} + \ldots$$

So wie die Variable kann auch die **Funktion komplexe Werte annehmen** (das heißt mit einem **reellen** und einem **imaginären Teil**).

DIE NULLSTELLEN VON $\zeta(s)$

Die Riemannsche Zetafunktion $\zeta(s)$ ist Null, wann immer s eine **negative, gerade ganze Zahl** ist, z. B. −2, −4, −6 etc. Das sind die **trivialen Nullstellen** von $\zeta(s)$.

Es gibt komplexe Nullstellen, wenn s einen anderen Wert annimmt. Die Riemannsche Vermutung besagt, dass für jede **komplexe** Nullstelle von $\zeta(s)$ der **Realteil** von s ½ ist.

In anderen Worten: Alle komplexen Nullstellen von $\zeta(s)$ treten auf, wenn $s = ½ + xi$, wobei x eine **beliebige reelle Zahl** und i die **imaginäre Einheit** ist.

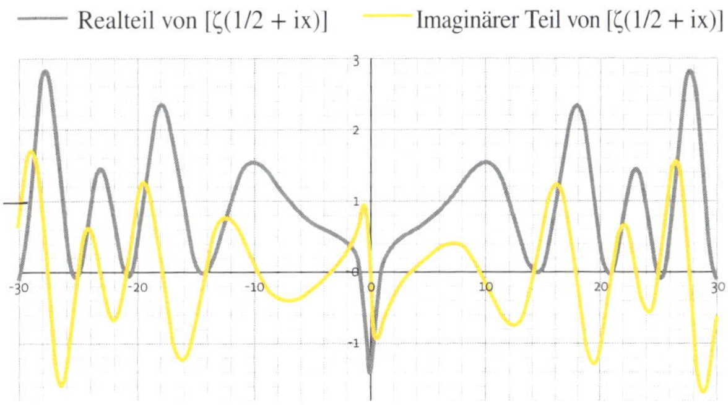

PRIMZAHLEN

Ist die Riemannsche Vermutung korrekt, dann **enthält** die Riemannsche Zetafunktion **die Verteilung der Primzahlen.** Genauer gesagt, ist die Anzahl der Primzahlen kleiner als oder gleich jeder Zahl *x*:

$$\pi(x) = R(x) - \sum_{\rho} R(x^{\rho}),$$

Dabei gilt:

$$R(x) = \sum_{n=1}^{\infty} \frac{\mu(x)}{n} \mathrm{li}\,(x^{1/n})$$

Hier ist $\mu(x)$ die **Möbiusfunktion,** li der **Integrallogarithmus** und (besonders wichtig) ρ bezieht sich auf die komplexen Nullstellen von $\zeta(s)$, deren Realteil von $s = ½$ ist.

x	π(x)
10	4
100	25
1000	168
10000	1229
100000	9592
1000000	78498

Deshalb gilt die Riemannsche Vermutung als das **wichtigste ungelöste mathematische Problem.**

MILLENNIUM-PREIS

Das **Clay Mathematics Institute** listet die Riemannsche Vermutung als eines ihrer **sieben Millennium-Probleme.** Für den **ersten Beweis dafür** ist ein **Preis von einer Million Dollar** ausgeschrieben.

FLORENCE NIGHTINGALE

Sie ist berühmt als „Dame mit der Lampe", Florence Nightingale war aber auch eine begabte Mathematikerin und eine Meisterin in der graphischen Darstellung von Statistiken.

DAS ROSENDIAGRAMM

1854 fuhr Florence Nightingale mit anderen Krankenschwestern auf die Krim, um kranke und verwundete britische Soldaten zu versorgen. Zwei Jahre zeichnete sie **Sterblichkeitsraten und Todesursachen** der Patienten im **Barrack Hospital, Scutari,** auf. Nightingale illustrierte ihre **Daten** in Form eines **Tortendiagramms**, heute auch bekannt als das **Rosendiagramm.**

Nightingale wusste, dass weit mehr Männer an Infektionen starben als an Verwundungen, wie das **Diagramm zeigt.** Durch die Einführung **besserer medizinischer Hygiene** wurde die **Zahl der Todesopfer** im Krankenhaus auf zwei Prozent **reduziert.** Die britische Armee war von Nightingales Arbeit und der **statistischen Evidenz** so beeindruckt, dass sie neue medizinische und sanitäre Abteilungen einführte, um die Pflege zu verbessern.

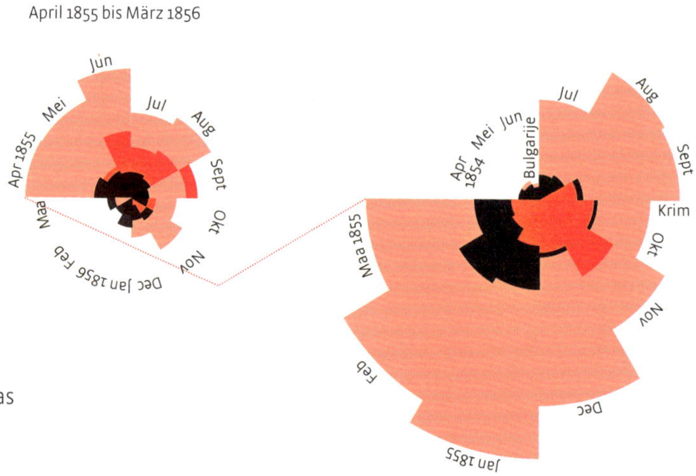

***Rosa:** Anzahl der Männer, die an Infektionen starben*
***Rot:** Todesfälle durch Verwundungen*
***Schwarz:** Todesfälle durch andere Ursachen*

WUSSTEN SIE DAS?

Florence Nightingale wurde 1820 in **Florenz, Italien,** geboren – in eine wohlhabende Familie, die sich gerade auf **Grand Tour** befand.

Sie wurde zuhause von ihrem **Vater William** unterrichtet und liebte die Mathematik.

Als Kind erstellte sie **Tabellen, in denen sie den Inhalt ihres Gemüsegartens auflistete.**

Sie **schrieb mehrere Bücher** über **Krankenpflege, Stillen** und **Hygiene.**

Sie **starb** am 13. August 1910 im Alter von 90 Jahren **im Schlaf.**

Heute ist die **Datenvisualisierung** ein wichtiger Bereich der **Statistik** und der **Data Science.**

SOFJA KOWALEWSKAJA

Die russische Mathematikerin lieferte einerseits Beiträge zur Theorie von Differentialgleichungen und zu mathematischer Analysis, andererseits riss sie Barrieren für alle Frauen in Europa nieder.

EIN EUROPÄISCHES GENIE

Moskau
Kowalewskaja wird am 15. Januar 1850 geboren. Ihr Vater ist Artillerie-Offizier der Kaiserlichen Russischen Armee. Sie wird von **Governanten und privaten Mathematiklehrern unterrichtet,** die früh ihre Begabung für **Mathematik** erkennen.

Heidelberg
Frauen sind an russischen Universitäten nicht zugelassen, deshalb ziehen Kowalewskaja und ihr Mann **Wladimir,** ein Paläontologiestudent, 1869 nach **Heidelberg,** wo sie **Physik- und Mathematikvorlesungen an der Universität** besuchen darf.

London
Kowalewskaja und ihr Mann gehen nach **London,** wo sie sich in angesehenen Kreisen bewegen. Er arbeitet mit den Anthropologen **Thomas Huxley** und **Charles Darwin,** während Kowalewskaja Intellektuelle trifft, darunter den Autor **George Eliot.**

Berlin
Nach dem Umzug nach Berlin 1870 wird Kowalewskaja **die Aufnahme an der Berliner Universität verweigert,** deshalb **setzt sie ihre Studien bei Karl Weierstrass fort,** dem **„Vater der modernen Analysis“.**

Göttingen
Kowalewskaja präsentiert ihre **Doktorarbeit an der Universität von Göttingen** über **elliptische Integralgleichungen,** die **Gestalt der Saturnringe und partielle Differentialgleichungen** (**Satz von Cauchy-Kowalewskaja**). 1874 ist sie die **erste Frau der Moderne, die ein Doktorat in Mathematik von einer europäischen Universität** erhält.

Stockholm
1883 **bietet man** Kowalewskaja **einen Posten als Dozentin für Mathematik an der Universität Stockholm an.** Sechs Jahre später ist sie die **erste Frau, die eine Professorenstelle in Mathematik an einer nordeuropäischen Universität** erhält.

FAKTEN UND DATEN

1878 bekommt sie eine **Tochter, Sofia,** auch **Fufa** genannt.

Sie schrieb **zwei Theaterstücke,** eine **Biografie** und einen **Roman** mit ihren Jugenderinnerungen.

1884 wurde sie **Redakteurin bei** *Acta Mathematica,* einer wissenschaftlichen Zeitschrift.

Sie **starb** am **10. Februar 1891** im Alter von 41 Jahren, nachdem sie in **Nizza an Grippe** erkrankt war.

ABSTRAKTE ALGEBRA

Die Gruppentheorie ist nur ein Beispiel für das, was Mathematiker abstrakte Algebra nennen – die Anwendung von algebraischen Prinzipien auf allgemeine mathematische Strukturen, wie etwa Logik und Geometrie.

1832 Évariste Galois stellt die ersten Ideen zur Gruppentheorie vor.

1847 George Boole begründet das, was man als boolesche Algebra kennt.

1854 Der britische Mathematiker Arthur Cayley entwickelt die erste Definition einer abstrakten Gruppe.

1871 Der deutsche Mathematiker Richard Dedekind führt die Konzepte von Ringen und Feldern ein.

1921 Die deutsche Mathematikerin Emmy Noether erstellt die moderne Definition eines Rings.

1958 Der französische Mathematiker Alexander Grothendieck schafft die Grundlagen für die moderne algebraische Geometrie.

ALGEBRAISCHE STRUKTUREN

Wenn man in der **Schule Algebra lernt,** handelt es sich einfach um das Ersetzen von Zahlen durch Symbole. Diese kann man dann mit den **üblichen Rechenarten der Arithmetik** (+, –, ×, ÷ etc.) weiter bearbeiten, um **Gleichungen zu lösen.**

Abstrakte Algebra erweitert, wie der Name schon sagt, das **Aufgabengebiet** über die Zahlen hinaus **zu abstrakteren mathematischen Objekten.** Diese nennt man **algebraische Strukturen.**

GRUPPEN UND LOGIK

Algebraische Strukturen sind axiomatisch definiert – wie **Gruppen,** die ein Beispiel davon sind.

Aber es gibt auch andere **Strukturen,** einige sind komplizierter – andere weniger.

Boolesche Algebra, die **Algebra der Logik,** ist ein Beispiel.

Gatter	Symbol	Operator
und	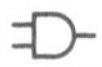	A.B
oder		A + B
nicht	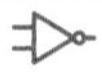	$\bar{A}$
nicht und		$\overline{A.B}$
weder noch		$\overline{A+B}$
x oder		A ⊗ B

RINGE UND FELDER

Zwei weitere algebraische Strukturen, auf die man abstrakte Algebra anwenden kann, sind Ringe und Felder.

Ringe sind eine Erweiterung von Gruppen, die Addition, Subtraktion und Multiplikation erlauben. Die **ganzen Zahlen** sind ein Beispiel für einen Ring.

Felder erlauben Addition, Subtraktion und Multiplikation sowie Division. Die Inklusion von Division **bedeutet, dass die reellen Zahlen** (einschließlich der ganzen Zahlen, aber nicht darauf beschränkt) **ein Beispiel für ein Feld sind.**

Jede Art von Geometrie lässt einen eigenen **Polynomring** entstehen – diese algebraischen Strukturen bilden die Basis für eine **algebraische Herangehensweise an die Geometrie.**

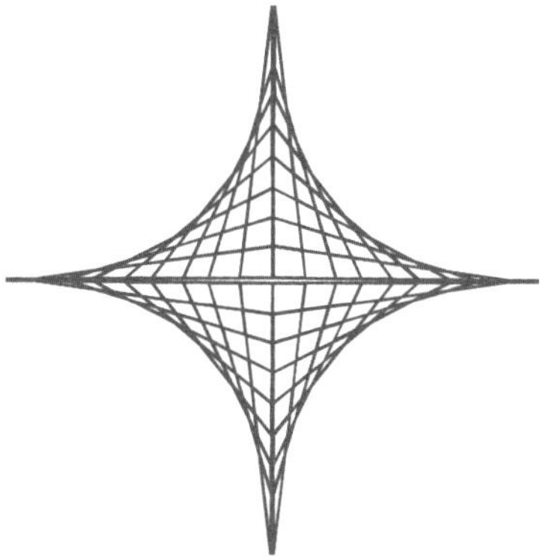

GEORG CANTOR

Georg Cantor war ein gequältes Genie, das an schweren Depressionen litt. Er war ein Pionier der Mengenlehre, innerhalb derer die Unendlichkeit eher zu einem reellen denn einem hypothetischen Konzept wird.

3. März 1845 Cantor wird in St. Petersburg, Russland, geboren. Als Kind ist er ein außergewöhnlicher Geiger.

1856 Nach einer Krankheit zieht Cantors Familie nach Frankfurt, wo die Winter milder sind. Der junge Cantor brilliert in Mathematik, insbesondere Trigonometrie.

1862 Er studiert an der ETH Zürich in der Schweiz und an den Universitäten von Berlin und Göttingen, wo er 1867 promoviert.

1869 Cantor beginnt seine lebenslange Lehrtätigkeit an der Universität von Halle, Deutschland, wo er im Alter von 34 Jahren zum Professor ernannt wird.

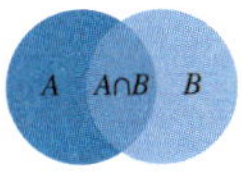

1874 Cantor beginnt seine Arbeit zu einem Thema, das ihn sein Leben lang beschäftigen wird – Mengenlehre, die Zusammenfassungen von Objekten beschreibt. Das eröffnet ein neues Reich – die Mathematik der Unendlichkeit.

1874 Cantor heiratet Vally Guttmann, sie bekommen sechs Kinder.

1884 Cantor erleidet den ersten von vielen Depressionsschüben, die ihn ins Krankenhaus bringen. Zeitgenossen kritisieren sein Werk über unendliche Zahlen kränkend als Avantgarde. Trotzdem arbeitet er weiter.

1890 Cantor wird der erste Präsident der Deutschen Mathematiker-Vereinigung.

1899 Sein Sohn Rudolph stirbt mit zwölf Jahren, was Georg in eine weitere Depression gleiten lässt.

6. Januar 1918 Cantor stirbt an einem Herzinfarkt in einem Sanatorium.

EIN BITTERER STREIT

Cantors Theorien über unendliche Zahlen erschreckten seine Kollegen zutiefst, insbesondere seinen früheren Professor **Leopold Kronecker,** der behauptete: „Gott erschuf die natürlichen Zahlen, der Rest ist Werk von Menschenhand“ – womit er sagen wollte, **die Unendlichkeit sei nur ein Konstrukt.** Die **Kritik traf Cantor schwer,** und er **stürzte in die Depression.**

MENGENLEHRE

Die Mengenlehre beschäftigt sich mit der Organisation und Klassifikation von Objekten. Sie ist ein Grundpfeiler der Mathematik und findet Anwendung in der Datenbankprogrammierung und der Wahrscheinlichkeitstheorie.

19. JAHRHUNDERT

1874 Georg Cantor initiiert die Entwicklung der Mengenlehre mit seinem Werk über unendliche Mengen.

1880 John Venn stellt die grafische Veranschaulichung von Mengen vor.

1901 Der britische Philosoph Bertrand Russell zeigt ein Paradox der Mengenlehre in Form eines Widerspruches auf – „die Menge aller Mengen, die sich nicht selbst als Element enthalten".

1908 Der deutsche Logiker Ernst Zermelo unternimmt den ersten Versuch, eine neue Mengenlehre ohne Paradoxa zu entwickeln.

1922 Abraham Fraenkel und Thoralf Skolem ergänzen und erweitern Zermelos Arbeit zu einer funktionierenden Theorie.

NOTATION DER MENGENLEHRE

Mit Mengen werden **Gruppen von Objekten bezeichnet** – Autos, Funktionen, alte Sprachen etc. Die Mengenlehre verwendet **folgende Notation:**

$\in$ bedeutet **„ist Element von".** Wenn also x eine Person und die Menge aller Personen A ist, dann sagt man $x \in A$.

$\subseteq$ bedeutet **„ist Teilmenge von".** Wenn B die Menge der Personen ist, die in Frankreich leben, dann gilt $B \subseteq A$.

$\cap$ bedeutet **„ist Schnittmenge von".** Wenn C die Menge aller Dinge in Frankreich ist, dann gilt für B $A \cap C$.

$\cup$ bedeutet **„ist Vereinigungsmenge von".** Wenn D die Menge der Menschen ist, die nicht in Frankreich wohnen, dann ergibt sich A durch $B \cup D$.

VENN-DIAGRAMME

Mengen können **mithilfe von Diagrammen grafisch dargestellt** werden. Diese wurden im späten 19. Jahrhundert vom britischen Mathematiker **John Venn** entwickelt.

Mengen werden bei diesem Diagramm durch **Kreise** dargestellt, die **überlappen** können, um **Vereinigungs- oder Schnittmengen** anzuzeigen.

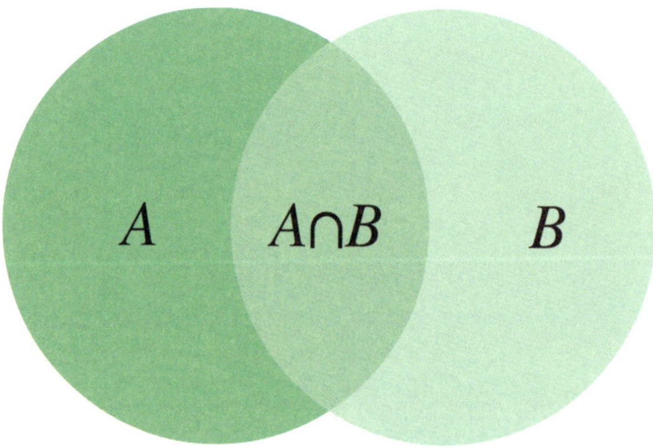

HENRI POINCARÉ

Als brillanter Universalgelehrter lieferte Poincaré wesentliche Beiträge in den Bereichen Topologie, Himmelsmechanik, Relativität, Differentialgleichungen und Gruppentheorie.

KINDHEIT UND AUSBILDUNG

Poincaré wurde 1854 in **Nancy** im Nordosten Frankreichs in eine hochgestellte Familie geboren. Sein **Vater war Professor für Medizin an der Universität von Nancy,** und sein **Cousin Raymond Poincaré sollte später Präsident von Frankreich werden** (von 1913 bis 1920).

Der junge Poincaré erkrankte **in seiner Kindheit an Diphtherie,** erholte sich aber und besuchte das **Lycée Nancy (Sekundarschule).** Er studierte Mathematik an der **École polytechnique** in Paris.

1879 **promovierte** Poincaré mit einer **Doktorarbeit im Bereich der Differentialgleichungen.** Er arbeitete als **Minen- und Eisenbahningenieur,** während er gleichzeitig an der **Universität von Caen und der Sorbonne unterrichtete.**

Er erhielt im Laufe seiner Karriere **viele Auszeichnungen,** darunter die **Goldmedaille der Royal Astronomical Society of London (1900).**

Poincaré **starb 1912** im Alter von 58 Jahren **an einer Embolie** nach einer Prostataoperation.

WICHTIGSTE ARBEITEN

Poincaré etablierte einen **neuen Teilbereich der Mathematik** – die **qualitative Theorie der Differentialgleichungen.** Diese untersucht die **Eigenschaften von Differentialgleichungen** durch **Betrachten anderer Faktoren als deren Lösung.**

Poincaré untersuchte die **Bewegung von Elektronen** und formulierte eine Theorie, die **beinahe Einsteins Entdeckung der speziellen Relativitätstheorie für sich sehr schnell bewegende Körper vorwegnahm.**

Er analysierte das **Drei-Körper-Problem** in der Gravitationsphysik und wollte so die Frage beantworten, **ob das Sonnensystem stabil ist.** Dabei zeigte er, dass die **Bewegung von Planeten chaotisch sein kann.**

Poincaré war fasziniert von **Topologie** und begründete die **algebraische Topologie.**

Er schrieb **populärwissenschaftliche Abhandlungen und Bücher über Mathematik und Physik und wollte diese Bereich so allgemein zugänglich machen und das Verständnis dafür erweitern.**

HERMANN MINKOWSKI

Minkowski war einer von Einsteins Lehrern und ist berühmt dafür, gezeigt zu haben, dass man die spezielle Relativitätstheorie seines früheren Schülers geometrisch als vierdimensionale Raumzeit interpretieren kann.

RUSSISCHES GENIE

Minkowski wurde am 22. Juni 1864 in **Aleksotas** im Russischen Zarenreich (heutiges **Litauen**) geboren. **Seine Eltern waren Juden.**

Um den **Pogromen** in Russland zu entgehen, zog die Familie 1872 nach Königsberg (Preußen). Als **Wunderkind studierte** Minkowski mit **15** an der Universität in **Königsberg** und später in **Berlin.**

Noch als Student **gewann** Minkowski **den angesehenen Grand prix des sciences mathématiques** der **Französischen Akademie der Wissenschaften.**

$E = mc^2$

Minkowski **lehrte an den Universitäten von Bonn, Göttingen, Königsberg** und an der **ETH Zürich,** wo Einstein einer seiner Schüler war.

1896 veröffentlichte er sein **Opus magnum über die Zahlentheorie:** *Geometrie der Zahlen.*

1897 heiratete er **Auguste Adler,** sie bekamen **zwei Töchter.**

Am 12. Januar 1909 **starb** Minkowski **ganz plötzlich an Appendizitis.**

SPEZIELLE RELATIVITÄT

1905 präsentierte **Einstein** seine **spezielle Relativitätstheorie** und zeigte damit die **Beziehung zwischen Raum und Zeit** auf sowie deren **Auswirkungen auf die Dynamik von bewegten Körpern.**

Minkowski erkannte, dass man **Einsteins algebraische Gleichung am besten in geometrischen Begriffen ausdrücken und erklären kann.** 1907 **verband er den dreidimensionalen euklidischen Raum und die Zeit zu einer vierdimensionalen Mannigfaltigkeit.** Seine Darstellung wurde als **Minkowski-Raum** bekannt.

1916 veröffentlichte Einstein seine Meisterleistung, die **allgemeine Relativitätstheorie,** wobei die **Kraft der Gravitation durch eine Krümmung der flachen Raumzeit von Minkowski** entsteht.

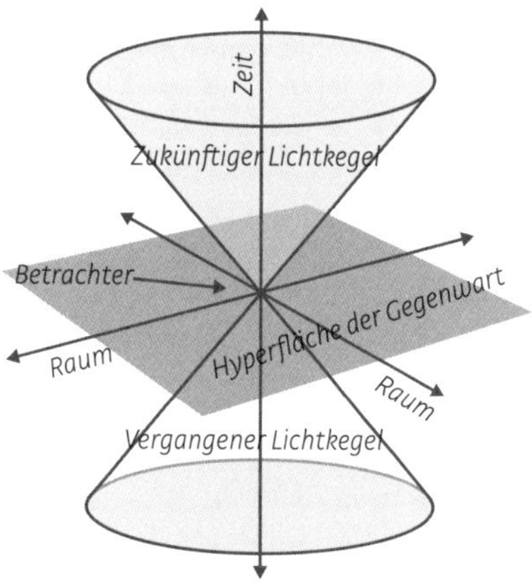

WUSSTEN SIE DAS?

Minkowski nannte seinen Studenten Einstein einen **„faulen Hund“,** weil er dachte, er sei nicht an Mathematik interessiert.

TENSOREN

Tensoren sind multidimensionale Zahlenschemata, ähnlich wie Vektoren oder Matrizen. Sie werden in der Physik und in der Mathematik angewandt, um die komplexen Beziehungen zwischen Quantitäten zu beschreiben.

- **1846** Der irische Mathematiker William Rowan Hamilton führt den Begriff Tensor ein.
- **1890** Die Methoden der Tensorrechnung werden vom italienischen Mathematiker Gregorio Ricci-Curbastro entwickelt.
- **1898** Der deutsche Physiker Woldemar Voigt verleiht dem Wort Tensor seine heutige Bedeutung.
- **1915** Eine Tensorrechnung im Bereich der Differentialgeometrie bildet die Basis von Einsteins allgemeiner Relativitätstheorie.

BEISPIEL

Bei zwei Dimensionen ähnelt der Spannungstensor einer 2 × 2-Matrix:

$$T = \begin{pmatrix} \sigma_{xx} & \sigma_{xy} \\ \sigma_{yx} & \sigma_{yy} \end{pmatrix}$$

Bei einem Einheitsvektor von

$$n = \begin{pmatrix} n_x \\ n_y \end{pmatrix}$$

wird eine Spannung von $n_x \sigma_{xx} + n_y \sigma_{xy}$ in die Richtung von x und $n_x \sigma_{yx} + n_y \sigma_{yy}$ in die Richtung von y erzeugt.

SPANNUNGSTENSOR

Ein Beispiel aus der Physik ist der Spannungstensor, mit dem man **verformende Spannungen an Objekten oder Flüssigkeiten beschreibt.** Tatsächlich stammt das Wort „Tensor" von dem lateinischen Wort „*tendere*" – **„spannen".**

Der **Spannungstensor ist ein zweidimensionaler Tensor** der, wenn er mit einem **Einheitsvektor multipliziert wird,** die **Spannung** (oder Kraft pro Einheitsfläche) angibt, die **auf eine zum Vektor lotrechte Ebene einwirkt.**

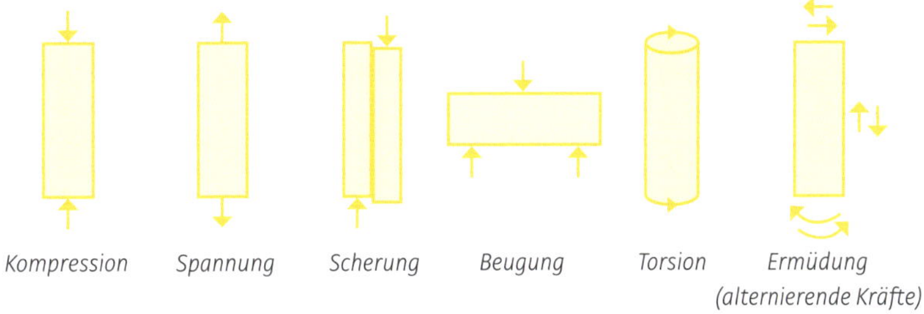

Das erlaubt Flexibilität bei der **Bestimmung** der **komplexen Kräfte von Dehnung und Druck** innerhalb eines Gebäudes oder dem Strom einer Flüssigkeit.

WEITERE ANWENDUNGEN

ELEKTROMAGNETISMUS

Der Faraday-Tensor beschreibt in der **Elektrodynamik das elektromagnetische Feld als Feld in der Raumzeit.**

ALLGEMEINE RELATIVITÄT

Der **Einstein-Tensor** beschreibt die **komplexen Verformungen von Raum und Zeit,** die durch das **Gravitationsfeld hervorgerufen werden.**

COMPUTERABBILDUNGEN

Auf Tensoren basierende Techniken verwendet man für die **Verarbeitung von Bildern.**

DIE POINCARÉ-VERMUTUNG

Die Poincaré-Vermutung ist einer der ersten Lehrsätze der Topologie, der besagt, dass dreidimensionale Sphären „einfach zusammenhängend" sind. Sie wurde 2003, hundert Jahre nach ihrer Aufstellung, endlich bewiesen.

1904 Der französische Mathematiker Henri Poincaré stellt die Vermutung auf.

1982 Der amerikanische Mathematiker Richard Hamilton entwickelt den Ricci-Fluss.

1986 Michael Freedman gewinnt die Fields-Medaille für den Beweis für die vierdimensionale Sphäre.

2003 Der russische Mathematiker Grigori Perelman veröffentlicht den Beweis der Poincaré-Vermutung für eine dreidimensionale Sphäre mittels Ricci-Flusses.

2006 Perelmans Beweis wird bestätigt.

3-SPHÄREN

Sphären, wie wir sie kennen, sind **zweidimensional** – das heißt, **zweidimensionale Flächen zu einer Kugelform geformt.**

Eine **dreidimensionale Sphäre** ist **eine Dimension höher.**

EINFACH?

Eine Oberfläche ist einfach zusammenhängend, wenn **eine beliebige Schleife zu einem Punkt zusammengezogen werden kann.** Das ist möglich, wenn **die Oberfläche kein Loch hat.**

Zum Beispiel kann man ein um eine zweidimensionale Sphäre gespanntes elastisches Band so verschieben, dass es zu einem Punkt zusammenschrumpft, ohne dass man das Band oder die Sphäre zerschneiden muss.

Versucht man das bei einem **Torus** (einem Ring ähnlich einem Donut), ist das **nicht immer möglich – wegen des Loches.**

POINCARÉS VERMUTUNG

Man wusste, dass eine zweidimensionale Sphäre einfach zusammenhängend ist. Es blieb die Frage, ob das auch für eine dreidimensionale stimmt. 1904 vermutete Poincaré genau das.

DER BEWEIS

Der russische Mathematiker **Grigori Perelman** bewies 2003, dass eine dreidimensionale Sphäre tatsächlich einfach zusammenhängend ist. Er verwendete dafür den **Ricci-Fluss,** eine **Methode zur Verformung topologischer Räume,** die der Amerikaner **Richard Hamilton entwickelte.**

Heute ist die Poincaré-Vermutung das einzige **Millennium-Problem** des **Clay Mathematics Institute,** das gelöst ist – allerdings nahm **Perelman den Preis in Höhe von einer Million Dollar nicht an.**

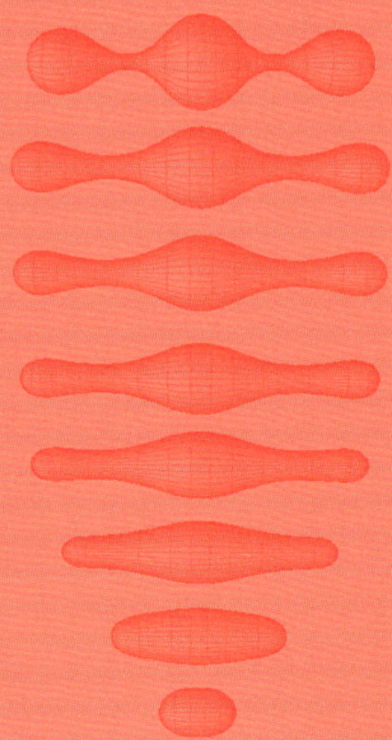

DISKRETE GEOMETRIE

Formen in diskreter Geometrie zu konstruieren, ist so ähnlich, wie eine Schnur um in einer Pinnwand steckende Nadel zu wickeln. Trotz der Einfachheit wird sie im Software-Design und der Quantentheorie angewendet.

WORUM GEHT ES?

Gewöhnliche **Geometrie** – die mathematische Betrachtung von Geraden, Winkeln, Formen und Körpern – ist **„kontinuierlich“,** das heißt, alle Punkte im Raum sind erlaubt.

In der **diskreten Geometrie** jedoch **ändert sich das.** Hier ist alles, was man bekommt, ein **wohldefiniertes Gitter – und alle anderen Punkte sind tabu.**

DER SATZ VON PICK

Eine bemerkenswerte Erkenntnis in der diskreten Geometrie wurde 1899 von österreichischen Mathematiker **George Pick** bewiesen.

Er fand eine Formel, um die **Fläche eines beliebig geformten Polygons zu berechnen,** das gebildet wird, indem man auf einem diskreten Gitter Punkte verbindet, die durch je eine Einheit verbunden sind.

Ist die Anzahl der Punkte, die die Außenkante der Form bilden, x und die Anzahl der Punkte innerhalb der Form (die den Rand nicht berühren) y, dann ergibt sich für die Fläche die Formel:

$$A = \frac{x}{2} + y - 1$$

Das ist ganz leicht und **funktioniert für jede Form** – versuchen Sie es!

ANWENDUNGEN

POLYGONE

Diskrete Geometrie wird bei der **Untersuchung geometrischer Formen** wie der **Parkettierung** und der **aperiodischen Kachelung** angewandt.

GITTEREICHTHEORIE

Einige Toy-Modelle in der **Quantenphysik** funktionieren, indem sie **Raum und Zeit** in ein **Raster von Punkten mit zueinander festgelegtem Abstand einschreiben.**

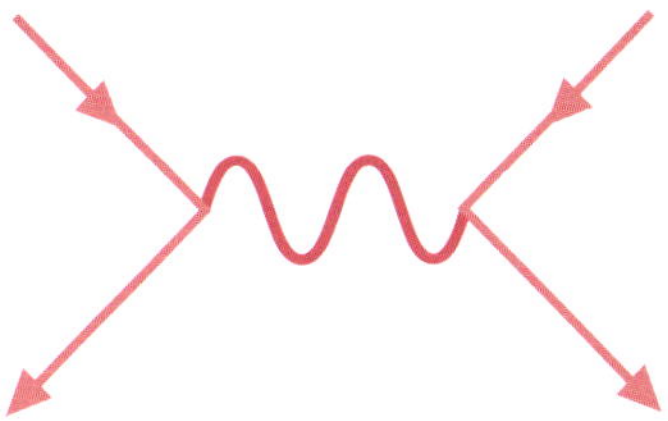

VERPACKUNGSPROBLEME

Versuche, die **effizienteste Art, Formen und Objekte zu stapeln,** zu berechnen, wie bei der **Keplerschen Vermutung,** sind Probleme die wie für die diskrete Geometrie gemacht sind.

COMPUTERGRAFIKEN

In der heutigen High-Definition-Welt ist es weniger offensichtlich, aber auch Computergrafiken sind ein **sorgfältig ausgearbeitetes Konstrukt diskreter Geometrie.**

DAVID HILBERT

Als Teil der mathematischen Blütezeit in Deutschland entwickelte David Hilbert Axiome und Methoden, die heute noch höchst einflussreich sind.

23. Januar 1862 David Hilbert wird in Königsberg, Preußen, am Baltischen Meer geboren. Heute heißt die Stadt Kaliningrad und ist Teil von Russland.

1860er Jahre Seine Mutter Maria, eine talentierte Amateur-Mathematikerin und Astronomin, ermutigt ihren Sohn, diese Studien zu verfolgen.

1880 Hilbert studiert an der Universität von Königsberg, wo er später auch unterrichtet. Er freundet sich mit Hermann Minkowski, einem bahnbrechenden Mathematiker, an. Daraus entsteht eine fruchtbare Zusammenarbeit.

1896 Hilbert wird zum Professor an der angesehenen Universität von Göttingen in Deutschland ernannt. Unter den berühmten Abgängern und Professoren sind Carl Friedrich Gauß, Peter Dirichlet und Bernhard Riemann.

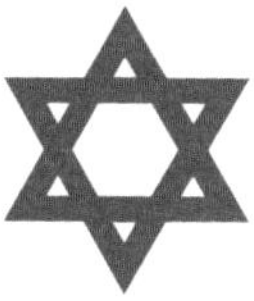

1930 Nachdem er an perniziöser Anämie erkrankt ist, zieht sich Hilbert aus der Lehre zurück. Leider müssen viele seiner jüdischen Kollegen wegen der Nazi-Progrome aus Göttingen fliehen.

1943 Hilbert stirbt am 14. Februar. Er war leidenschaftlich, optimistisch und inspirierte begabte Studenten. Auf seinem Grabstein steht: „Wir müssen wissen. Wir werden wissen."

WICHTIGSTE LEISTUNGEN

1888 machte Hilbert einen großen Fortschritt, indem er seinen **Basissatz** bewies, eine Idee der **abstrakten Algebra,** die sich auf die **Eigenschaften algebraischer Strukturen,** die man als **Ringe** kennt, bezieht.

Hilbert formulierte ein **definitives System von Axiomen** für die **euklidische Geometrie,** die er 1899 unter großer Anerkennung publizierte.

Er stellte eine **Sammlung von 23 Aufgaben in Geometrie, Algebra** und **Arithmetik** vor, bekannt als die **hilbertschen Probleme.** Er glaubte, sobald man diese gelöst hätte, wäre die Mathematik einen großen Schritt weiter. Die Liste umfasst auch die **Riemannsche Vermutung,** die die **Nullstellen der Zetafunktion** betrifft und **bis dato ungelöst** ist:

$$\zeta(s) = \sum_{n=1}^{\infty} \frac{1}{n^s}$$

Hilbert war **einer der Begründer der mathematischen Logik.** Sein Werk über Techniken, um mathematische Wahrheiten zu beweisen, **stellte rigorose Arbeitsmethoden vor,** die **heute noch in Verwendung** sind.

DAS PARETOPRINZIP

Kurz zusammengefasst besagt das Paretoprinzip, dass 80 % der Ergebnisse mit 20 % des Gesamtaufwandes erreicht werden können.

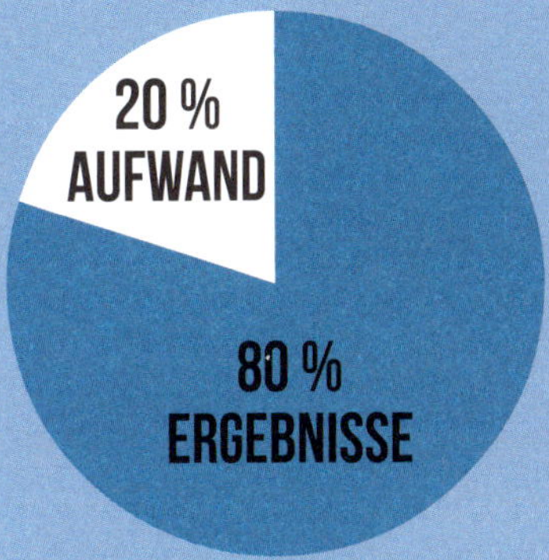

ERBSEN ALS URSPRUNG

Das Prinzip wurde nach dem italienischen Wirtschaftswissenschaftler **Vilfredo Pareto** (1848–1923) benannt, der erkannte, dass 20 % der **Erbsenpflanzen** in seinem Garten 80 % der gesunden Erbsenschoten trugen.

Er begann, diese Regel auf die Gesellschaft anzuwenden, und führte Studien aus, die zeigten, dass etwa 20 % der Bevölkerung 80 % des **Landes in Italien** besaßen. Pareto untersuchte das Phänomen in **anderen Ländern** und fand eine **ähnliche Verteilung.**

Pareto hatte ein wiederkehrendes Muster entdeckt, das überall rund um uns auftaucht; zum Beispiel in Bezug auf **Bevölkerungsdichte, Wirtschaftlichkeit** und **Konsumentenverhalten.** Man nennt das Prinzip auch einfach die **80-zu-20-Regel.**

BEISPIELE DER 80-ZU-20-REGEL

20 % der Vertreter erzielen 80 % des Verkäufe.

20 % der Software-Bugs verursachen 80 % der Schäden.

20 % der Kunden sorgen für 80 % des Gewinns.

80 % der Steuern werden von 20 % der Bevölkerung gezahlt.

PARETO-VERTEILUNG

In der **Statistik** ist die Pareto-Verteilung eine **Wahrscheinlichkeitsverteilung** nach dem **Potenzgesetz:**

$$P(x) = \frac{\alpha x_m^{\alpha}}{x^{\alpha+1}}$$

Dabei ist $\alpha > 0$ und x_m der Mindestwert von x. Das ergibt eine Verteilung mit einem am Ende langsam abfallenden Graph.

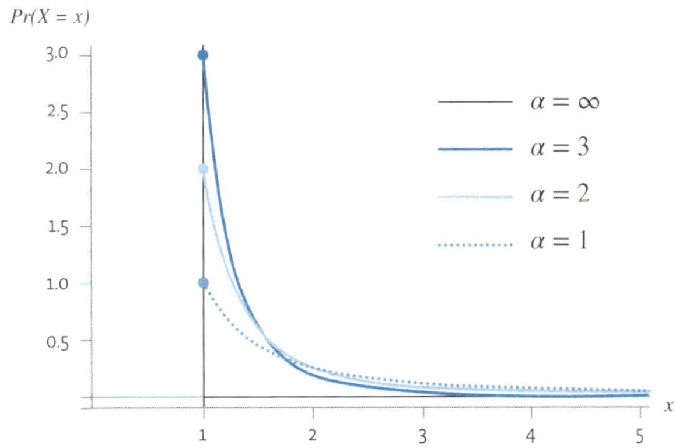

Das Paretoprinzip ergibt einen Spezialfall, wenn $\alpha = \ln(5) / \ln(4) \approx 1{,}161$. Dabei ist ln der Logarithmus zur Basis e.

Soziologische Daten entsprechen oft der Pareto-Verteilung. Zum Beispiel **lebt der größte Prozentsatz an Menschen in einer kleinen Anzahl an Städten.**

DIE MARKOW-KETTE

Markow-Ketten, die man auch „Random Walks" nennt, treten auf, wenn eine mathematische Variable zufällig entsteht. Es gibt sie sowohl in der Physik als auch beim Glücksspiel und auf Finanzmärkten.

RANDOM WALK

Eine **Biene, die von Blüte zu Blüte fliegt, oder ein Betrunkener, der zwischen Straßenlaternen herumtorkelt,** sind Beispiele für einen *Random Walk.*

Ein anderes Beispiel: Von einem Punkt in der Mitte eines 2D-Rasters bewegt man sich mit jedem Schritt zufällig in eine der vier möglichen Richtungen (hinauf, hinunter, links oder rechts).

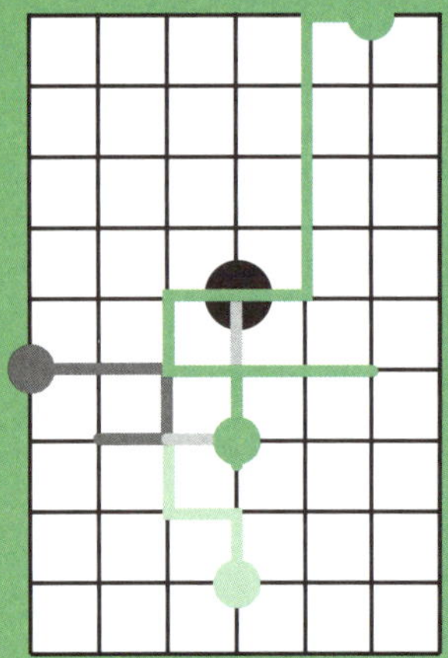

Im Durchschnitt wird man nach n Schritten eine Entfernung vom Ausgangspunkt von $\sqrt{n}$ Schritten zurückgelegt haben.

GEDÄCHTNISLOSIGKEIT

Wenn sich die Wahrscheinlichkeit, dass sich ein zufällig in eine Richtung Bewegender in eine bestimmte Richtung bewegt, nicht mit der Zeit ändert, spricht man von *Gedächtnislosigkeit*, auch bekannt als **Markow-Eigenschaft** – nach dem russischen Mathematiker **Andrei Markow,** der sie 1906 entdeckte.

Ein gedächtnisloser Random Walk wird als **Markow-Prozess** oder **Markow-Kette** bezeichnet.

BEISPIEL

Ein Prozess, der zufällig zwischen zwei Zuständen A und B umschaltet.

Ist der Prozess im Zustand A, dann wird er in der Folge mit einer **Wahrscheinlichkeit** von 0,6 bei A bleiben oder mit einer Wahrscheinlichkeit von 0,4 zu B wechseln. Ist er im Zustand B, bleibt er mit einer Wahrscheinlichkeit von 0,3 bei B oder wechselt mit einer Wahrscheinlichkeit von 0,7 zu A.

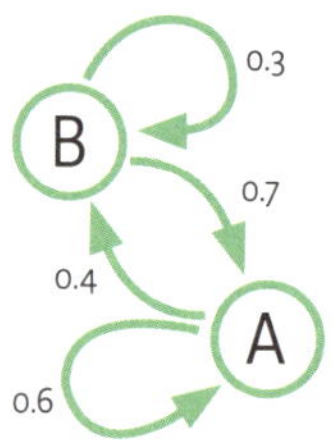

Da sich die vier Wahrscheinlichkeiten in der Folge nicht ändern, kann man sie als **Markow-Kette** bezeichnen.

ANWENDUNGEN

Glücksspiel: Wenn man wiederholt auf das Ergebnis **von Kopf oder Zahl wettet,** wird der Kontostand einem **Markow-Prozess** unterzogen.

Physik: Markow-Ketten werden verwendet, um die **Entwicklung der Prozesse in der Quantenphysik** und der **Chemie** als Modell darzustellen.

Statistische Modelle: Markow-Ketten beschreiben viele Probleme in der **angewandten Statistik** und der **Datenanalyse.**

SRINIVASA RAMANUJAN

Während seines kurzen Lebens lieferte Srinivasa Ramanujan Beiträge zu Analysis, Zahlentheorie und unendlichen Reihen. Mit G. H. Hardy entdeckte er die erste Taxicab-Zahl: 1729.

22. Dezember 1887 Ramanujan wird in Erode, Madras, Indien, geboren. Er überlebt als Kind die Pocken, leidet aber später an Anfällen von Amöbenruhr.

1892–1907 Ramanujan glänzt in der Schule in Mathematik. Er interessiert sich wenig für andere Fächer und fällt zweimal beim Abschlusstest am College durch.

1910 Er wird Forscher an der Universität von Madras.

1913 Ramanujan schreibt an G. H. Hardy, einen Vortragenden in Cambridge, und stellt einige seiner Theoreme vor. Hardy erkennt sein Genie und lädt ihn ein, mit einem Stipendium am Trinity College zu studieren. Ramanujan verbringt fünf Jahre in Cambridge.

1918 Er wird der erste Inder, der als Fellow ans Trinity College, Cambridge, gewählt wird. Er wird auch Mitglied der Royal Society.

26. April 1920 Nachdem er sich Tuberkulose zugezogen hat, kehrt Ramanujan nach Madras zurück, wo er im Alter von 32 Jahren stirbt.

TAXICAB-ZAHLEN

G. H. Hardy besuchte Ramanujan in einem Londoner Krankenhaus und fuhr dort mit einem Taxi mit der Nummer 1729 hin. Hardy hielt das für eine „eher langweilige Zahl", doch Ramanujan widersprach ihm und sagte: „Nein, es ist eine sehr interessante Zahl, denn sie ist die kleinste Zahl, die sich auf zwei Arten als Summe zweier Kubikzahlen ausdrücken lässt."

Die zwei Arten sind:
$1729 = 1^3 + 12^3 = 9^3 + 10^3$

1729 ist bekannt als Hardy-Ramanujan- oder Taxicab-Zahl. Allgemein sind Taxicab-Zahlen – Ta(n) – die kleinsten Zahlen, die man als Summe zweier Kubikzahlen in n unterschiedlichen Arten ausdrücken kann.

n	Ta(n)	Summe der Kubikzahlen
1	2	$1^3 + 1^3$
2	1729	$1^3 + 12^3$
		$9^3 + 10^3$
3	87539319	$167^3 + 436^3$
		$228^3 + 423^3$
		$255^3 + 414^3$
4	6963472309248	$2421^3 + 19083^3$
		$5436^3 + 18948^3$
		$10200^3 + 18072^3$
		$13322^3 + 16630^3$
5	48988659276962496	$38787^3 + 365757^3$
		$107839^3 + 362753^3$
		$205292^3 + 342952^3$
		$221424^3 + 336588^3$
		$231518^3 + 331954^3$
6	24153319581254312065344	$582162^3 + 28906206^3$
		$3064173^3 + 28894803^3$
		$8519281^3 + 28657487^3$
		$16218068^3 + 27093208^3$
		$17492496^3 + 26590452^3$
		$18289922^3 + 26224366^3$

G. H. HARDY

G. H. Hardy war ein Verfechter der reinen Mathematik, insbesondere der Analysis und der Zahlentheorie. Seine Beiträge bezogen sich auf Physik, Genetik und die öffentliche Anerkennung von Mathematik.

Godfrey Harold Hardy wurde 1877 in **Cranleigh, Surrey,** geboren. Sein mathematisches Talent zeigte sich schon sehr früh. Als **Kind** vergnügte er sich mit dem **Faktorisieren der Anzahl der Lieder** in der Kirche.

1899 erhielt Hardy einen Abschluss in Mathematik am **Trinity College, Cambridge,** wo er es weiter bis zum **Fellow und Vortragenden** brachte. 1931 wurde er zum **Sadleirian Professor für Reine Mathematik in Cambridge** ernannt, wo er bis zu seinem Tod 1947 blieb. Er war **lebenslang Pazifist** und **verabscheute die Anwendung von Mathematik im militärischen Bereich.**

KARRIEREHÖHEPUNKTE

1908 bewiesen Hardy und der deutsche Physiker **Wilhelm Weinberg** ein Gesetz der Populationsgenetik, das man später **Hardy-Weinberg-Gleichgewicht** nannte. Es besagt, dass die **Frequenz von Allelen** (Varianten bestimmter Gene) **von Generation zu Generation gleich bleibt, wenn es keine anderen evolutionären Einflüsse gibt.** Das **widerlegte die Theorie, dass dominante Allele sich immer durchsetzen würden.**

7	3	8
6	1	9
4	5	2

Hardy arbeitete intensiv mit seinem Kollegen **John Edensor Littlewood** aus Cambridge zusammen, sie erreichten **wichtige Durchbrüche in der Zahlentheorie.** Dies führte sie zu den **zwei nach ihnen benannten Vermutungen.**

Hardy war der Mentor von **Srinivasa Ramanujan,** dem berühmten indischen Mathematiker. Ihre Arbeit über die **Partition ganzer Zahlen** wird in der **Physik** angewandt.

Er schrieb **300 Forschungspapiere** und **elf Bücher**, darunter *A Course of Pure Mathematics* (1908), das zu einem wichtigen Lehrbuch wurde.

1940 Hardy schrieb den populären Essay *A Mathematician's Apology*, der Einsichten in die Gedankenwelt eines reinen Mathematikers bot. Er verteidigte die **reine Mathematik** und erklärte ihre Schönheit, ähnlich **der Poesie und der Malerei.**

1947 zeichnete ihn die **Royal Society** für die Weiterentwicklung der **mathematischen Analysis** mit der prestigeträchtigen **Copley-Medaille** aus.

EMMY NOETHER

Diese brillante Gelehrte überwand Sexismus, arbeitete auf dem Gebiet der abstrakten Algebra und bewies das Noether-Theorem, indem sie Erhaltungsgrößen mit Symmetrien in der Physik verband.

WER WAR EMMY NOETHER?

Amalie Emmy Noether wurde am 23. März 1882 in **Erlangen, Bayern,** Deutschland, in eine **jüdische** Familie geboren. Ihr **Vater Max** war Mathematiker. 1900 war Noether **eine von nur zwei weiblichen Studenten** an der **Universität von Erlangen.**

Sie studierte auch an der **Universität von Göttingen,** einem weltweit führenden Zentrum für Mathematik, wo Professoren wie **David Hilbert** und **Felix Klein** ihr Talent erkannten. 1907 erwarb sie den **Doktortitel** mit einer Arbeit über **algebraische Invarianten,** einen Bereich der **Gruppentheorie.**

Trotz des Widerstandes einiger Akademiker **lehrte** Noether viele Jahre am **Erlanger Institut für Mathematik** und in **Göttingen. Lange Zeit** ihrer Karriere arbeitete sie **ohne Bezahlung.**

1933 war sie gezwungen, **wegen der Verfolgung durch die Nazis** aus Deutschland zu fliehen, und erhielt einen Posten am **Bryn Mawr Women's College in Pennsylvania.**

Sie **starb am 14. April 1935** nach einer Tumoroperation. Sie fand Anerkennung von Wissenschaftlern aus der ganzen Welt.

ABSTRAKTE ALGEBRA

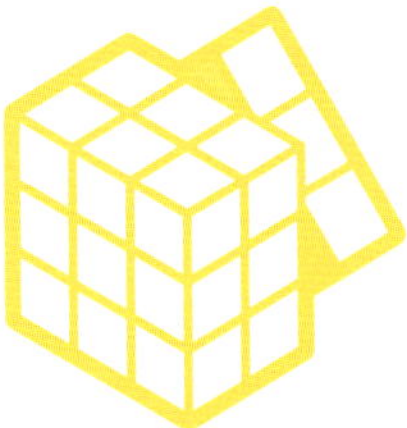

Noether war fasziniert von abstrakter Algebra, dem Studium **algebraischer Strukturen** wie **Gruppen, Ringen, Modulen, Vektorräumen** und **Gittern.** Ihre Arbeit auf diesem Gebiet war **höchst einflussreich.**

DAS NOETHER-THEOREM

Symmetrie	Erhaltungsgröße
Translationsinvarianz	Linearer Impuls
Zeitinvarianz	Energie
Rotationsinvarianz	Drehimpuls
Eichtransformationsinvarianz	elektrische, schwache & Farbladung

1915 riefen Hilbert und Klein Noether, um ein Problem mit **Einsteins allgemeiner Relativitätstheorie** zu lösen. **Es entsprach nicht den etablierten Prinzipien, dass Energie ihre Form verändert, aber nie zerstört wird.**

Noether bewies, dass **Energie erhalten** bleibt – nur in leicht abgeänderter Form. Sie bewies, dass Energieerhaltung aus der Zeitsymmetrie folgt, und verband andere Erhaltungsgrößen mit Symmetrien in der Natur.

FRAKTALE

Fraktale sind Formen von unbeschreiblicher Schönheit. Als Geometrie der Natur selbst werden sie durch strenge mathematische Gesetze erzeugt und haben erstaunliche Eigenschaften.

WAS SIND FRAKTALE?

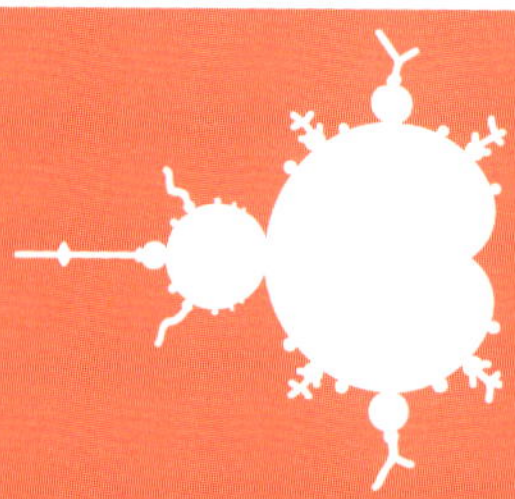

In der Schule lernt man über **euklidische Geometrie und die Konstruktion von Formen mit „glatten" Außenlinien.** Fraktale sind jedoch **„rau".**

Sie haben die Eigenschaft der **„Selbstähnlichkeit",** was bedeutet, dass sie bei **Vergrößerung Wiederholungen des ursprünglichen Fraktals aufzeigen.**

Der Begriff Fraktal wurde **erstmals** 1975 vom belgischen Mathematiker **Benoit Mandelbrot verwendet.** Das Wort kommt vom lateinischen *„fractus"*, das **„gebrochen"** bedeutet.

KOCHSCHE SCHNEEFLOCKE

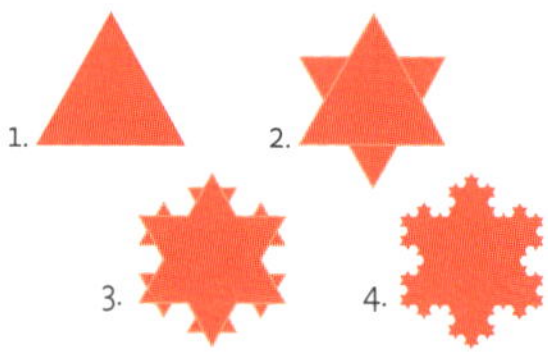

1904 beschrieb der schwedische Mathematiker **Helge von Koch** eines der ersten bekannten Beispiele eines Fraktals.

- Man beginne mit einem **gleichseitigen Dreieck.**
- An die Mitte jeder Seite füge man **ein anderes gleichseitiges Dreieck,** ein Drittel so groß.
- **Man wiederhole** den Vorgang **unendlich oft.**

Die wiederholte Anwendung (**Iteration**) einer Regel ist ein **entscheidendes Charakteristikum der fraktalen Geometrie.**

FRAKTALE DIMENSION

Obwohl die Außenlinie einer **Schneeflocke** eine **eindimensionale Linie** ist, gibt ihr ihre komplexe **Struktur** in gewissem Sinne eine Dimension höher als eins.

Die **Dimension jedes Fraktals** ist definiert als

$$D = -\frac{\ln N}{\ln \varepsilon}$$

Dabei ist N die Anzahl der **selbstähnlichen Teile** und ε die **Vergrößerung.** Bei der Kochschen Schneeflocke führt jede Iteration zu vier selbstähnlichen Teilen bei einer Vergrößerung von 1/3. Deshalb gilt:

$$D = \ln 4 / \ln 3 \approx 1{,}262.$$

NATURWISSENSCHAFTEN

Fraktale werden bei **digitaler Bildgebung, Computerspieldesign, Medizin, Geologie** und **Seismologie** angewandt. Man findet sie auch in der **Natur,** etwa bei Farnblättern, Bäumen, Flussdeltas und Pfauenschwänzen. Fraktale sind zudem eine geometrische Manifestation der **Chaostheorie.**

GASTON MAURICE JULIA

Der französisch-algerische Mathematiker (1893–1978) präsentierte 1918 einen preisgekrönten Aufsatz, der zu einem **frühen Typus** von Fraktalen führte – der **Julia-Menge.**

Der Fortschritt der **Computertechnologie** in den 1970er Jahren erzeugte neues Interesse an Fraktalen, mit Abbildungen in **wunderschönen Farben** und **hypnotisierenden Formen.**

RONALD FISHER

Fisher gilt als einer der größten Wissenschaftler des 20. Jahrhunderts. Er begründete die moderne Statistik und entwickelte revolutionäre Techniken, um sie auf seine zweite Liebe, die Genetik, anzuwenden.

WER WAR RONALD FISHER?

Ronald Aylmer Fisher wurde am 17. Februar 1890 in London als Sohn eines wohlhabenden Auktionators und Kunsthändlers geboren.

Er studierte am **Gonville & Caius College, Cambridge,** wo er Interesse an der **Evolutionstheorie** entwickelte.

1919 begann er, als **Statistiker** zu arbeiten, wobei er **Versuche an Ernten** durchführte und **Daten sammelte.** Er wandte sein Wissen in der Statistik mit durchschlagendem Erfolg auf die **Evolution** an und **leistete so Pionierarbeit in moderner Statistik.**

Fisher **starb** am **29. Juli 1962** in Adelaide, Australien.

WICHTIGE ERKENNTNISSE

1918 publizierte Fisher einen Aufsatz über statistische Werkzeuge, mit denen man **Anomalien** zwischen **Darwins Theorie der natürlichen Selektion** und der **Theorie der genetischen Vererbung ausgleichen kann.**

Fisher führte das Prinzip der **Randomisierung** beim Design von **Experimenten** ein. Das führte zu dem Experiment, bei dem Fisher herausfinden wollte, ob **Lady Muriel Bristol** beim Verkosten von Tee wirklich sagen konnte, **ob die Milch zuerst in die Tasse gegossen wurde** (wie sie behauptete) **oder nicht,** indem er in **zufälliger Reihenfolge** die jeweils anders vorbereitete Tasse servierte.

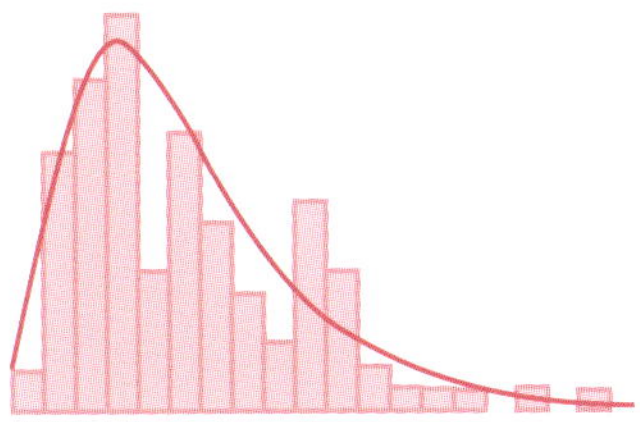

Er entwickelte das Konzept der **Varianzanalyse** (ANOVA), einer Technik, um zu bestimmen, **ob Datenpunkte in einer Zufallsstichprobe alle aus derselben zugrunde liegenden Ansammlung stammen oder aus verschiedenen.**

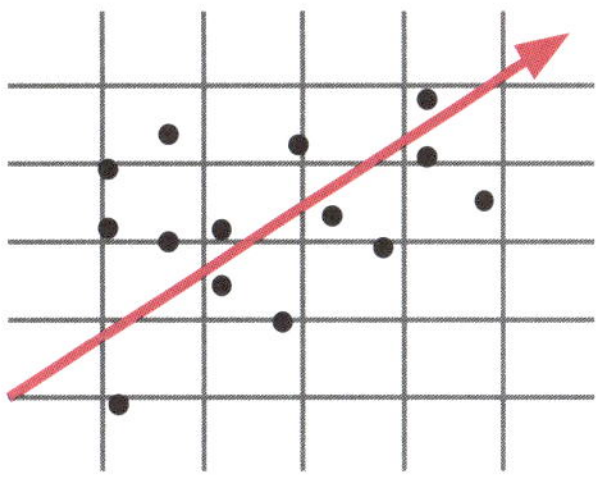

Er leistete Pionierarbeit in der Statistik, er entwickelte etwa die **Maximum-Likelihood-Methode, um Parameter bei statistischen Modellen, Wahrscheinlichkeitsverteilungen** und **Hypothesentests zu schätzen,** um herauszufinden, ob Aussagen, die Daten ergeben, richtig sind (oder nicht).

1925 publizierte er das Buch *Statistical Methods for Research Workers,* das für **Wissenschaftler auf allen Gebieten** über 50 Jahre lang zur unbedingten Lektüre zählte.

DER P-WERT

Der p-Wert ist eine Kennzahl, mithilfe derer man schätzen kann, ob eine Hypothese wahr oder falsch ist. Viele Statistiker glauben jedoch, dass p-Werte missbräuchlich verwendet und falsch interpretiert werden.

WORUM GEHT ES?

Gewöhnlich findet man den p-Wert in Verbindung mit einer **Hypothese** *H*, die eine **Verbindung zwischen den untersuchten Mengen** vorschlägt.

Der **p-Wert** ist die **Wahrscheinlichkeit, dass man gleiche oder extremere Ergebnisse erhält als jene, die man beobachtet, wenn es keine solche Verbindung gibt.** Die Theorie, dass es keine Verbindung zwischen den beobachteten Mengen gibt, nennt man auch **Nullhypothese** oder H_0.

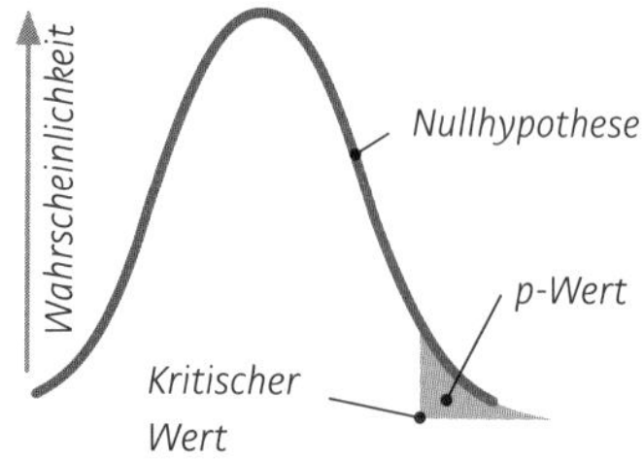

In anderen Worten ist der **p-Wert die Wahrscheinlichkeit, dass es sich um ein Zufallsergebnis handelt.**

STATISTISCHE SIGNIFIKANZ

In der Vergangenheit waren p-Werte die Nagelprobe für die **statistische Interpretation von Versuchsdaten.**

Im Besonderen wurde ein p-Wert von 0,05 oder weniger – die **Wahrscheinlichkeit, derart extreme Ergebnisse durch puren Zufall zu bekommen,** ist kleiner oder gleich 5 % – **zum wesentlichen Kriterium** für die Behauptung, dass der Beweis für *H* **statistisch signifikant** ist.

WAS STIMMT NICHT?

Es gibt hier zwei Probleme.

Erstens ist die **Schwelle von 0,05 für die Signifikanz willkürlich.** Wenn man zwanzig alternative Hypothesen aufstellt, dann wird **im Durchschnitt** eine davon einen p-Wert aufweisen, der auch statistisch signifikant ist.

Zweitens ist der **p-Wert nicht die Wahrscheinlichkeit, dass *H* falsch ist.** Deshalb bedeutet ein **niedriger p-Wert nicht notwendigerweise eine hohe Wahrscheinlichkeit,** dass die **Hypothese wahr** ist.

Tabelle	*H_0* **wahr**	*H_0* **falsch**
Test sagt, H_0 akzeptieren	☺	☹
Test sagt, H_0 ablehnen	☹	☺

REPRODUZIERBARKEIT

Der fehlerhafte Einsatz und die falsche Interpretation von p-Werten spielen vermutlich ebenfalls eine Rolle in der sogenannten **Reproduktionskrise** – der Tatsache dass viele **Versuche, Studien in Psychologie und Sozialwissenschaften zu wiederholen, fehlschlagen.** Das bedeutet, dass die **statistische Analysis,** die man verwendete, um Rückschlüsse aus den ursprünglichen Studien zu ziehen, **mangelhaft** war.

MODERNE MATHEMATISCHE STATISTIK

P-Werte werden weithin als mangelhaftes statistischen Mittel zur Interpretation von Testdaten angesehen. Eine alternative Methode basiert auf dem Satz von Bayes aus der Wahrscheinlichkeitstheorie.

ÜBER P-WERTE HINAUS

Ein Teil des Problems mit p-Werten ist, dass sie die **bedingte Wahrscheinlichkeit** zeigen, dass man die Daten *D* erhält, angenommen die Hypothese *H* ist richtig, d. h. $p(D|H)$. Was aber **Wissenschaftler wirklich wissen wollen, ist** $p(H|D)$ – die Wahrscheinlichkeit, dass die Hypothese richtig ist, wenn die Daten gegeben sind.

$$p(H|D) = \frac{p(D|H)p(H)}{p(D)}$$

Die zwei Wahrscheinlichkeiten finden sich im Satz von Bayes.

Das erlaubt die Berechnung von $p(H|D)$ (**A-posteriori-Wahrscheinlichkeit**) mithilfe von $p(D|H)$ (auch **Wahrscheinlichkeit** oder **Evidenz**) und der vorherigen Annahmen im Bezug auf die Hypothese (**A-priori-Wahrscheinlichkeit**).

BAYESSCHE STATISTIK

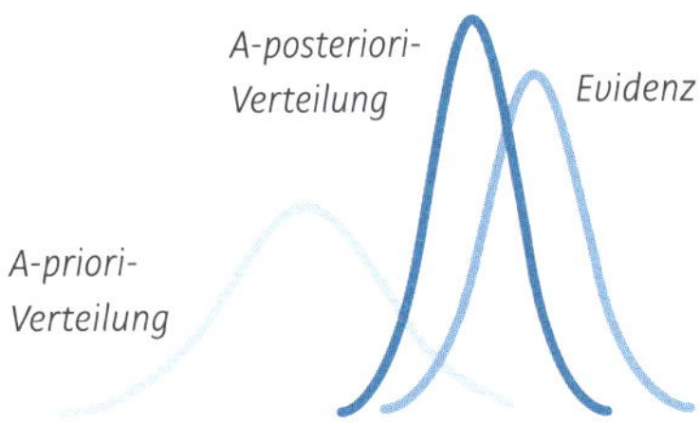

Nehmen wir an, dass sich die Hypothese in einem Modell auf den **Wert eines Parameters** reduziert. Dann repräsentiert **die A-priori-Wahrscheinlichkeit** eine **Wahrscheinlichkeitsverteilung** darüber, was man vorher über diesen Wert des Parameters angenommen hat, wobei der **Scheitelpunkt der Verteilung den wahrscheinlichsten Wert** darstellt. Die **Evidenz ergibt eine andere Verteilung.** Der Satz von Bayes besagt nun, wie man die **A-priori-Vermutungen** und eine **Evidenzverteilung** zu einer neuen **A-posteriori-Wahrscheinlichkeit** über den Wert des Parameters t **zusammenführt.**

KONFIDENZINTERVALLE

Die Schätzmethode von Bayes erlaubt eine flexiblere Interpretation von Daten als das binäre Ja-oder-Nein eines **p-Wert-Signifikanztests.**

Die **A-posteriori-Wahrscheinlichkeitsverteilung** für *H* erlaubt es einem Wissenschaftler, zu fragen, wo der **wahrscheinlichste Bereich der Werte** für *H* liegt. Das nennt man **Konfidenzintervall.**

Zum Beispiel kann man aus der Verteilung errechnen, welcher Bereich von *H* 95 % der Wahrscheinlichkeit umfasst. Das wäre dann ein 95%iges Konfidenzintervall.

Aber Konfidenzintervalle können auch breiter (z. B. 99 %) oder schmaler (z. B. 90 %) sein, abhängig vom vorliegenden Problem.

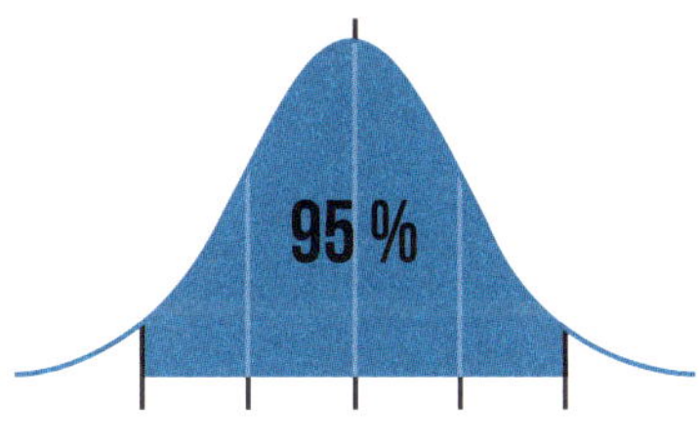

SPIELTHEORIE

Die Spieltheorie ist ein Bereich der Mathematik, der sich mit optimalen Strategien für das Glücksspiel beschäftigt. Anwendung findet sie in Bereichen wie Poker, Politik und Wirtschaft – bis zu bewaffneten Konflikten.

NULLSUMMENSPIELE

Die **einfachsten Spiele** sind **Nullsummenspiele** – aus dem einfachen Grund, dass **ein Spieler das gewinnt, was der andere verliert.**

$$\sum „\text{Gewinne}“ = 0$$

MIN-MAX-THEOREM

1928 schlug der ungarische Mathematiker **John von Neumann** vor, dass der Schlüssel für die Spieltheorie in dem liegen müsse, was er **Min-Max-Theorem** nannte. Dieses besagt, dass die **optimale Strategie eines Spielers jene ist, bei der er das beste Ergebnis in einem Worst-Case-Scenario erhält.**

NASH-GLEICHGEWICHT

Das Min-Max-Theorem führte zum Konzept des **Nash-Gleichgewichts,** benannt nach dem amerikanischen Mathematiker **John Forbes Nash.** Es handelt sich um eine Strategie, die, **wenn sie von allen Mitspielern eingehalten wird,** zu einem **Zustand führt, in dem es für keinen Spieler sinnvoll ist, als Einziger von seiner gewählten Strategie abzuweichen.**

DAS GEFANGENENDILEMMA

Ein klassisches Beispiel für das **Nash-Gleichgewicht** ist das Gefangenendilemma. Zwei Verdächtige werden festgenommen. Man sagt ihnen, dass sie, wenn keiner von ihnen **kooperiert,** beide ein Jahr im Gefängnis verbringen müssen. Wenn jedoch **einer den anderen verriete,** würde derjenige frei kommen und der andere eine Strafe von drei Jahren bekommen. Verrieten sie sich gegenseitig, dann sind es zwei Jahre für jeden.

Die sogenannte **Auszahlungsmatrix** für dieses „Spiel" – mit dem **Ergebnis für jeden bei jedem möglichen Szenario** – sieht wie folgt aus:

B / A	B schweigt	B verrät
A schweigt	-1 / -1	0 / -3
A verrät	-3 / 0	-2 / -2

Das Nash-Gleichgewicht besteht für beide dann, wenn sie sich gegenseitig verraten (die Zelle rechts unten in der Auszahlungsmatrix) – an diesem Punkt kann keiner der beiden sein Schicksal verbessern, indem er allein von seiner Strategie abweicht.

DAS PROBLEM DES HANDLUNGSREISENDEN

Stellen Sie sich einen Handelsreisenden mit einer Liste von Städten, die er besuchen soll, vor. In welcher Reihenfolge muss er sie besuchen, sodass die Gesamtdistanz am kleinsten ist?

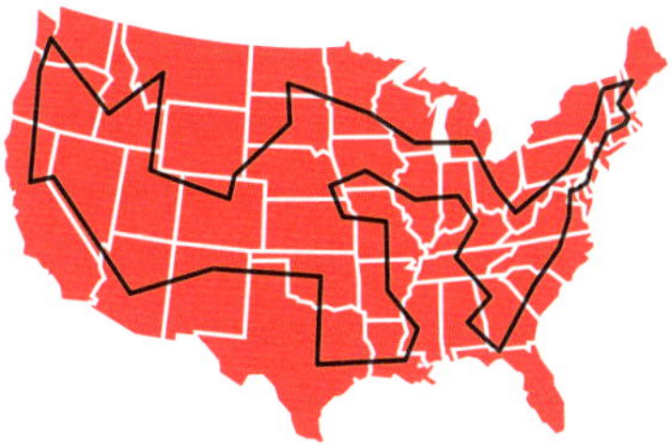

KOMPLEXITÄT

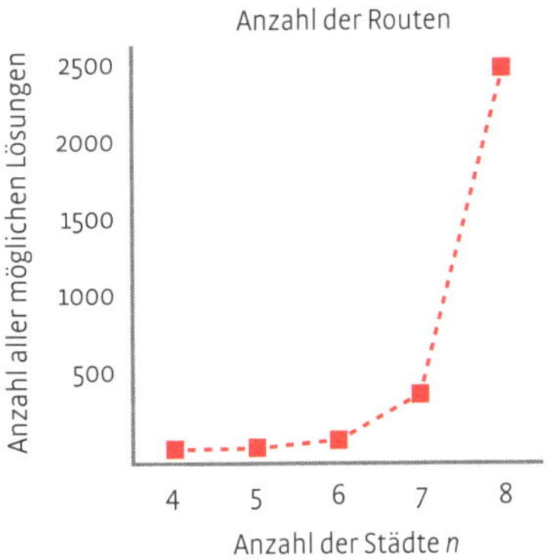

Es ist keine allgemeine Lösung – das heißt eine, die für eine willkürliche Anzahl an Städte gilt – für das Problem des Handlungsreisenden **bekannt.** Stattdessen **muss jeder Fall durch mathematische Analysis und Optimierungstechniken** einzeln gelöst werden. Tatsächlich ist das Problem **NP-schwer,** das heißt, dass die **Zeit, eine Lösung zu finden, disproportional wächst, je größer die Anzahl der Städte ist.**

BRANCH-AND-BOUND

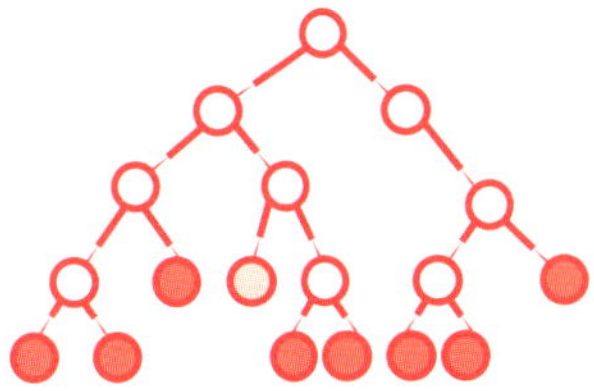

Der effizienteste **Computer-Algorithmus** für die Lösung dieses Problems nennt sich **Branch-and-Bound,** entwickelt 1960 von der britischen Mathematikerin **Ailsa Land** und der Australierin **Alison Doig.**

Der Algorithmus **exploriert** systematisch die **Zweige eines mathematischen Baumes** – in diesem Fall mit den möglichen Lösungen –, **wobei er die Schranken der kürzesten Route schätzt** und sofort **jede Route, die länger ist, verwirft.**

ANWENDUNGEN

So wie in der **Routenplanung** (wie etwa im Fall des **Navis**) wendet man das Problem des Handlungsreisenden auch in der **Produktion, Disposition, Astronomie** und **DNA-Sequenzierung** an.

Das Problem wurde erweitert, um Faktoren wie Fahrzeugabnutzung und Flaschenhälse mit einzuschließen, die die kürzeste Route nicht immer zur schnellsten machen.

1832 Das Problem wird erstmals in einem deutschen Handbuch für Handlungsreisende erwähnt.

1856 William Rowan Hamilton beschreibt ein ähnliches Problem mathematisch – das „Icosian Game", wobei er die Distanz, wenn man entlang der Kanten eines Ikosaeders „reist", minimiert.

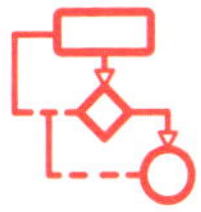

1960 Ailsa Land und Alison Doig erstellen den Branch-and-Bound-Algorithmus.

1972 Der amerikanische Computerexperte Richard Karp beweist, dass das Problem NP-schwer ist.

2004 Die größte Anwendung von Branch-and-Bound löst das Problem des Handlungsreisenden für 24.978 Städte.

DIE RAMSEYTHEORIE

Dieser Bereich der Graphentheorie wurde vom britischen Mathematiker Frank Plumpton Ramsey entworfen, um die Bedingungen herauszufinden, unter denen sich allgemeine Aussagen in der Kombinatorik bewahrheiten.

DAS DINNER-PARTY-PROBLEM

Ein klassisches Beispiel ist das Dinner-Party-Problem. Sie geben eine Party. Um angeregte Gespräche zu befördern, **möchten Sie, dass mindestens drei Gäste einander nicht oder schon kennen.** Was ist die **Mindestanzahl,** die Sie einladen müssen, um zu garantieren, dass einer der beiden Fälle eintritt?

DIE LÖSUNG

Die Lösung ist **sechs.** Um das zu prüfen, zeichnen Sie auf ein Papier sechs Punkte, die die Gäste darstellen. Nun ziehen Sie Linien von einem Gast zu jedem anderen – dunkelgrün, wenn sie sich kennen, hellgrün, wenn nicht.

Mit sechs Gästen (linke Abbildung) **ist es unmöglich, alle zu verbinden, ohne entweder ein dunkelgrünes Dreieck** (drei Leute, die einander kennen) oder ein **hellgrünes Dreieck** (drei Leute, die einander nicht kennen) zu zeichnen.

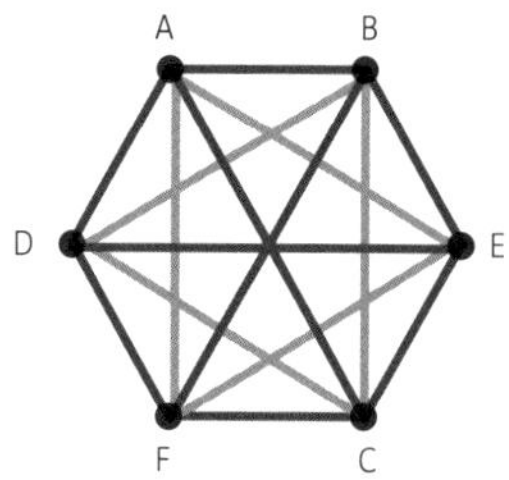

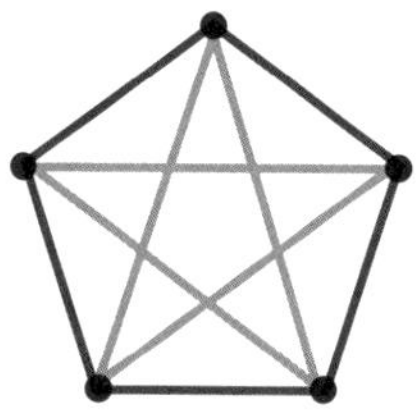

Das ist nicht der Fall, wenn es nur fünf Punkte gibt (rechte Abbildung) – also ist sechs die Mindestanzahl der Gäste.

DIE RAMSEY-ZAHLEN

Ramsey verallgemeinerte das Dinner-Party-Problem und schuf so die sogenannten **Ramsey-Zahlen** – *R(m, n)* – die Anzahl der Gäste, die man einladen muss, sodass entweder *m* von ihnen einander kennen oder *n* von ihnen nicht. Die ersten sind:

m	*n*	*R(m, n)*
3	3	6
3	4	9
3	5	14
3	6	18
3	7	23
3	8	28
3	9	36
4	4	18
4	5	25

FRANK PLUMPTON RAMSEY

22. Februar 1903 Ramsey wird in Cambridge geboren. Sein Vater, Arthur Stanley Ramsey, ist ebenfalls Mathematiker und Präsident des Magdalene College.

1922 Ramsey lernt Deutsch, um Wittgensteins *Tractatus logico-philosophicus* zu übersetzen.

1928 Er publiziert seine Arbeit über die Ramseytheorie und das Dinner-Party-Problem.

Januar 1930 Er stirbt nach einer Operation im Guy's Hospital, London, im Alter von nur 26 Jahren.

JOHN VON NEUMANN

Wenige Mathematiker haben mehr beigetragen als von Neumann. Er war ein genialer Universalgelehrter, der einflussreiche Werke über Mengenlehre, Quantenmechanik und Spieltheorie verfasste.

28. Dezember 1903 Von Neumann wird in Budapest, Österreich-Ungarn, geboren. Als Wunderkind erzählt er Witze auf Altgriechisch und kann leicht ganze Seiten aus dem Telefonbuch rezitieren. Er besucht das Lutheraner-Gymnasium, eine der besten Schulen Budapests.

1923 Noch im Gymnasium veröffentlicht er *Die Einführung der transfiniten Ordinalzahlen*, worin er die noch heute gültige Definition erstellt: Eine neue Ordinalzahl wird durch die Menge der bereits eingeführten definiert.

1925 Von Neumann erwirbt einen Abschluss in Chemieingenieurwesen an der ETH Zürich und ein Jahr später einen Doktortitel in Mathematik an der Universität von Budapest.

1928 Er publiziert den Aufsatz *Zur Theorie der Gesellschaftsspiele*, basierend auf Poker und Bluffen. Das wird zu einem wichtigen Werk in der Spieltheorie.

1930er Jahre Von Neumann lehrt an den Universitäten von Göttingen, Berlin und Hamburg. 1932 veröffentlicht er sein einflussreiches Werk *Mathematische Begründung der Quantenmechanik*.

1933 Hitler kommt an die Macht, und wie viele andere jüdische Akademiker muss von Neumann Deutschland verlassen. Er wird Professor für Mathematik am Institute for Advanced Study in Princeton, New Jersey.

1942–1946 Während des Zweiten Weltkriegs arbeitet von Neumann im Rahmen des Manhattan-Projekts der USA an der ersten Atombombe der Welt.

1956 Er gewinnt den Enrico-Fermi-Preis, der für die Arbeit im Bereich Entwicklung, Nutzung oder Kontrolle der Kernenergie vergeben wird.

8. Februar 1957 Von Neumann stirbt an Krebs in Washington, D.C. Er blieb in Princeton als großer Witzbold in Erinnerung – man sagt, er habe Einstein gern Streiche gespielt.

DER GÖDELSCHE UNVOLLSTÄNDIGKEITSSATZ

Dieser Satz wurde vom österreichisch-ungarischen Mathematiker Kurt Gödel erstellt und besteht eigentlich aus zwei Sätzen, die besagen, dass jedes mathematische System unentscheidbare Aussagen enthält.

DER ERSTE SATZ

Der erste Unvollständigkeitssatz besagt: **Jedes konsistente formale arithmetische System *T* ist unvollständig. Das heißt, dass es Aussagen in Bezug auf *T* gibt, die innerhalb von *T* weder beweisbar noch widerlegbar sind.** Das bedeutet, dass es innerhalb des mathematischen Systems *T* Wahrheiten gibt, die man nur durch die in *T* innewohnenden Regeln weder bestätigen noch widerlegen kann.

DER ZWEITE SATZ

Der zweite Unvollständigkeitssatz von Gödel folgt aus dem ersten. Er besagt, dass **kein formales arithmethisches System seine eigene Widerspruchsfreiheit beweisen kann.** Das heißt, dass die Widerspruchsfreiheit eines arithmetischen Systems *T* nicht innerhalb des Rahmens, den *T* zur Verfügung stellt, bewiesen werden kann.

Beide Sätze wurden 1931 in Gödels bedeutendem Aufsatz *Über formal unentscheidbare Sätze der Principia Mathematica und verwandter Systeme* publiziert.

PARADOXON DES EPIMENIDES

Die Unvollständigkeitssätze werden bis zu einem gewissen Grad durch die **mathematische Version des Paradoxon des Epimenides** oder **Lügner-Paradox** im Satz mit Selbstreferenz veranschaulicht: „Diese Aussage ist falsch." **Entweder die Aussage ist wahr, dann muss sie in diesem Fall falsch sein, oder sie ist falsch, dann muss sie wahr sein.** In anderen Worten, man kann nicht beweisen, ob die Aussage wahr oder falsch ist.

WAS BEDEUTEN SIE?

So wie auf die **Integrität der Mathematik** hat der Gödelsche Unvollständigkeitssatz auch Auswirkungen auf andere Gebiete.

1936 bewies der britische Computerwissenschaftler **Alan Turing,** dass es **unmöglich ist, einen Algorithmus zu konstruieren, der bestimmen kann, ob ein beliebiger Algorithmus irgendwann endet** oder ewig weiterläuft. Das wurde bekannt unter dem Namen **Halteproblem.**

Einige Physiker behaupten, der Gödelsche Unvollständigkeitssatz **schließe** auch **aus,** dass man **eine Theorie für alles** – eine einheitliche theoretische Beschreibung aller Phänomene der physikalischen Welt – formulieren kann.

ALAN TURING

Alan Mathison Turing ist bekannt als „Vater der theoretischen Informatik" – er erlangte Bekanntheit im Zweiten Weltkrieg, als er Maschinen entwickelte, mit denen die deutschen militärischen Codes geknackt werden konnten.

23. Juni 1912 Geburt in London

1934 Abschluss an der Universität von Cambridge, King's College, als Jahrgangsbester in Mathematik. Er erwirbt den Doktortitel in Princeton, USA.

1938 Er beginnt, am deutschen Verschlüsselungssystem der Enigma an der Government Code and Cypher School (GC&CS) zu arbeiten.

4. September 1939 Er beginnt mit der Arbeit in Bletchley Park, Buckinghamshire, dem Kriegshauptquartier der GC&CS. Er verfeinert die „Bombe", eine elektromechanischen Maschine, um den Enigma-Code zu entschlüsseln.

1941 Turing und sein Team in Bletchley Park schaffen es, mit Enigma verschlüsselte Botschaften zu dechiffrieren. So werden Kriegs- und Versorgungsschiffe der Alliierten vor U-Boot-Angriffen gewarnt.

1944 Turing entwickelt für den Computer Colossus eine Technik („Turingery"), um das Rotationssystem der komplexeren Lorenz-Schlüsselmaschine zu dechiffrieren; dies ermöglicht es der GC&CS, Botschaften der deutschen Obersten Heeresleitung zu überwachen.

1945 Turing entwickelt ein Sprachverschlüsselungssystem das er „Delilah" nennt. In diesem Jahr wird ihm in Anerkennung seiner Dienste der Order of the British Empire verliehen.

1946 Nach dem Krieg experimentierte er mit Computerdesign und präsentiert ein Modell seiner „Automatic Computing Engine" – einen vollelektronischen, programmierbaren Computer.

1952 Turing wird wegen „grober Unzucht" mit einem Mann (Homosexualität war damals strafbar) verurteilt. Er stimmt einer Hormonbehandlung zur Reduktion der Libido zu.

8. Juni 1954 Turing wird tot in seinem Haus in Wilmslow, Cheshire, gefunden. Gerüchten zufolge soll er mit Zyanid Selbstmord begangen haben. 2013 wird er durch die Krone rehabilitiert.

DAS BENFORD-GESETZ

Man möchte annehmen, dass in einem empirischen Datensatz die Anfangsziffern gleichmäßig verteilt seien. Tatsächlich aber sind niedrigere Zahlen deutlich öfter vertreten als höhere.

WORUM GEHT ES?

Das Phänomen wurde erstmals vom amerikanischen Astronomen **Simon Newcombe** in den 1880er Jahren entdeckt. 1938 wurde es vom Physiker und Ingenieur **Frank Benford** wiederentdeckt und veröffentlicht.

Er erkannte, dass die **Anfangsziffern von Zahlen in einem Datensatz folgendermaßen verteilt sind:**

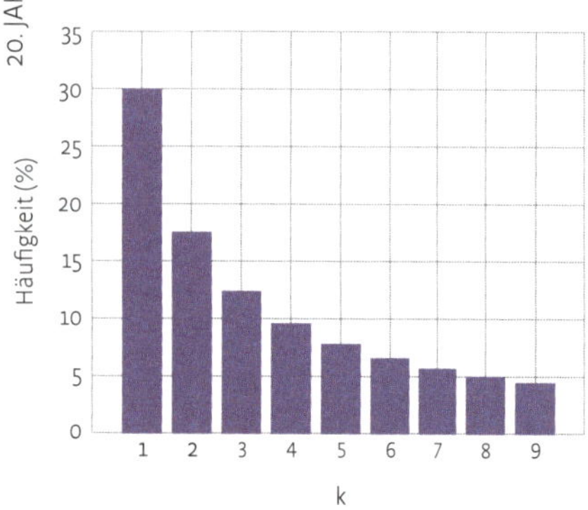

Es ist also zu 30 % wahrscheinlich, dass der Anfangswert 1 ist, aber weniger als 5 % wahrscheinlich, dass er 9 ist.

Benford testete das Gesetz an vielen Datensätzen, darunter auch **Konstanten der Natur, Bevölkerungsstatistiken, Lebenserwartungen** und der **Länge von Flüssen.**

DIE FORMEL

Benfords Gesetz kann man **als Formel schreiben.** Die Anfangsziffer d für Zahlen zur Basis b hat eine Wahrscheinlichkeit von

$$P(d) = \log_b \left(1 + \frac{1}{d}\right)$$

Das Gesetz ist **besonders auffallend bei großen Datensätzen mit Zahlen, die sich über mehrere Größenordnungen ziehen.** Im Moment **muss eine vollständige Erklärung noch gefunden werden.**

DATENFÄLSCHUNG

Das Gesetz beweist einen **Unterschied zwischen echten** und **erfundenen oder zufällig erstellten Datensätzen,** weshalb es Anwendung beim **Entlarven von Betrug findet.** So folgt etwa die Verteilung von Zahlen in einer gefälschten Bilanz nicht dem Muster des Benford-Gesetzes.

VERWANDTE EFFEKTE

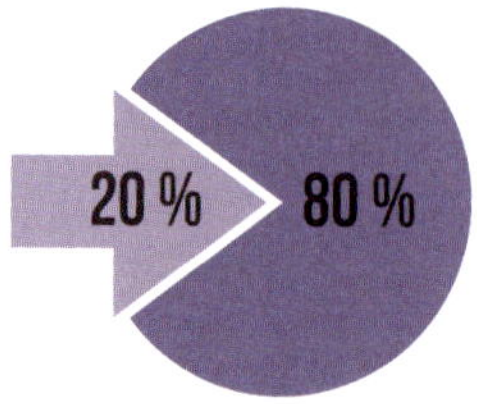

Das **Paretoprinzip,** auch bekannt als **80-zu-20-Regel,** besagt, dass **typischerweise 80 % des finanziellen Wohlstandes 20 % der Bevölkerung zugeordnet** werden können.

Das **Zipfsche Gesetz** besagt, dass die **Häufigkeit eines Wortes in einem Text umgekehrt proportional zu seinem Rang ist.** Das *n*-t häufigste Wort wird also mit einer Wahrscheinlichkeit von 1/*n* auftauchen.

Das **Gesetz von Price** besagt, dass die **Hälfte der Publikationen in einem Fach von Autoren verfasst werden, deren Anzahl der Quadratwurzel aller Autoren auf dem Gebiet entsprechen.** Bei hundert Autoren verfassen also zehn von ihnen die Hälfte der Literatur.

OPTIMIERUNG

Wenn Menschen in der realen Welt mathematische Logik anwenden, sind sie meist auf der Suche nach dem besten Deal – durch Kostenminimierung und Profitmaximierung. Willkommen in der Welt der Optimierung.

WORUM GEHT ES?

Optimierung ist eine Technik, die sich mit der **Wahl der Parameter für eine mathematische Funktion** befasst, **die ihren Wert entweder minimieren oder maximieren.**

Will man zum Beispiel die Funktion

$$f(x) = x^2 - 4x + 5$$

minimieren, ist das **Einzeichnen einiger Werte in ein Koordinatensystem** ein guter Weg, um sich die Funktion vorzustellen (siehe rechts).

Jetzt kann man ganz klar erkennen, dass der minimale Grenzwert der Funktion 1 ist und dass das eintritt, wenn $x = 2$ ist.

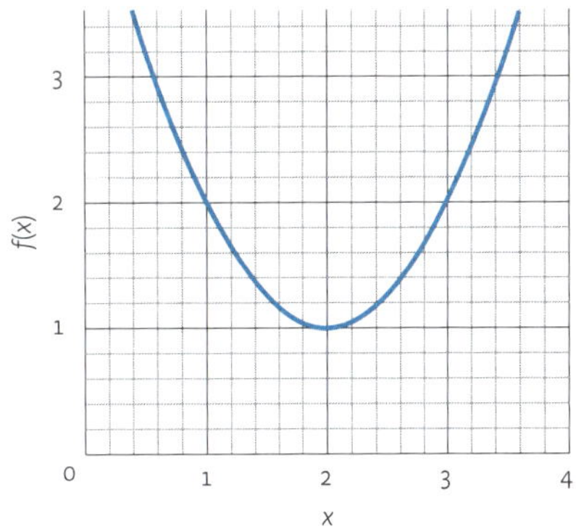

DIE REALE WELT

Reale Optimierungsprobleme sind selten so simpel. Stellen Sie sich vor, dass *f* von 20 verschiedenen Variablen abhängt, statt nur von einer, und dass für jede Variable nur eine bestimmte Bandbreite an Werten erlaubt ist.

Bedingte Optimierungsprobleme wie dieses **zu lösen,** verlangt üblicherweise nach **numerischer Analysis mit speziellen Optimierungsalgorithmen.** Deshalb sagt man manchmal, dass das Feld der Optimierung sowohl die **Mathematik** als auch die **Informatik** betrifft.

DAS DIÄT-PROBLEM

Eine der ersten Optimierungen in der realen Welt war das Diät-Problem, das die **US-Armee** in den 1930er Jahren erstellte, um die **billigste Kombination von 77 der für Soldaten erhältlichen Lebensmitteln zu erhalten, sodass sie die neun wichtigsten Nährstoffe bekommen.**

Das lief auf eine bedingte Optimierung mit 77 Variablen hinaus. 1939 gelang dem Ökonomen **George Stigler** eine **Näherungslösung,** die auf 39,93 Dollar pro Soldat pro Jahr kam.

1947 wurde das Problem durch den **Simplex-Algorithmus** endgültig gelöst – wobei die genaue Lösung erstaunlicherweise nur 0,24 Dollar unter der Schätzung Stiglers lag.

ANWENDUNGEN

Optimierung wird sowohl bei der **Unternehmensplanung** zur **Maximierung der Kosteneffizienz** eingesetzt als auch zur **Fehlerminimierung in der numerischen Analysis** und der **Statistik** sowie beim **maschinellen Lernen** – um nur einige Beispiele zu nennen.

KURT GÖDEL

Der Logiker Kurt Gödel ist berühmt für seinen Unvollständigkeitssatz (es gibt unbeweisbare mathematische Wahrheiten) und wandte die Philosophie auf die Mathematik an – mit revolutionären Ergebnissen.

FRÜHE JAHRE

Gödel wurde am **28. April 1906 in Brünn, Österreich-Ungarn,** geboren. Als Kind litt er an **rheumatischem Fieber.** Er glaubte sein Leben lang, dass dies seiner Gesundheit geschadet habe.

Gödel studierte an der **Wiener Universität,** wo er 1929 einen **Doktortitel in Mathematik** erhielt. Er war **fasziniert von mathematischer Logik** und war Mitglied des **Wiener Kreises,** eines einflussreichen Netzwerks von **Wissenschaftlern, Philosophen** und **Mathematikern.**

UNVOLLSTÄNDIGKEITSSATZ

1931 publizierte Gödel eine der wichtigsten Erkenntnisse der Wissenschaft – den Unvollständigkeitssatz: **Alle logischen Systeme** beinhalten **unbeweisbare Widersprüche oder Lehren.**

PHILOSOPHIE DER MATHEMATIK

Ab den frühen 1940er Jahren verbrachte Gödel die meiste Zeit mit der Betrachtung philosophischer Belange rund um die Mathematik. Er studierte die Werke von Philosophen wie Leibniz und Kant, veröffentlichte zahlreiche Forschungspapiere und schrieb ein Buch – *Ist Mathematik die Syntax der Sprache?* –, das allerdings nie veröffentlicht wurde.

FLUCHT VOR DEN NAZIS

Nachdem Hitler Österreich 1938 **annektiert hatte, floh Gödel nach Princeton,** wo er einen Posten am **Institute for Advanced Study** annahm. Er **freundete sich mit Einstein** an und kreierte eine **mathematische Lösung für die allgemeine Relativität** – das **rotierende Gödel-Universum** –, die die Möglichkeit von **Zeitreisen** eröffnete.

PSYCHISCHE PROBLEME

Im späteren Leben nahm Gödels **phychische Gesundheit immer mehr ab,** und man nimmt an, dass er 1978 an **Unterernährung** gestorben ist.

KÜNSTLICHE NEURONALE NETZE

Künstliche neuronale Netze sind Algorithmen zum maschinellen Lernen, die die Verbindungen zwischen den Neuronen im Gehirn imitieren. Sie werden dazu verwendet, versteckte Muster in Daten aufzudecken.

- **1943** Die Amerikaner McCulloch und Pitts erstellen das erste mathematische Modell eines neuronalen Netzes.
- **1969** Der US-Kognitionswissenschaftler Marvin Minsky und Kollegen finden heraus, dass die damalige Rechenleistung die Netze stark einschränkt.
- **1975** Der amerikanische Forscher Paul Werbos entwickelt die **Fehlerrückführung,** um neurale Netze wirksam zu trainieren.
- **2012** Tiefe neurale Netze mit vielen versteckten Schichten beginnen, andere Techniken des maschinellen Lernens zu übertreffen.

WIE FUNKTIONIEREN SIE?

Neuronale Netze bestehen aus **multiplen Schichten simulierter Neuronen,** deren individuellen Zustand man **im Computer speichert.**

Die erste Schicht wird direkt mit den **Input-Daten** gefüttert. Übersteigt die Summe der Eingaben für jedes Neuron eine Schwelle (bestimmt durch **Training**), dann ist der Output jedes Neurons 1, andernfalls ist er 0.

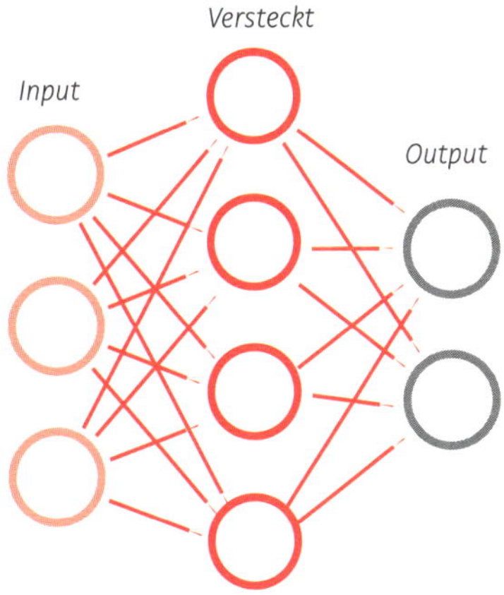

In der einfachsten Form **gibt jede Schicht den Output an die nächste weiter.** Abhängig von der Struktur des jeweiligen Netzes kann es mehr als eine **versteckte Schicht** geben.

Schlussendlich kommen **alle Stränge des Netzes für den Output zusammen.**

ANWENDUNGEN

Es gibt unzählige Anwendungen von künstlichen neuronalen Netzen:

Diagnose: Erkennen von Anomalien durch **Scannen von Röntgenbildern.**

Fahrerlose Autos: Neuronale Netze analysieren live Videos, um das **Auto zu fahren** und **Gefahren zu prüfen.**

Finanz: Anwendungen beinhalten **Vorhersagen von Marktpreisen** und **automatischen Betrugsnachweis.**

TRAINING

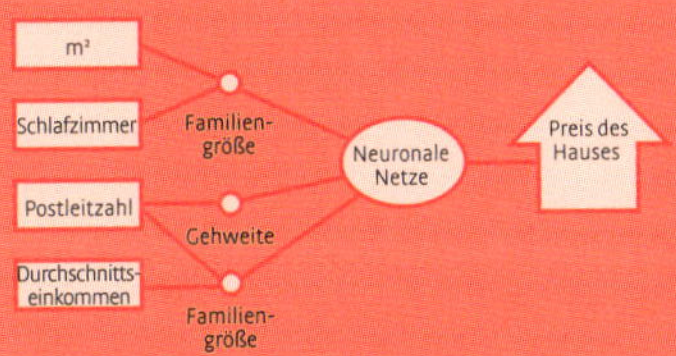

Ein Beispiel ist, **den Wert eines Hauses aufgrund von Daten** über verschiedene Merkmale wie **Lage, Anzahl der Schlafzimmer** und **Anzahl der Quadratmeter** zu ermitteln.

Das neuronale Netz wird zuerst mit Daten von Häusern mit diesen Variablen mit bekanntem Wert trainiert. Danach kann das Netz **Vorhersagen für Häuser treffen, deren Wert nicht bekannt ist.**

INFORMATIONSTHEORIE

Die mathematische Theorie darüber, wie Informationen gespeichert, übermittelt und manipuliert werden können, wurde in den 1940er Jahren vom amerikanischen Mathematiker und Elektroingenieur Claude Shannon entwickelt.

WORUM GEHT ES?

Shannon nahm **binäre Werte (Bits)** als **grundlegende Einheit für Informationen.**

Er untersuchte die Übertragung von Bits bei Vorhandensein von **Hintergrundrauschen** und fand ein grundlegendes Maß, die sogenannte **Informationsentropie eines Bits** $H = -\sum p \log p$, wobei p die Wahrscheinlichkeit ist, dass das Bit den Wert 1 annimmt.

Allgemein ist H das Maß der Unsicherheit im Hinblick auf den Wert des Bits.

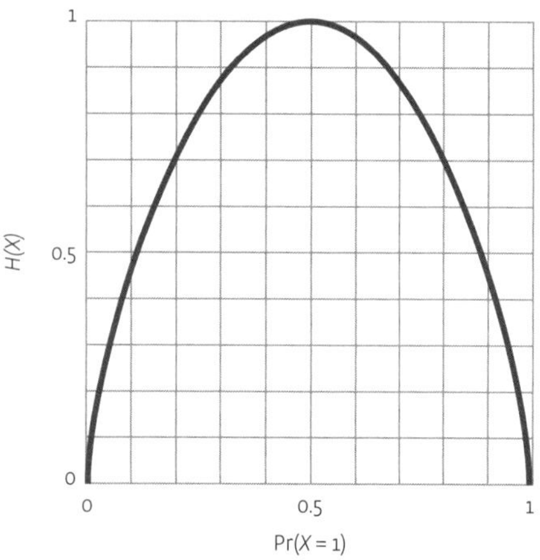

Es **verhält sich in ähnlicher Weise wie die Entropie in der Thermodynamik,** daher der Name.

ANWENDUNGEN

Zu den Anwendungen von Informationstheorie gehören **Algorithmen zur Datenkomprimierung,** die es ermöglichen, tausende **Lieder auf dem Handy zu speichern,** und **Fehlerkorrektur** – die Supermärkten hilft, **Barcodes** sogar auf zerknautschten Chipspackungen **zu scannen.**

DAS KELLY-KRITERIUM

1956 errechnete der Forscher **John Kelly** in den Bell Labs mittels Informationstheorie den **optimalen Einsatz, den ein Spieler bei einer Wette riskieren sollte.** Riskiert man nichts, gewinnt man nichts; riskiert man alles, wird man ruiniert.

Kelly fand den optimalen Einsatz:

$$f = \frac{p(b+1)-1}{b}$$

Dabei ist p die **Wahrscheinlichkeit** eines **Wettgewinns,** während die **Quoten der Buchmacher** b zu 1 sind.

Zum Beispiel sollte ein Spieler, mit 1.000 €, der bei einer 4-zu-1-Quote eine 30-%-Chance hat ($p = 0{,}3$), um zu gewinnen, 125 € einsetzen.

CLAUDE SHANNON

30. April 1916 Claude Elwood Shannon wird in Petoskey, Michigan, geboren.

1936 Er macht einen Abschluss in Elektrotechnik und Mathematik an der Universität von Michigan.

1940 Er erhält den Doktortitel in Analoger Informatik am MIT.

1948 Er veröffentlicht seinen bedeutenden Aufsatz über Informationstheorie *Mathematische Grundlagen der Informationstheorie.*

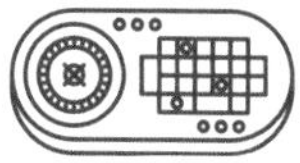

1961 Shannon und der Spielemathematikguru Edward Thorp bauen den ersten tragbaren Computer der Welt – um beim Roulette zu gewinnen.

24. Februar 2001 Shannon stirbt nach langem Kampf gegen Alzheimer in Medford, Massachusetts.

DAS ARROW-THEOREM

Der amerikanische Mathematiker Kenneth Arrow bewies 1951, dass kein Wahlsystem, das die Kandidaten in der Reihenfolge der Wählerpräferenz auflistet, jemals die Ansichten der Wähler in fairer Weise repräsentieren kann.

WORUM GEHT ES?

Das Theorem fällt in den Bereich der **Sozialwahltheorie,** eines Teilgebiets der **angewandten Mathematik,** das mit dem Sammeln von Meinungen arbeitet, um **Entscheidungen hervorzubringen,** die für das **Gemeinwohl** besser sind.

FAIRNESS-KRITERIEN

Arrow definierte drei **Fairness-Kriterien,** gegen die man ein **Wahlsystem** abgleichen kann.

1. Wenn alle Wähler die Option *X* der Option *Y* vorziehen, dann sollte die Gruppe auch *X* vor *Y* reihen.
2. Wenn die Präferenz aller Wähler zwischen *X* und *Y* unverändert bleibt, sollte die Präferenz der Gruppe zwischen *X* und *Y* ebenfalls unverändert bleiben.
3. **Kein einziger Wähler sollte jemals die Macht haben, die allgemeine Präferenz einer Gruppe zu überstimmen.**

BEWEIS

Arrow konnte beweisen, dass ein Wahlsystem, bei dem die Wähler ihre **Präferenz für drei oder mehr Kandidaten ausdrücken, diese Kriterien nicht erfüllen kann.**

		Kandidaten		
		X	Y	Z
Wähler	A	3	2	1
	B	1	3	2
	C	2	1	3

In der Tabelle sieht man, dass die Wähler *A*, *B* und *C* ihre Präferenzen für die Optionen *X*, *Y* und *Z* ausdrücken, wobei 3 die beliebteste und 1 die am wenigsten beliebte Option darstellt.

Wähler *B* und *C* listen *Z* höher als *X*. Trotzdem reiht die Mehrheit (zwei von drei Wählern) *X* vor *Y* und *Y* vor *Z* – und deshalb auch *X* vor *Z*.

KENNETH ARROW

3. August 1921 Arrow wird in New York City geboren.

1940 Er macht seinen Abschluss in Mathematik am City College von New York.

1951 Das Arrow-Theorem entwickelt sich aus den Ergebnissen von Arrows Doktorarbeit an der Columbia University.

1972 Arrow teilt sich den Nobelpreis für Ökonomie.

21. Februar 2017 Arrow stirbt in Palo Alto, Kalifornien.

JOAN CLARKE

Joan Clarke, eine unbekannte Heldin des Zweiten Weltkriegs, war eine der wenigen weiblichen Kryptoanalytikerinnen in Bletchley Park, wo die deutschen Militär-Codes geknackt wurden.

24. Juni 1917 Clarke wird in London geboren. An der Dulwich High School bekommt sie ein Stipendium für das Newnham College.

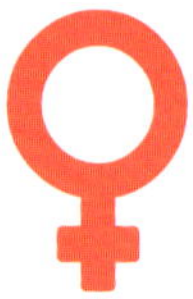

1939 Sie ist zweimal Jahrgangsbeste in Mathematik, allerdings wird ihr nach den damaligen Regeln der Universität Cambridge ein voller Titel aufgrund ihres Geschlechts verweigert.

Juni 1940 Gordon Welchman, ihr Supervisor in Cambridge, rekrutiert sie für Bletchley Park. Zuerst erledigt sie Sekretariatsarbeit, da man Frauen als ungeeignet für den Beruf Kryptoanalytiker ansah.

Ihr Talent fällt auf, und sie beginnt, in der Baracke 8 zu arbeiten, wo Alan Turing und sein Team versuchen, die Codes der deutschen U-Boote zu knacken, die den alliierten Schiffen, die Truppen und Versorgung über den Atlantik transportierten, große Verluste zufügen.

1941–1944 Clarke muss unter Hochdruck in Echtzeit Codes entschlüsseln, was oft sofortige Militäraktionen nach sich zieht.

1944 Clarke wird stellvertretende Leiterin von Baracke 8, trotzdem bekommt sie aufgrund ihres Geschlechts weniger gezahlt als ihre männlichen Kollegen.

Nach dem Krieg wird Clarke mit dem Order of the British Empire ausgezeichnet und arbeitet im Government Communications Headquarters (GCHQ). Sie meidet das Scheinwerferlicht und spricht nur widerwillig über ihre damalige Arbeit, als Bletchley Park in den 1990er Jahren berühmt wird.

1996 Clarke stirbt in Headington, Oxford. Vermutlich haben die Kryptoanalytiker aus Bletchley Park den Krieg um zwei Jahre verkürzt und Millionen Leben gerettet. Sie war eine von diesen Helden.

WUSSTEN SIE DAS?

Clarke und Turing kamen sich während der Zeit in Bletchley Park näher und waren **kurzzeitig verlobt.** Sie blieben **bis zu Turings Tod** 1954 **befreundet.**

DIE EXTREMWERTTHEORIE

Die Extremwerttheorie ist ein Bereich der Statistik, der sich mit der Wahrscheinlichkeit von extremen Ereignissen beschäftigt. Man wendet sie bei der Vorhersage von Fluten, Börsencrashs und sportlichen Höchstleistungen an.

WORUM GEHT ES?

Die Extremwerttheorie wurde im frühen 20. Jahrhundert durch die Arbeit des englischen Statistikers **Leonard Tippett begründet.** Mit dem Auftrag, die **Stärke von Baumwollfasern** zu prüfen, errechnete Tippett **Wahrscheinlichkeitsverteilungen** für die Stärke der **schwächsten Baumwollfasern.**

Und genau darum geht es in der Extremwerttheorie: **die Verteilung von minimalen und maximalen Werten von Stichproben** über einen **bestimmten Zeitraum vorherzusagen.**

EXTREMWERTVERTEILUNGEN

Tippetts Forschungen wurden 1958 vom deutschen Mathematiker **Emil Gumbel** auf eine **solide Basis gestellt.**

Die **Gumbel-Verteilung** ist eine **stetige Wahrscheinlichkeitsverteilung** für eine Zufallsvariable x, gegeben durch die Formel:

$$f(x) = \frac{1}{\beta}\, e^{-(z+e^{-z})},\ z = \frac{x-\mu}{\beta}$$

Dabei sind μ und β die **Parameter, die die Form der Verteilung bestimmen.** Einige Beispiele finden sich in der Abbildung rechts.

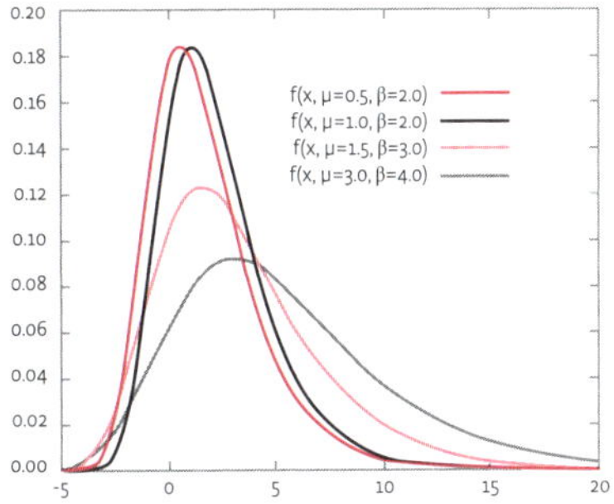

Gumbel bewies, dass eine Variable, die einer **abfallenden Exponentialverteilung** gehorcht, Maximalwerte aufweist, die der **Gumbel-Verteilung** entsprechen. Sie ist damit eine der vielen verschiedenen Extremwertverteilungen.

ANWENDUNGEN

Wasser: Der **Höchststand von Flüssen** und die **Größe von Riesenwellen** gehorchen der Extremwertverteilung. Sie dient zur **Vorhersage von Überflutungsrisiken.**

$$$

Finanz: Extreme **Hochs und Tiefs des Börsenmarktes** oder **große Versicherungsverluste** gehorchen ebenfalls der Extremwertverteilung.

Verkehrsplanung: Vorhersagen von **extremem Verkehrsaufkommen** helfen, **Stau in Stadtzentren zu vermeiden.**

Sport: Laut Extremwerttheorie beträgt die **schnellstmögliche Zeit** beim 100-Meter-Sprint 9,51 Sekunden.

EMIL GUMBEL

- **18. Juli 1891** Emil Julius Gumbel wird in München, Deutschland, geboren.
- **1932** Gumbel ist Jude und muss zu Beginn der Nazizeit aus Deutschland fliehen.
- **1958** Er veröffentlicht sein Werk über die Extremwerttheorie im Buch *Statistics of Extremes*.
- **10. September 1966** Er sirbt in New York City.

OLGA LADYSCHENSKAJA

Sie lebte die meiste Zeit unter dem Sowjetregime, und es gelang Ladyschenskaja, persönliche Tragödien und politische Hürden zu überwinden und wichtige Beiträge zu Fluiddynamik und Differentialgleichungen zu leisten.

EINE HELDIN UNSERER ZEIT

Olga Alexandrowna Ladyschenskaja wurde am **7. März 1922** in **Kologriw,** einer Kleinstadt in Russland, **geboren.**

Ihr Vater, **Alexander Ladyschenski,** ein Lehrer, **gab seine Liebe für Mathematik an seine Tochter weiter.** 1937 wurde er als „Volksfeind" **verhaftet** und **hingerichtet.** Die Familie **verarmte.**

Wegen der Verhaftung ihres Vaters wurde Ladyschenskaja nicht an der Staatlichen Universität in Leningrad zugelassen; sie ging jedoch 1943 an die **Staatliche Universität Moskau** und **erwarb später zwei Doktortitel.**

Ladyschenskaja **lehrte an der Staatlichen Universität Leningrad** und am **Steklow-Institut, wo sie leitende Wissenschaftlerin für mathematische Physik war.**

Ladyschenskaja war immer ein unabhängiger Geist und **scheute sich nicht, den totalitären Staat zu kritisieren,** was sie in eine heikle Situation brachte.

Sie machte weitreichende Forschungen über die **Navier-Stokes-Gleichungen, partielle Differentialgleichungen,** die im 19. Jahrhundert entwickelt wurden, um **Fluiddynamiken** zu erklären. Ihre Entdeckungen auf diesem Gebiet führten zu **wichtigen praktischen Anwendungen** in der **Ozeanographie, Aerodynamik** und **Meteorologie,** wie etwa die **Messung der Bewegung von Gewitterwolken.**

Im Laufe ihrer langen Karriere **schrieb sie über 200 wissenschaftliche Aufsätze und sechs Monographien.**

1958 wurde Ladyschenskaja auf die **Shortlist der Fields-Medaille,** einer der höchsten Auszeichnungen, die ein Mathematiker erhalten kann, gesetzt.

2002 **gewann sie die Lomonossow-Goldmedaille für außergewöhnliche Leistungen in der Mathematik.**

Sie **starb** am **12. Januar 2004** in St. Petersburg, Russland.

DAS KLEINE-WELT-PHÄNOMEN

Das Kleine-Welt-Phänomen gehört zur Graphentheorie und besagt, dass große Gruppen durch eine relativ kleine Anzahl an Verbindungen untereinander verbunden sind. Das Kevin-Bacon-Spiel ist ein bekanntes Beispiel dafür.

WORUM GEHT ES?

Stellen Sie sich vor, Sie zeichnen einen Punkt für **jeden Menschen auf der Erde** auf ein Blatt Papier (es gibt über 7,5 Milliarden, Sie brauchen also ein großes Blatt). Nun **ziehen Sie Linien zwischen den Punkten, die Menschen entsprechen, die einander kennen.**

So würde also Ihr Punkt mit all jenen Menschen verbunden werden, die Sie kennen. Freunde von Freunden wären durch zwei Schritte voneinander getrennt; Freunde von Freunden von Freunden durch drei Schritte etc.

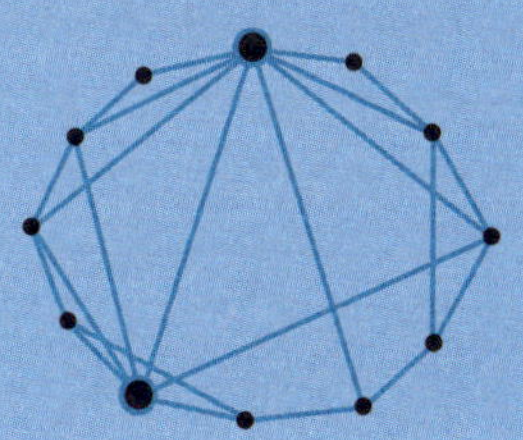

SIX DEGREES OF SEPARATION

Kleine-Welt-Phänomene sind Untermengen von Punkten, die man durch eine kleine Anzahl von Schritten von jedem beliebigen Punkt aus erreicht.

Zum Beispiel besagt die **Theorie der Six Degrees of Separation,** dass **man jeden Menschen auf der Erde über nicht mehr als sechs Schritte kennt.**

Meist skaliert die Zahl der Schritte L, um zwei zufällige Punkte (**Knoten**) zu verbinden, mit dem **Logarithmus** der Gesamtzahl der Knoten N, das heißt:

$$L = k \log N$$

Dabei ist k eine Konstante. Vergrößert man also das Netzwerk von 10 auf 100, dann benötigt man doppelt so viele Schritte, um alle zu verbinden.

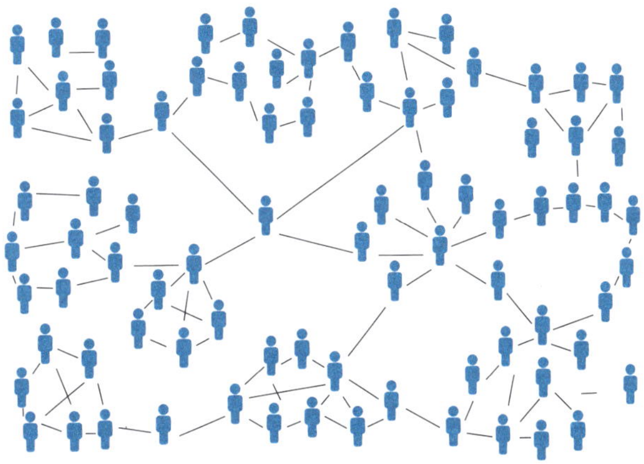

DAS KEVIN-BACON-SPIEL

Diese Theorie hat man auch auf **Filme** angewandt, was zum sogenannten Kevin-Bacon-Spiel führte.

Wie viele Schritte braucht man, um jemanden mit dem Schauspieler Kevin Bacon aufgrund der **gemeinsamen Filme** zu verbinden? Harrison Ford hat die Bacon-Zahl 2 – er spielte in *42 – Die wahre Geschichte einer Sportlegende* mit Brett Cullen, der in *Apollo 13* mit Kevin Bacon auftrat.

Ähnlich sind **Erdös-Zahlen, die Wissenschaftler als Co-Autoren von Forschungspapieren mit** dem ungarischen Mathematiker **Paul Erdös** verbinden.

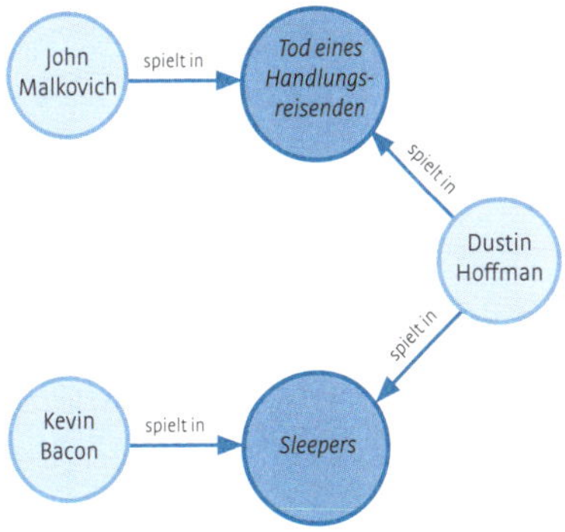

ZELLULÄRE AUTOMATEN

Zelluläre Automaten sind virtuelle Gebilde, die demonstrieren, wie komplexes Verhalten aus einem relativ einfachen Regelwerk entstehen kann. Auf ihnen basiert das Computerspiel Spiel des Lebens.

SPIEL DES LEBENS

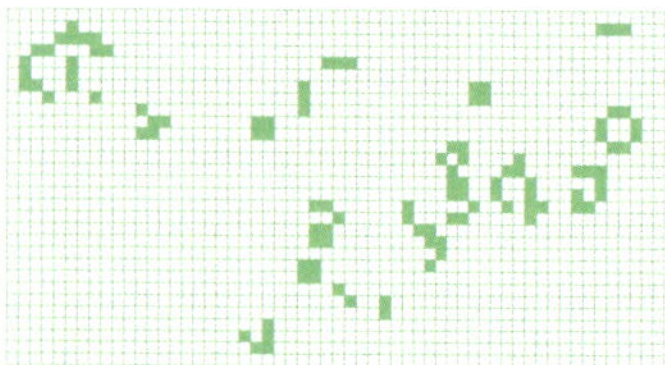

Das berühmteste Beispiel für zelluläre Automaten ist das *Spiel des Lebens*, das der britische Mathematiker John Conway in den frühen 1970er Jahren entwickelte und das der Wissenschaftsjournalist **Martin Gardner** bekannt machte.

Conways Modell entspricht einem **Raster von Quadraten auf Millimeterpapier,** wobei **einige Zellen weiß bleiben und andere schraffiert sind. Ein Satz von Regeln schrieb vor, wie sich jedes beliebige Zellenmuster von einem Zeitschritt zum nächsten zu ergeben hatte.**

DIE REGELN

Zum Beispiel **stirbt** ein dunkles Quadrat, wenn es weniger als zwei dunkle Nachbarn hat, und wird weiß, und ein weißes Quadrat mit mehr als drei dunklen Nachbarn wird **geboren** und damit beim nächsten Schritt dunkel.

Lässt man das Spiel einfach laufen, **tauchen unglaublich komplexe Verhalten auf,** darunter **statische und oszillierende Muster, wandernde Formen** und **endlose Zyklen von Geburt und Tod.**

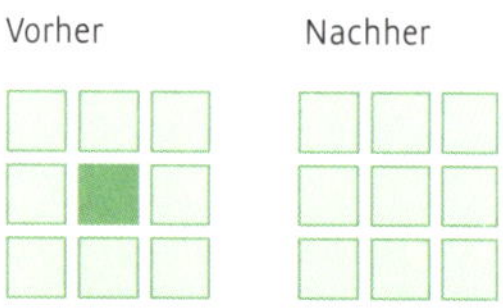

Einsamkeit
Eine Zelle mit weniger als zwei Nachbarn stirbt.

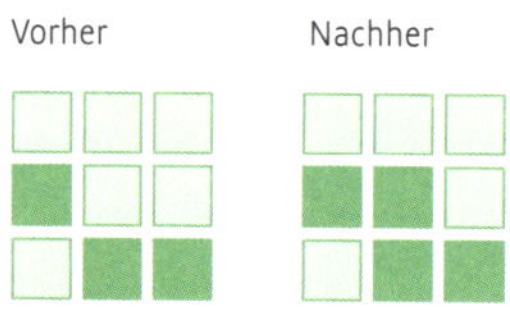

Geburt
Eine leere Zelle mit genau drei Nachbarn wird neu geboren.

Überbevölkerung
Eine Zelle mit mehr als drei Nachbarn stirbt.

Stillstand
Eine Zelle mit zwei oder drei Nachbarn bleibt am Leben.

EINE NEUE WISSENSCHAFT

2002 veröffentlichte der britische Mathematiker und Informatiker **Stephen Wolfram** sein Buch *A New Kind of Science*, in dem er seine Theorie darlegte, dass zelluläre Automaten von **fundamentaler Bedeutung für die physikalische Welt seien.**

Wolfram argumentiert, dass **Berechnungen** mehr als nur ein Hilfswerkzeug zum Verständnis von Wissenschaft sind, sondern dass sie – wie es **einfache Computerprogramme,** die zelluläre Automaten steuern, zeigen – **selbst ein Teil der Natur ist.**

- **1948** John von Neumann schreibt den Aufsatz „The General and Logical Theory of Automata".
- **1969** Der amerikanische Informatiker Alvy Ray Smith entwickelt die erste mathematische Theorie zellulärer Automaten.
- **1970** Der Mathematiker John Conway entwirft das *Spiel des Lebens*.
- **2002** Stephen Wolfram veröffentlicht sein Buch *A New Kind of Science*.

INTRANSITIVE WÜRFEL

Jeder weiß, dass Glücksspiel nur etwas für Verrückte ist, nicht wahr? Das stimmt allerdings nicht, wenn Sie mit einem Satz instransitiver Würfeln spielen – und zufällig wissen, was Sie tun.

WORUM GEHT ES?

Stellen Sie sich vor, Sie haben drei Würfel *A*, *B* und *C*. Wenn *A* öfter gegen B gewinnt als verliert und *B* öfter gegen *C* gewinnt als verliert, dann wird Sie Ihre **Intuition vielleicht glauben lassen, dass *A* öfter gegen *C* gewinnen als verlieren muss.**

Bei intransitiven Würfel ist jedoch genau das Gegenteil der Fall, und *C* wird **auf lange Sicht** *A* schlagen.

WAS HAT ES DAMIT AUF SICH?

Stellen Sie sich die drei Würfel mit je sechs Seiten vor, **doch statt der üblichen Zahlen von 1 bis 6 tragen die Seiten folgende Zahlen:**

A

B

C

Wenn also *A* gegen *B* spielt, wird *A* ein Sechstel der Zeit 6 würfeln, was *B* nicht schlagen kann. Die restlichen fünf Sechstel der Zeit würfelt *A* eine 3, die gewinnt, wann immer *B* eine 2 würfelt – und das passiert mit einer **Wahrscheinlichkeit von 3/6.** Also gewinnt *A* mit einer Wahrscheinlichkeit von

$$p = \frac{1}{6} + \frac{5}{6} \times \frac{3}{6} = \frac{6+15}{36} = \frac{21}{36} = \frac{7}{12}$$

Sie ist größer als **1/2.** Genauso kann man die Wahrscheinlichkeit bestimmen, dass *B* gegen *C* gewinnt, sie beträgt ebenfalls **7/12.**

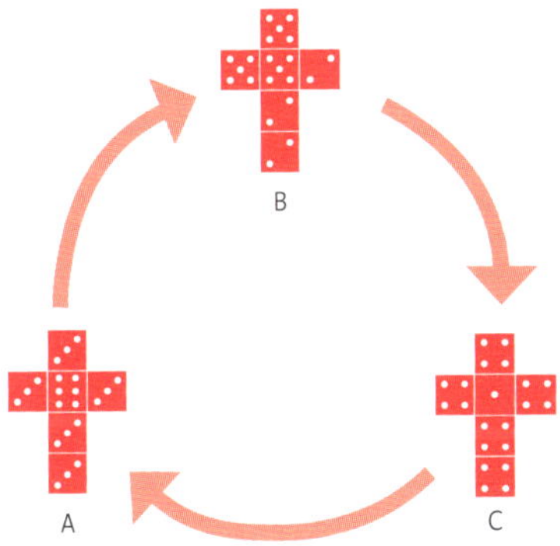

Damit *C A* schlägt, muss *C* 4 würfeln (Wahrscheinlichkeit 5/6) und *A* 3 (Wahrscheinlichkeit 5/6). *C* gewinnt also mit einer Wahrscheinlichkeit von

$$p = \frac{5}{6} \times \frac{5}{6} = \frac{25}{36}$$

Das ist ebenfalls größer als ½ und bedeutet, *C* gewinnt öfter gegen *A* als es verliert, obwohl *A* gegen *B* und *B* gegen *C* gewinnt.

EINSATZ VERDOPPELN

$$$

Deshalb **lässt ein schlauer Spieler gnädig seinen Gegner zuerst den Würfel wählen und nimmt dann aus den verbleibenden zwei denjenigen, von dem er weiß, dass er voraussichtlich gewinnt.** So illustrieren intransitive Würfel, **wie wenig gut fassbar die Wahrscheinlichkeit ist.**

KATHERINE JOHNSON

Diese bemerkenswerte amerikanische Mathematikerin überwand rassistische und sexistische Vorurteile und arbeitete bei der NASA, wo sie die Flugbahnen verschiedener Missionen, darunter Apollo 11, *berechnete.*

Katherine Johnson (**geborene Coleman**) wurde **am 26. August 1918** in **White Sulphur Springs, West Virginia,** geboren.

Ihr mathematisches Talent zeigte sich schon **früh.** Sie ging mit 14 Jahren ans **West Virginia State College** und machte fünf Jahre später ihren Abschluss – **mit Auszeichnungen in Mathematik und Französisch.**

Johnson wurde **als eine der ersten drei afroamerikanischen Studenten ausgewählt,** um ein **Mathematikstudium** an der **Universität von West Virginia zu absolvieren.** Sie **hörte jedoch nach einem Jahr auf, um ihre Kinder großzuziehen.**

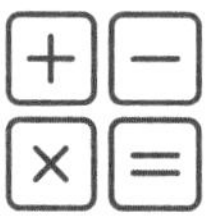

1953 stellte sie das **National Advisory Committee for Aeronautics (NACA) in der West Area Computing Unit** ein. Sie war Teil einer Gruppe **afroamerikanischer Frauen, die hervorragende Mathematikerinnen waren und komplexe Berechnungen für Ingenieure durchführten.** Ihre Arbeit war wesentlich für den Erfolg des US-Raumfahrtprogramms. Allerdings mussten sie wegen der **Segregation separat von den weißen Kollegen arbeiten, essen** und **Toiletten benützen.**

Die NACA wurde zur NASA, und Johnson kam zur **Space Task Group,** die die **bemannten Raumflüge verwaltete.**

1962 machte sich **John Glenn** für Amerikas ersten Weltraumflug bereit. **Computer errechneten die Flugbahn.** Glenn misstraute jedoch den Maschinen und bat Johnson, die Berechnungen von Hand zu überprüfen. Sie erinnerte sich, dass Glenn gesagt hat: „Wenn sie sagt, sie sind in Ordnung, dann bin ich bereit.“ **Die Mission war ein Erfolg.**

Johnson arbeitete an der Berechnung der **Flugbahnen für** *Apollo 11* mit, die die **ersten Menschen auf den Mond brachte.** Während ihrer 35-jährigen Tätigkeit für die NASA arbeitete sie auch an **Space-Shuttle-Missionen.**

2015 **überreichte Präsident Obama ihr die Freiheitsmedaille des Präsidenten,** Amerikas **höchste zivile Auszeichnung.**

Der Film *Hidden Figures – Unerkannte Heldinnen* (2016) **zeigt das Wirken von Katherine Johnson und ihren Kolleginnen Dorothy Vaughan und Mary Jackson bei der NASA.**

BENOÎT MANDELBROT

Mandelbrot bereicherte die Welt mit seinen wunderschönen computergenerierten Bildern von Fraktalen und half uns, ihre Bedeutung in der Natur zu verstehen. Er war ein Pionier eines ganz neuen Feldes der Mathematik.

20. November 1924 Geburt in Polen

1936 Die jüdische Familie muss nach Frankreich fliehen, um der Nazi-Verfolgung zu entgehen. Dort lebte sie im Untergrund – begleitet von ständiger Angst.

1952 Mandelbrot studierte erst an der École polytechnique in Paris und am California Institute of Technology (Caltech), bevor er den Doktortitel in Mathematik an der Universität von Paris erwarb.

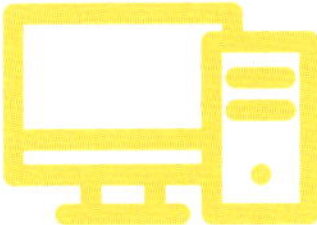

1958 Er wird an das Thomas-J.-Watson-Forschungszentrum von IBM in New York berufen, wo er die nächsten 35 Jahre verbringen sollte. Am Ende seiner Karriere wurde er Sterling Professor für Mathematik an der Yale University.

14. Oktober 2010 Nachdem er zahlreiche Auszeichnungen in seiner Karriere erhalten hat, darunter den israelischen Wolf-Preis für Physik und den Offiziersgrad der französischen Ehrenlegion, stirbt Mandelbrot in Cambridge, Massachusetts.

WUNDERBARE FRAKTALE

Mandelbrot war fasziniert von **Fraktalen – Formen, die raue äußere Kanten haben und durch ständige Wiederholung einer oft einfachen Regel gebildet werden.** Mit der **Computertechnik,** die er bei **IBM** zur Verfügung hatte, schuf er erstaunliche, wunderschöne Fraktale mithilfe von **Computercodes.** Er schrieb das bedeutende Werk *Die fraktale Geometrie der Natur* (1982) und **etablierte Fraktale als respektiertes Gebiet mathematischer Studien.**

DIE MANDELBROT-MENGE

Dieses berühmte Fraktal wurde nach Mandelbrot benannt. Es ist der Schlüssel zur **Chaostheorie** – wo **geringe Veränderungen** bei den Anfangsbedingungen **dramatische Wechsel** im Verhalten eines Systems bewirken können. Mandelbrot hielt Fraktale für einen Weg, **Komplexität aus einfachen Regeln zu generieren,** und glaubte, dass so **scheinbar komplexe** oder **„raue" Formen in der Natur** wie felsige Küsten entstehen.

DAS P-NP-PROBLEM

Wenn eine mögliche Lösung für ein Problem schnell überprüft werden kann, heißt das dann, dass man das Problem auch schnell lösen kann? Klingt nach einer ganz einfachen Frage, ist es aber nicht. Das ist das P-NP-Problem.

POLYNOMIALZEIT

Wesentlich für das P-NP-Problem ist das mathematische Konzept der **Polynomialzeit.**

Ein **Polynom ist eine Summe von Gliedern, die *x* zu Potenzen erhoben enthalten,** etwa $x + 2x^2 - x^3$. Das Gegenteil ist eine **Exponentialfunktion, wobei *x* selbst die Potenz** ist, zum Beispiel e^x.

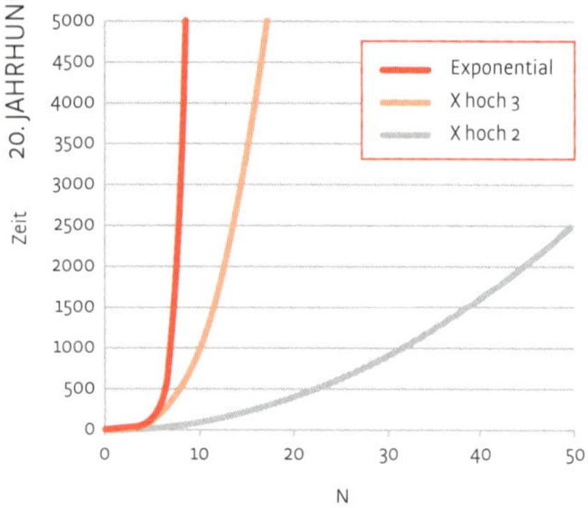

Polynomialzeit bedeutet, dass die Zeit, die man braucht, um **die Lösung für ein Problem mit dem Computer zu berechnen, nicht stärker als mit einer Polynomfunktion wächst.** Das heißt, **sie steigt relativ langsam** und das **Problem ist damit relativ schnell zu lösen.**

Das Gegenteil ist die **Exponentialzeit,** wo die Zeit, die man braucht, um ein Problem zu lösen, wie eine Exponentialfunktion ansteigt und sehr schnell größer wird.

WAS IST DAS P-NP-PROBLEM?

In der **Komplexitätstheorie** – dem Gebiet der **Informatik,** das Probleme nach ihrem **Schwierigkeitsgrad** klassifiziert – ist ein **Problem, das in Polynomialzeit gelöst werden kann,** P. **Probleme, für die eine Lösung in Polynomialzeit verifiziert werden kann,** nennt man NP – für **nichtdeterministische Polynomialzeit.**

Wenn P = NP ist, würde **das bedeuten, dass Probleme, die in Polynomialzeit verifizierbar sind, auch in Polynomialzeit lösbar sind.**

Ob das der Fall ist, ist die Frage – und es gibt **eine Million Dollar** vom **Clay Mathematics Institute** für denjenigen, der eine Lösung dafür liefern kann.

1955 John Nash vermutet, dass einige Probleme in der Kryptographie exponentielle Komplexität haben.

1971 Der US-amerikanisch-kanadische Informatiker Stephen Cook stellt erstmal das P-NP-Problem vor.

1979 Der sowjetische Mathematiker Leonid Chatschijan zeigt, dass lineare Optimierung P sowie NP ist.

2000 Das P-NP-Problem wird zu einem Millenium-Problem des Clay Mathematics Institute.

DIE CHAOSTHEORIE

Chaos ist das Auftreten von unvorhersehbarem Verhalten aus scheinbar brav funktionierenden mathematischen und physikalischen Gesetzen. Es ist charakterisiert durch extreme Sensibilität im Hinblick auf die Anfangsbedingungen.

WORUM GEHT ES?

Chaos existiert **überall in der physikalischen Welt** – vom **tropfenden Wasserhahn** bis **zur Bewegung der Monde von Planeten.**

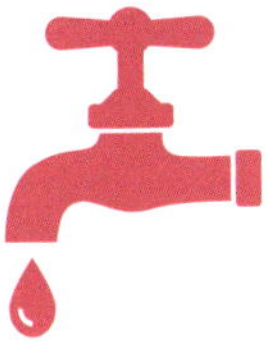

In den 1960er Jahren erstellte der amerikanische Mathematiker **Edward Lorenz Computersimulationen für das Wetter.** Er bemerkte, dass die Eingabe von Anfangsbedingungen für jede Simulation auf **sechs Dezimalstellen** (z. B. 0,387129) **Resultate** hervorrief, die **dramatisch anders** waren als jene, die Inputs mit nur **drei Dezimalstellen** (0,387) hatten.

SCHMETTERLINGSEFFEKT

Der Effekt, den Lorenz entdeckte, war **nicht zufällig** – das System **entwickelte sich deterministisch ausgehend von den Anfangsbedingungen.** Er erkannte, dass **winzige Änderungen dort zu enormen Veränderungen im Ergebnis führen.**

Lorenz nannte das den **Schmetterlingseffekt: Gleichungen, die das Wetter beschreiben, sind so empfindlich, dass der Flügelschlag eines Schmetterlings auf der einen Seite der Welt den Weg eines Tornados auf der anderen Seite beeinflussen könne.**

Später nannte man den Effekt **Chaos.**

CHAOTISCHE ATTRAKTOREN

Das Verhalten vieler physikalischer Systeme neigt zu Zuständen, die man **Attraktoren** nennt. Wenn man zum Beispiel bei einem **reibungsfreien Pendel Lage und Geschwindigkeit darstellt,** ergibt die **Bewegung des Pendels einen Kreis.**

Chaotische Systeme haben meist Attraktoren, die von **fraktaler** Natur sind. Als Lorenz das Verhalten seines Wettermodells veranschaulichte, ergab sich ein **fraktales Doppelkreismuster,** das man heute **Lorenz-Attraktor** nennt.

1961 Edward Lorenz bemerkt die Sensitivität im Hinblick auf die Anfangsbedingungen bei Wettersimulationen.

1972 Lorenz hält den Vortrag „Löst der Flügelschlag eines Schmetterlings in Brasilien einen Tornado in Texas aus?" – und prägt den Begriff Schmetterlingseffekt.

1975 James Yorke und Tien-Yien Li verwenden erstmals die Bezeichnung „Chaos".

1987 James Gleicks Buch *Chaos – die Ordnung des Universums* bringt die Chaostheorie einem allgemeinen Publikum näher.

DAS ASYMMETRISCHE KRYPTOSYSTEM

Das Problem mit konventioneller Verschlüsselung ist, dass man jemandem den Schlüssel verraten muss – und früher oder später fällt dieser in die falschen Hände. Nicht so beim asymmetrischen oder Public-Key-Kryptosystem.

WORUM GEHT ES?

Beim Public-Key-Kryptosystem gibt es **zwei Schlüssel** – einen **öffentlichen** und einen **privaten,** den man **braucht, um Botschaften zu dechiffrieren,** deshalb bleibt er beim Empfänger. **Verschlüsselt werden die Botschaften hingegen mit dem öffentlichen Schlüssel.** Da es egal ist, wer davon weiß, veröffentlicht man den Schlüssel für Hinz und Kunz, so als **gäbe** man **an jeden, den man kennt, Vorhängeschlösser aus.** Jeder kann eine Botschaft in einer Box einschließen – aber **nur der Empfänger hat den Schlüssel dafür.**

WIE FUNKTIONIERT ES?

Die **Algorithmen** des Public-Key-Kryptosystem beruhen auf der **Schwierigkeit, große Zahlen zu faktorisieren** – das heißt, eine Zahl in zwei kleinere aufzuteilen, die beim Multiplizieren miteinander wieder diese Zahl ergeben. So bilden hier X und Y den privaten Schlüssel zum Entschlüsseln, die miteinander multipliziert zum öffentlichen Schlüssel Z werden. **Umgekehrt ist es ausgehend von** Z sehr **schwierig,** X und Y herauszufinden.

$$Z = X \times Y$$

1970–1974 Wissenschaftler in den britischen Government Communications Headquarters (GCHQ) arbeiten erstmals mit dem Public-Key-Kryptosystem, doch die Forschung ist vorerst geheim.

1976 Die Amerikaner Whitfield Diffie und Martin Hellman veröffentlichen ein Protokoll zum Austausch von Schlüsseln über öffentliche Kanäle.

1977 Die Arbeit des GCHQ wird von den Forschern Shamir, Rivest und Adleman am MIT unabhängig repliziert und wird bekannt als RSA-Verfahren.

1994 Der amerikanische Mathematiker Peter Shor publiziert einen Quanten-Algorithmus, um große Zahlen zu faktorisieren, der das RSA-Verfahren unterminieren könnte.

FINANZMATHEMATIK

Die Anwendung von mathematischen und statistischen Methoden auf die Finanzwelt und die Wirtschaft ist bekannt unter dem Namen Finanzmathematik. Sie zeitigte sowohl Erfolge als auch Fehlschläge.

1827 Der schottische Botaniker Robert Brown beobachtet zufällige Bewegungen von Teilchen innerhalb von Pollenkörnern – die brownsche Bewegung. Ihre Untersuchung ist die Basis für die Analyse von Random Walks (zufälligen stochastischen Irrfahrten).

1863 Der Franzose Jules Augustin Frédéric Regnault, der Assistent eines Börsenmaklers, schlägt vor, mithilfe eines Random Walks das Verhalten von Börsenpreisen darzustellen.

1900 Der französische Mathematiker Louis Bachelier präsentiert in seiner Doktorarbeit „Die Theorie der Spekulation" erstmals ein Modell des Börsenmarktes mittels stochastischer Mathematik.

1906 Der russische Mathematiker Andrei Markow entwickelt die Theorie von Random Walks weiter.

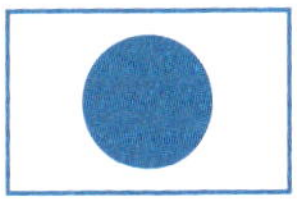

1942 Der japanische Mathematiker Kiyoshi Itô wendet die Regeln der Infinitesimalrechnung auf stochastische Prozesse an und ermöglicht dadurch Integration und Differentiation von Random Walks.

1945 Der in Österreich geborene Ökonom Friedrich Hayek argumentiert, dass Märkte ein wirksamer Weg sind, um Wirtschaftsinformation zu sammeln – das ist eine frühe Anwendung der „Weisheit von vielen"-Hypothese.

1952 Der amerikanische Ökonom Harry Markowitz entwickelt quantitative Maße zu Korrelationen von Werten verschiedener Börsen zur Erstellung von mathematischen Risikomodellen.

1965 Der US-Ökonom Paul Samuelson wendet die stochastische Integration (nach Itô) auf Finanzmärkte an.

1969 Die Ökonomen Fischer Black und Myron Scholes verwenden stochastische Modelle zur Bewertung von Finanzoptionen – hierbei wird das Recht, Ware irgendwann in der Zukunft zu einem fixen Preis zu kaufen oder zu verkaufen, gehandelt.

1970 Eugene Fama, der „Vater der Finanz", überführt Hayeks Arbeit in die Effizienzmarkthypothese.

2008 Der globale Finanzmarkt wird in den Zusammenbruch getrieben, als der US-Subprime-Hypothekenmarkt kollabiert. Dem Versagen der quantitativen Modelle, die Wahrscheinlichkeit von seltenen Ereignissen abzuschätzen oder Korrelationen adäquat zu erkennen, wird ein Teil der Schuld zugewiesen.

ROGER PENROSE

Der Mathematiker und Physiker Roger Penrose – berühmt für seine Beiträge zur mathematischen Physik der allgemeinen Relativität und zu schwarzen Löchern – wurde für seine Dienste an der Wissenschaft zum Ritter geschlagen.

FRÜHES LEBEN

Roger Penrose wurde am **8. August 1931 in Colchester, Essex,** geboren. Er studierte am **University College in London,** wo er als **Jahrgangsbester in Mathematik** abschloss. Seine **Doktorarbeit** schrieb er an der **Universität von Cambridge** über **Tensormethoden in algebraischer Geometrie.**

Penrose verfolgte eine **lange Karriere in der Lehre** an Universitäten, darunter am **Birkbeck College, London,** und in **Princeton.** Er ist **Emeritus Rouse Ball Professor für Mathematik an der Universität von Oxford.**

SCHWARZE LÖCHER

Penrose arbeitete mit dem theoretischen Physiker **Stephen Hawking** zusammen. 1969 präsentierten sie ihre **bahnbrechende Vermutung,** dass sich die **Materie innerhalb eines schwarzen Loches an einem einzigen Punkt,** der **Singularität, zusammenzieht,** wo die **Masse zu unendlicher Dichte komprimiert wird.** Hawking und Penrose bekamen **viele angesehene Preise für ihre Erkenntnisse,** darunter 1988 den **Wolf-Preis.**

Penrose entwickelte das sogenannte **Penrose-Diagramm** zur Darstellung von **Raum und Zeit innerhalb eines schwarzen Loches.**

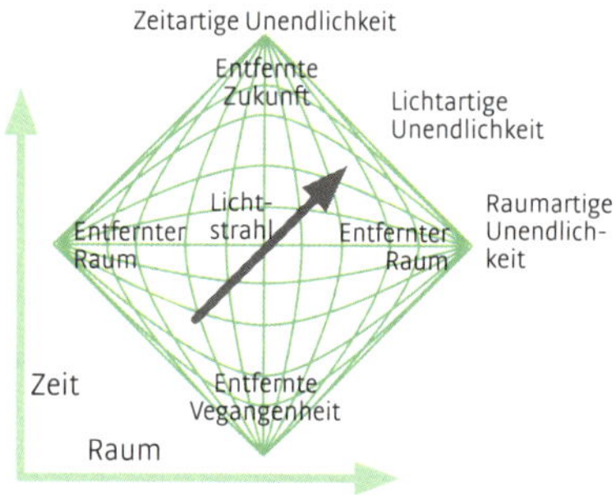

PENROSE-DREIECK

In den 1950er Jahren präsentierte er das **Penrose-Dreieck,** eine **optische Illusion,** die er als **„Unmöglichkeit in ihrer reinsten Form"** bezeichnete. Der Künstler **M. C. Escher** verwendete es in seinem berühmten Werk *Wasserfall.*

PENROSE-PARKETTIERUNG

1974 wurde Penrose berühmt für seine Entdeckung **von zwei Kacheln, mit denen man eine unendliche Fläche mit einem aperiodischen Muster auslegen kann, das sich nicht periodisch wiederholt.** Die Formen sind **breite und schmale Rhomben** (Diamanten). Bis heute **ist noch offen, ob man eine Fläche auch mit einer einzigen Kachel aperiodisch auslegen kann.**

AUSZEICHNUNGEN

Penrose gewann **viele Preise,** darunter **2008 die Copley-Medaille** für **seine „schönen und originellen Einsichten in vielen Bereichen der Mathematik und der mathematischen Physik".** Zudem wurde er **1994 zum Ritter geschlagen.**

EBENE KRISTALLOGRAPHISCHE GRUPPEN

Ebene kristallographische Gruppen sind ein Teilbereich der Gruppentheorie – es handelt sich um Symmetriegruppen von zweidimensionalen, ineinandergreifenden Mustern. Sie sind wie Parkettierung auf Steroiden.

WORUM GEHT ES?

Es gibt **17 verschiedene ebene kristallographische Gruppen,** die zweidimensionale Muster nach den Symmetrieelementen **Verschiebung, Rotation** und **Achsenspiegelung** klassifizieren. Sie wurden 1891 vom russischen Mathematiker **Jewgraf Fjodorow** entdeckt.

Die einfachste ist die Gruppe p1, sie **besitzt nur Translation** – d. h. die seitliche Verschiebung des **Musters, ohne es zu spiegeln oder zu drehen – als Form der Symmetrie:**

Die Gruppe p4 besitzt **zwei 90-Grad-Rotationssymmetrien** und eine **180-Grad-Rotationssymmetrie,** jedoch **weder Spiegelung noch Translation:**

EINFACHE KACHELUNG

Ähnlich den ebenen kristallographischen Gruppen ist das Konzept der **Kachelung – wobei man eine zweidimensionale Fläche mit ineinandergreifenden Formen auslegt.**

Die **einfachste Art** von Kachelung ist **periodisch.** Legt man eine Fläche mit **Quadraten** oder **regelmäßigen Sechsecken** aus, **wiederholt sich das Muster** – verschiebt man es, passen die Kacheln genau aufeinander.

APERIODISCHE KACHELUNG

Viel interessanter sind **aperiodische Kachelungen – wo sich a) das Muster, wie oft man es auch verschiebt, nicht wiederholt und es b) keinen periodischen Weg gibt, die Kacheln zu legen, sodass sie das Muster ergeben**. Das einfachste ist ein **radiales Muster:**

1974 entdeckte **Roger Penrose zwei rhombenförmige Kacheln zur aperiodische Parkettierung,** mit denen man aber keine **Fläche periodisch auslegen kann.**

QUASIKRISTALLE

1982 entdeckte der israelische Materialwissenschaftler **Dan Shechtman** ein Material – eine **Legierung aus Aluminium und Mangan** –, dessen **Molekularstruktur dreidimensional genauso wie eine aperiodische Kachelung angeordnet ist.**

Die Struktur ist **weder amorph** (willkürlich angeordnete Moleküle) **noch kristallin** (wo Moleküle in einem festen, sich wiederholenden geometrischen Muster angeordnet sind). Diese Struktur kennt man unter dem Namen **Quasikristall.**

JOHN NASH

Das mathematische Genie Nash erhielt den Nobelpreis für Wirtschaftswissenschaften für seine großartige Arbeit in der Spieltheorie. Sein Kampf mit Schizophrenie wurde 2001 in A Beautiful Mind *verfilmt.*

LEBEN

John Forbes Nash Jr. wurde **am 13. Juni 1928 in Bluefield, West Virginia,** geboren. Sein Talent zeigte sich schon früh, und **bereits in der Schule belegte er Kurse für fortgeschrittene Mathematik am örtlichen College.**

Nash studierte **Chemieingenieurwesen** am **Carnegie Institute of Technology,** bevor er zu **Mathematik wechselte.** Sein Professor in Carnegie, **Richard Duffin,** empfahl ihn an die **Princeton University** für ein Postgraduate-Studium – mit dem Hinweis, er sei ein **„mathematisches Genie“.**

In Princeton promovierte Nash **zu Spieltheorie,** die ihn lebenslang faszinieren sollte. Dieser Bereich der Mathematik ist **immer anwendbar, wenn ein kompetitives Element** vorhanden ist, zum Beispiel in **Kriegszeiten** oder bei **rivalisierenden wirtschaftlichen Interessen.**

Nash verbrachte den Großteil der 1950er Jahre am **Massachusetts Institute of Technology.** Danach arbeitete er lange an der Princeton University.

DER KAMPF GEGEN DIE SCHIZOPHRENIE

Ab den späten 1950er Jahre litt Nash an **psychischen Störungen,** die sich als **Paranoia** manifestierten. 1959 verbrachte er ein Jahr in einer **Klinik** und kämpfte die nächsten zehn Jahre gegen **paranoide Schizophrenie,** mit wiederholten Aufenthalten in psychiatrischen Kliniken. Er **erholte sich nur langsam** und arbeitet in Princeton, wann immer es möglich war.

AUSZEICHNUNGEN

1978 erhielt Nash den **John-von-Neumann-Theorie-Preis** für das **Nash-Gleichgewicht – nicht nutzbare Strategien in der Spieltheorie.**

1994 erhielten Nash, **John C. Harsanyi** und **Reinhard Selten** für ihre Arbeit in der Spieltheorie den **Nobelpreis für Wirtschaftswissenschaften.**

2015 teilte er sich den **Abelpreis** mit **Louis Nirenberg** für die Untersuchung der **partiellen Differentialgleichungen. Nash und seine Frau Alicia starben am 23. Mai 2015 bei einem Autounfall** – auf dem Nachhauseweg vom Flughafen **nach der Preisverleihung in Norwegen.**

EDWARD THORP

Casinos fürchten ihn, Spieler verehren ihn. Ed Thorp ist derjenige, der mathematisch bewies, dass man den „Dealer schlagen kann".

ROULETTE UND BLACK JACK

Edward Oakley Thorp wurde am **14. August 1932 in Chicago, Illinois,** geboren. Er erhielt einen **Doktortitel in Mathematik von der University of California** und wurde 1961 Professor. Er **unterrichtete an der New Mexico State University und der University of California, Irvine.**

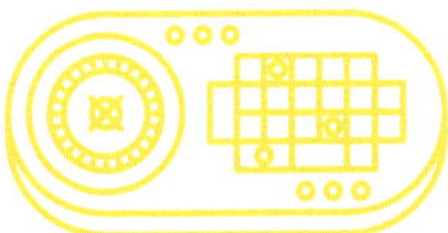

Thorp interessierte sich schon als Teenager für das **Glücksspiel,** als er bemerkte, dass sich eine **Roulettekugel wie ein Planet im Weltall bewegt.** Er **überlegte, ob man ihre Bahn eventuell vorhersagen könne.**

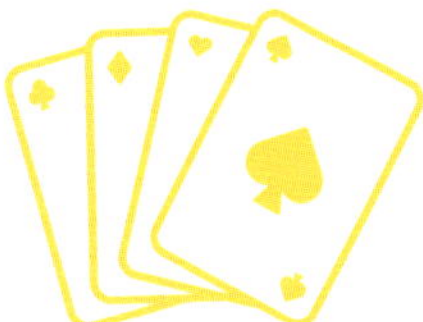

Er begann 1958 in **Casinos** insbesondere die **Black-Jack-Tische zu** beobachten. Er überlegte, eine **Strategie zu entwickeln,** um **die Karten zu zählen,** was dem Spieler einen Vorteil verschaffen könnte.

Thorp studierte damals **Mathematik** am **Massachusetts Institute of Technology (MIT)** und **gab Daten in den Fakultätscomputer** (einen IBM 704) ein. Er fand heraus, dass das **Zählen der Karten gegen Ende eines Decks besonders wirksam** war, wenn es **nicht nach jedem Spiel gemischt wurde.**

SCHLAG DEN DEALER

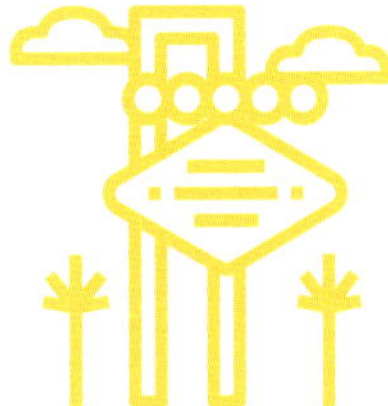

Thorp **testete seine Theorie in den Casinos von Las Vegas, Reno und Lake Tahoe** mit dem **Geld des professionellen Spielers Manny Kimmel.** Sie **gewannen 11.000 Dollar an einem Wochenende.** Thorp verwendete bei seinen Casinobesuchen **Verkleidungen** wie falsche Bärte und dunkle Brillen.

1966 schrieb Thorp den **Bestseller** *Beat the Dealer*, in dem er seine **Strategie des Kartenzählens** erklärte. **Heute mischen Casinos die Black-Jack-Karten gegen Ende des Decks neu,** um solchen Methoden entgegenzuwirken.

In den 1960er Jahren begann Thorp, sein Wissen über **Statistik** und **Wahrscheinlichkeit an der Börse anzuwenden,** und **legte einen Hedgefonds auf.** Sein **Vermögen schätzt man heute auf 800 Millionen Dollar.**

MICHAEL ATIYAH

Sir Michael Francis Atiyah gilt als der größte britische Mathematiker seit Newton und war die treibende Kraft hinter wichtigen Entwicklungen in der algebraischen Geometrie und der Topologie.

LEBEN

Michael Francis Atiyah wurde **am 22. April 1929 in London** geboren. Sein Vater war englisch-libanesisch und seine Mutter Schottin. Er besuchte **Schulen in Khartum, Sudan,** und **Kairo,** bevor er nach Großbritannien zurückkehrte und die **Manchester Grammar School** besuchte.

Von 1949 bis 1955 studierte Atiyah am **Trinity College, Cambridge,** wo er auch seinen **Doktortitel** machte. Der Titel seiner Doktorarbeit war **„Some Applications of Topological Methods in Algebraic Geometry".**

Er hatte eine lange akademische Karriere und wurde **Savilian Professor für Geometrie an der Universität von Oxford, Master of Trinity College, Cambridge,** und **Kanzler der Universität von Leicester.**

SPEZIALISIERUNG

Atiyah war ein Meister der **Geometrie.** Er machte bedeutende Fortschritte bei den **Verbindungen von algebraischer Geometrie und Topologie,** seine Arbeiten auf diesem Gebiet brachten ihm **1966** die **Fields-Medaille** ein.

Gemeinsam mit den Mathematikern **Alexander Grothendieck** und **Friedrich Hirzebruch** begründete er die **K-Theorie** – einen Zweig der Mathematik, der **Algebra, Geometrie** und **Zahlentheorie kombiniert.**

Gemeinsam mit dem US-Mathematiker **Isadore Singer** fand Atiyah eine **Verbindung zwischen den topologischen und analytischen Eigenschaften der Lösungen gewisser Differentialgleichungen.** Dies wurde bekannt unter dem Namen **Atiyah-Singer-Indexsatz, 2004 gewannen sie den Abelpreis** für ihre Erkenntnisse. Atiyah arbeitete auch zu **Funktionentheorie, Eichtheorie** und **Superstringtheorie.**

AUSZEICHNUNGEN UND ÖFFENTLICHES LEBEN

Atiyah war der **erste Direktor des Isaac Newton Institute for Mathematical Sciences in Cambridge,** das 1992 gegründet wurde. Er war auch ein **Verfechter für öffentliches Engagement in der Mathematik** und hielt beliebte, inspirierende Vorträge zu diesem Thema.

Er wurde **1983** zum **Ritter geschlagen** und erhielt **1988** die **Copley-Medaille** für seine Beiträge zu **Geometrie, Topologie** und **Analysis.** Atiyah **starb am 11. Januar 2019** im Alter von 89 Jahren.

PAUL ERDÖS

Als akademischer Nomade durchstreifte Erdös die Welt auf der Suche nach Kollegen, die ihm helfen konnten, einige der schwierigsten Probleme der Mathematik des 20. Jahrhunderts zu lösen.

Erdös wird **am 26. März 1913** in **Budapest,** damals Teil von Österreich-Ungarn, geboren. Seine **Eltern sind beide Mathematiklehrer.**

Sein **Vater** ist zwischen 1914 und 1920 **in russischer Kriegsgefangenschaft** und seine **Mutter arbeitet viel,** sodass **Erdös seine Zeit damit verbringt, sich selbst Mathematik beizubringen.**

Ab 1930 studiert Erdös an der **Universität von Budapest,** wo er **in Mathematik** promoviert. Als Student arbeitet er mit Freunden an der **Ramseytheorie** – einem Teilbereich der Graphentheorie.

Erdös ist Jude, und wegen des Aufstiegs der **Nazis verlässt er** Ungarn und geht 1934 **an die Universität von Manchester,** England. Seine Mutter bleibt zurück und versteckt sich vor dem Nazi-Regime.

1938 Erdös akzeptiert einen Jahresvertrag am **Institute for Advanced Study in Princeton,** wo er **Pionierarbeit in Wahrscheinlichkeits- und Zahlentheorie** leistet.

1939 Erdös beginnt ein **50-jähriges Nomadenleben – von einer Universität zur anderen.** Das erlaubt ihm, an dem zu arbeiten, was ihm gefällt, und mit wem es ihm gefällt.

Er genießt die **Zusammenarbeit mit anderen Mathematikern** und die **Inspiration junger Leute.** Erdös bietet **Bargeld für die Lösung mathematischer Probleme.**

Er **arbeitet rund um die Uhr** und **schreibt rund 1.500 mathematische Aufsätze.**

Erdös konzentriert sich auf **Primzahlen,** die **Graphentheorie** (ein Feld, das er mitbegründete), **Mengenlehre, Geometrie** und **Zahlentheorie.**

1984 gewinnt er den **Wolf-Preis** und verwendet die 50.000 Doller, um ein **Stipendium in Israel** einzurichten.

Erdös **arbeitet bis zu seinem Tod** am 20. September 1996. Er verbringt die Stunden davor über einem **geometrischen Problem** brütend bei einer **Konferenz in Warschau.**

STEPHEN WOLFRAM

Dieser brillante Mathematiker und Physiker war ein Wunderkind und später die treibende Kraft hinter der bahnbrechenden Software Mathematica *und der Suchmaschine Wolfram Alpha.*

WUNDERKIND

Wolfram wurde **am 29. August 1959 in London** geboren. Seine **Eltern waren deutsche Juden,** die nach Großbritannien geflüchtet waren.

Wolfram war ein Wunderkind. **In frühen Teenagerjahren stellte** er ein **Buch über Teilchenphysik** und ein **Wörterbuch der Physik** zusammen, und **mit 15** veröffentlichte er **wissenschaftliche Artikel.**

Er besuchte das **St John's College, Oxford, fand die Vorlesungen** aber **„schrecklich"** und ging ans **California Institute of Technology (Caltech),** wo er **mit nur 20 Jahren** einen **Doktortitel in Teilchenphysik erhielt.**

1973 begann Wolfram mit **Computerexperimenten** und **schuff die Grundlage für die Erforschung komplexer Systeme.** Diese verbinden **Informatik und Natur,** wobei Wolfram annahm, man könne sie auf **künstliches Leben, Wettervorhersagen, Börsenverhalten** und sogar die **Ursprünge des Universums anwenden.**

Sein **Frühwerk** umfasst hauptsächlich **Teilchenphysik, Quantenfeldtheorie** und **Kosmologie.**

1981 wurde er der **jüngste MacArthur Fellow am Caltech.**

Wolfram beschrieb seine Überlegungen zu **komplexen Systemen** 2002 in dem Buch *A New Kind of Science*, das ein Bestseller wurde.

MATHEMATICA

1988 brachte Wolfram das **bahnbrechende Computerprogramm** *Mathematica* auf den Markt. Man konnte **komplexe mathematische Gleichungen** eingeben, die **algebraisch gelöst** wurden. Es war ein Hit bei **Schülern,** aber auch im **Ingenieurwesen** und in der **wissenschaftlichen Forschung.**

$$$

Wolfram vertrieb es über seine Firma **Wolfram Research Inc.** und wurde dadurch extrem reich. Seitdem wurde das Programm mehrmals upgedatet.

?

Zu seinen jüngsten Innovationen gehört **Wolfram Alpha,** eine **Suchmaschine,** die **Antworten auf bestimmte Fragen findet,** statt nur Websites aufzulisten.

GRIGORI JAKOWLEWITSCH PERELMAN

Dieser brillante, sehr zurückgezogen lebende Mathematiker bewies 2003 die Poincaré-Vermutung. Er lehnte die Fields-Medaille und das Preisgeld von einer Million Dollar ab, weil er nicht im Scheinwerferlicht stehen wollte.

FRÜHE JAHRE

Grigori Jakowlewitsch Perelman wurde **am 13. Juni 1966 in Leningrad** (heutiges St. Petersburg) in der ehemaligen Sowjetunion geboren. Seine **Mutter studierte Mathematik, gab aber ihre Arbeit nach dem Studium auf, um ihren Sohn großzuziehen.**

Perelman brillierte schon früh in Mathematik und besuchte die **Leningrader Mathematische Fachschule Nummer 239,** die auf **Mathematik** und **Physik** spezialisiert war. 1982 gewann er die **Goldmedaille** bei der **Internationalen Mathematik-Olympiade.**

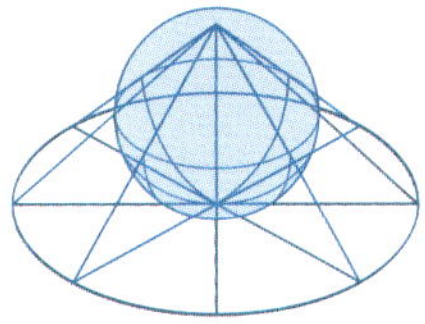

Perelman studierte an der **Staatlichen Universität Leningrad,** wo er auch seinen **Doktortitel** erhielt. Danach arbeitete er am **Steklow-Institut für Mathematik** der **Russischen Akademie der Wissenschaften,** bevor er **Forschungsposten an US-Universitäten** erhielt. Er ist berühmt für seine Arbeit in **Riemannischer Geometrie** und **Topologie.**

DER BEWEIS DER POINCARÉ-VERMUTUNG

2000 bot das **Clay Mathematics Institute** (CMI) **eine Million Dollar Preisgeld für die Lösung wichtiger mathematischer Probleme.**

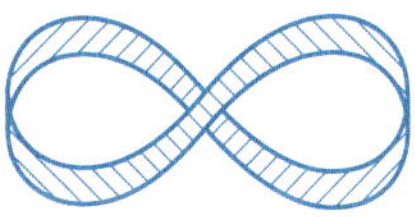

Die Poincaré-Vermutung gehörte zu den **ursprünglich sieben Millennium-Problemen** des CMI. 1904 hatte der französische Mathematiker **Henri Poincaré** diese Vermutung im Bereich **Topologie** aufgestellt.

Der amerikanische Mathematiker **Richard Hamilton** entwickelte Anfang 1981 die **geometrische Methode Ricci-Fluss.**

2003 **verwendete** Perelman den **Ricci-Fluss, um die Poincaré-Vermutung zu beweisen.** Sein Ergebnis wurde **unabhängig bestätigt.**

Drei Jahre später sollte Perelman die **Fields-Medaille,** eine der höchsten Auszeichnungen der Mathematik, **erhalten,** er **lehnte** sie aber **ab.**

Das **CMI bot Perelman 2010 die eine Million Dollar Preisgeld an,** ab er **verweigerte auch das.** Es gibt **Gerüchte, dass Perelman sich nicht mehr mit Mathematik beschäftigt.**

QUANTENALGORITHMEN

So wie gewöhnliche Algorithmen normale Computer beim Lösen von Problemen unterstützen, wurden Quantenalgorithmen für die superschnellen Quantencomputer entworfen.

RECHNEN MIT QUBITS

Eine **gewöhnliche Binärstelle,** ein Bit, kann den Wert 1 oder 0 annehmen. Ein **Quanten-** oder **Qubit** ist eine Mischung aus 1 und 0 – dank der **eigenartigen Gesetze der Quantenphysik.** Ein **Quantenbyte,** bestehend aus **acht Qubits,** kann 2^8 bzw. 256 Zahlen gleichzeitig speichern.

Das heißt, dass ein **Quantencomputer in der Zeit, in der ein normaler Computer eine Rechnung ausführt, 256 (und mehr) Rechnungen ausführen kann.**

Es gibt bereits rudimentäre Quantencomputer und eine **Reihe von Quantenalgorithmen,** die man **darauf anwenden kann.**

ALGORITHMUS VON SHOR

Dieser vom amerikanischen Mathematiker **Peter Shor** entwickelte Algorithmus bedeutet **schlechte Nachrichten für die modernen Public-Key-Kryptosyteme.** Sie beruhen auf der **Schwierigkeit, große Zahlen zu faktorisieren.** Shors Algorithmus kann jedoch mithilfe eines **Quantencomputers enorm große Zahlen in Polinomialzeit zerlegen.** Die gute Nachricht ist, dass **Quantensysteme auch bessere Verschlüsselungsschemata** erlauben.

GROVER-ALGORITHMUS

Wie **Google** auf 15 Espressos durchsucht der Grover-Algorithmus – entwickelt 1996 vom indisch-amerikanischen Computerspezialisten **Lov K. Grover** – **unstrukturierte Daten in Lichtgeschwindigkeit. Während die Dauer der Suche mit einem gewöhnlichen Algorithmus normalerweise proportional zur Anzahl der zu durchsuchenden Objekte *N* ist, ist sie mit dem Algorithmus von Grover nur $\sqrt{N}$.** Erhöht man also die Datengröße um den Faktor 100, braucht ein gewöhnlicher Algorithmus 100-mal länger für die Suche, der Algorithmus von Grover aber nur zehnmal so lang.

QUANTENSIMULATION

Simulationen des **Verhaltens quantenmechanischer Systeme** – wie sie Physiker durchführen, um ihre **Theorien der subatomaren Welt zu entwickeln** – laufen auf Quantencomputern weit effizienter. Die Idee stammt vom Physiker **Richard Feynman** (1982) und ist **heute ein Teilbereich in der Forschung mit Quantencomputern.**

ANDREW WILES

1995, 350 Jahre nach der Formulierung des Großen Fermatschen Satzes, gelang dem britischen Mathematiker Andrew Wiles das, woran so viele davor gescheitert waren – der Beweis.

FRÜHE JAHRE

1963, auf seinem Weg nach Hause von der Schule in Cambridge, blieb ein **zehnjähriger Junge bei der örtlichen Bibliothek stehen.** Er fand ein Buch über den Großen Fermatschen Satz und war **fasziniert von dieser unbewiesenen Vermutung.**

Dieser Junge war Andrew Wiles, der durch den Beweis für dieses Theorem 30 Jahre später in die **Geschichte eingehen sollte.**

DER GROSSE FERMATSCHE SATZ

1637 behauptete Pierre de Fermat, dass **keine drei positiven ganzen Zahlen *a*, *b* und *c* die Gleichung $a^n + b^n = c^n$ erfüllen können, wenn *n* eine ganze Zahl größer als 2 ist.**

DER BEWEIS DES GROSSEN FERMATSCHEN SATZES

Wiles verbrachte sein ganzes Leben mit dem Studium der Mathematik. Er erwarb 1974 einen **BSc** am **Merton College, Oxford,** und einen **Doktortitel** am Clare College, Cambridge. 1982 ernannte man ihn zum **Professor für Mathematik an der Princeton University.**

Als Erwachsener kam Wiles auf seinen Kindheitstraum, den Großen Fermatschen Satz zu beweisen, zurück. Er **untersuchte das Theorem sieben Jahre lang mit vielen mathematische Techniken** wie **algebraischer Geometrie** und **Zahlentheorie.**

1993 präsentierte er seinen **129 Seiten langen mathematischen Beweis,** der jedoch einen **Fehler enthielt.** Wiles **korrigierte ihn** und **veröffentlichte 1995 seine Erkenntnisse unter internationalem Beifall.** Nach 350 Jahren war der Große Fermatsche Satz bewiesen.

ANERKENNUNG UND AUSZEICHNUNGEN

Wiles wurde mit **prestigeträchtigen Preisen überhäuft,** darunter die **Copley-Medaille** und der **Abelpreis. 2000 wurde er zudem zum Ritter geschlagen.**

Das **Mathematikinstitut** der **Universität von Oxford** befindet sich im **Andrew-Wiles-Gebäude,** und 2016 wurde Wiles zum **ersten Regius Professor für Mathematik** ernannt.

SPORTANALYTIK

So wie frühe Mathematiker ihr Einkommen durch Karten- und Würfelspiele aufbesserten, erstellen ihre modernen Kollegen auf der Suche nach optimalen Einsätzen mathematische Modelle für Sportwetten.

PFERDERENNEN

Vermutlich der älteste Sport für Wetten sind **Pferderennen,** die auch heute unter Spielern noch sehr beliebt sind. In den frühen 1980er Jahren erdachte der Physik-Studienabbrecher aus Pittsburgh **Bill Benter** ein **kompliziertes Computermodell für diesen Sport.** Es **sammelte Statistiken der früheren Leistungen der Pferde,** um die **Wahrscheinlichkeit jedes einzelnen Teilnehmers, ein Rennen zu gewinnen,** vorherzusagen. Das ermöglichte es ihm, die **Quoten der Buchmacher zu prüfen** und den **Wert der Wetten** zu bestimmen. Benter probierte sein Modell auf den Rennstrecken von **Hong Kong** aus – und verfügt heute über ein geschätztes Vermögen in Milliardenhöhe.

BASEBALL

Die Analyse von **Baseball-Statistiken** nennt man **Sabermetrics,** nach der **Society for American Baseball Research (SABR).** Ab den 1970er Jahren schrieben Aficionados **Computersimulationen,** um **ihre statistischen Modelle anzuwenden.** Der vielleicht berühmteste, **Billy Beane, General Manager der Oakland Athletics in den späten 1990er Jahren,** verwendete eine Form von Sabermetrics, um Spieler zu kaufen, die **nach ihren statistischen Erfolgen unter ihrem Wert bewertet wurden.** Seine Geschichte wurde 2003 im Buch *Moneyball* und später im gleichnamigen Film erzählt.

FUSSBALL

Es gab einen Versuch, **Fussball zu analysieren,** indem man Tore als **Poisson-Prozesse** wertete – die **davor verwendet wurden,** um zufällig eintretende Ereignisse wie Anrufe in Call-Centern zu **modellieren.** 1996 entwickelten die britischen Statistiker **Mark Dixon** und **Stuart Coles** ein Modell, um **Bewertungen für jedes Team basierend auf ihren vergangenen Resultaten zu errechnen.** Mit anderen Faktoren wie **Heimvorteil** gelang es ihnen, die **Wahrscheinlichkeit zu errechnen, welches Team gewinnen oder ob es unentschieden ausgehen würde.** Die großen Wettsummen im Fußball weltweit zeigen, dass **selbst kleine Einsätze zu ansehnlichen Gewinnen führen können.**

MARYAM MIRZAKHANI

Mirzakhani war die erste Frau, die die Fields-Medaille für Mathematik gewann. Sie wandte algebraische Geometrie an, um die Struktur und Komplexität gekrümmter Räume zu verstehen.

FRÜHES LEBEN

Maryam Mirzakhani wurde am **12. Mai 1977 in Teheran, Iran,** geboren. Sie wuchs während des Ersten Golfkriegs auf.

1994 gewann Mirzakhani als **erste Iranerin eine Goldmedaille bei der Internationalen Mathematik-Olympiade.**

Sie **studierte Mathematik an der Sharif-Universität für Technologie** und **promovierte 2004 an der Harvard University.** Da Englisch nicht ihre Muttersprache war, machte sie sich **im Unterricht Notizen auf Persisch.**

AKADEMISCHE ARBEIT

Nachdem sie am **Clay Mathematics Institute** und in **Princeton** gearbeitet hatte, wurde Mirzakhani 2009 **Professorin an der Stanford University, Kalifornien.**

Sie war fasziniert von den **Modulräumen der Riemannschen Flächen** und trug zum Verständnis **geometrischer und dynamischer Komplexitäten gekrümmter Räume durch einfache Schleifen** (Schleifen, die sich nicht überschneiden) bei.

In ihrer **Doktorarbeit löste** Mirzakhani **ein hochkomplexes Problem bezüglich der Anzahl einfacher Schleifen gegebener Länge auf einer hyperbolischen Oberfläche.** Das führte zu einem **neuen Beweis der Witten-Vermutung** in der **algebraischen Geometrie,** die in der **Stringtheorie** angewandt wird.

HELDIN DER MATHEMATIK

2014 erhielt Mirzakhani als erste Frau die Fields-Medaille, die **höchste mathematische Auszeichnung der Welt,** für ihre **„außerordentlichen Beiträge zur Dynamik und Geometrie der Riemannschen Flächen und deren Modulräume“.**

Mirzakhani **arbeitet an Problemen,** indem sie auf großen Blättern **herumkritzelte** und **Formeln** rund um ihre Zeichnungen schrieb. Ihre Tochter beschrieb ihre Arbeit als **„Malerei“.**

2013 wurde bei ihr **Brustkrebs** diagnostiziert, an dessen Folgen sie am **14. Juli 2017** im Alter von 40 Jahren **starb.** Mathematiker aus aller Welt und der **iranische Präsident Hassan Rohani lobten ihre Arbeit.**

TERENCE TAO

Als Wunderkind mit einem IQ jenseits der Skala besuchte Terence Tao im Alter von neun Jahren die Universität. Seine bahnbrechenden Theorien machen ihn zu einem der größten lebenden Mathematiker der Welt.

TAO UND DIE MATHEMATIK

Terence Tao wurde **am 17. Juli 1975 in Adelaide, Australien,** geboren. Bereits im Altern von **zwei Jahren brachte er anderen Kindern Lesen und Zählen bei.**

Sein Genie zeigte sich bereits in der Volksschule, und **mit neun Jahren begann Tao, Mathematik an der Flinders University in Adelaide** zu studieren.

Mit zehn Jahren **war er der jüngste Teilnehmer an einer Internationalen Mathematik-Olympiade aller Zeiten.** Von 1986 bis 1989 gewann er die **Bronze-,** die **Silber-** und die **Goldmedaille.**

Er **schloss das College mit 16 Jahren ab,** erhielt im Jahr darauf einen Master und **mit 20 Jahren** einen **Doktortitel in Princeton.**

Man bot Tao einen **lukrativen Job bei einem Hedgefonds an, doch er zog eine akademische Laufbahn vor.** Er ist **Mathematikprofessor an der University of California, Los Angeles (UCLA).**

2004 wurde Tao durch die **Zusammenarbeit mit dem englischen Mathematiker Ben Green** berühmt: Sie bewiesen, dass **beliebig lange arithmetische Folgen von Primzahlen** existieren. Dies wurde bekannt als der **Satz von Green-Tao.**

2006 erhielt Tao die angesehene **Fields-Medaille** für seine Beiträge zu **partiellen Differentialgleichungen, harmonischer Analysis** und **analytischer Zahlentheorie.** Dieser Preis wird **außerordentlich begabten Mathematikern unter 40 Jahren** verliehen.

Tao wurde mit **Fellowships und Preisen überhäuft,** darunter 2014 die **Royal Medal** der britischen Royal Society **für „seine vielen unterschiedlichen Beiträge zur Mathematik".**

Tao ist ein produktiver Autor und **publizierte bisher mehr als 300 Forschungspapiere und 17 Bücher.**

Seine **Frau Laura ist Ingenieurin im NASA Jet Propulsion Laboratory.** Sie leben mit ihren zwei Kindern in Kalifornien.

KAREN UHLENBECK

Uhlenbeck war die erste Frau, die den angesehenen Abelpreis gewann. Sie leistete Pionierarbeit auf neuen Gebieten der Mathematik, insbesondere in der Geometrie, und ist ein Vorbild für weibliche Studenten weltweit.

LEBEN

Karen Uhlenbeck (**geborene Keskulla**) kam am **24. August 1942 in Cleveland, Ohio,** auf die Welt. Sie besuchte die **Universität von Michigan** und **promovierte an der Brandeis University, Massachusetts,** über **„The Calculus of Variations and Global Analysis“.**

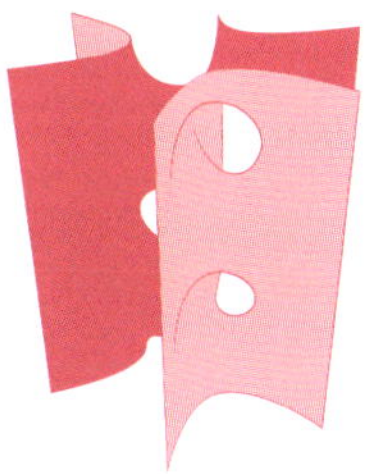

In den frühen 1980er Jahren leistete Uhlenbeck unter anderem Pionierarbeit in **geometrischer Analysis** – der **Untersuchung von Formen mit partiellen Differentialgleichungen.**

Uhlenbeck arbeitete viele Jahre an zahlreichen renommierten US-Universitäten und ist heute **Professor Emeritus für Mathematik an der Universität von Texas in Austin.** Sie ist außerdem **Gastprofessorin in Princeton.**

SEIFEN-WISSENSCHAFT

Eine von Uhlenbecks aufregendsten und wichtigsten Erkenntnissen drehte sich um **Seifenblasen.** Die **Oberflächenspannung** zieht die Blasen in die Form mit der **kleinstmöglichen Oberfläche,** die für gewöhnlich eine **Kugel** ist.

Uhlenbeck untersuchte die Auswirkung der **Einführung anderer Formen** und beobachtete die Reaktion der Blasen. Sie fand heraus, dass diese ein **Netzwerk von Flächen bildeten, die in bestimmten Winkeln aufeinander trafen. Höherdimensionale gekrümmte Körper schufen noch größere Komplexität.**

Ihre Erkenntnisse halfen **theoretischen Physikern,** das **Verhalten von elektromagnetischen Feldern und Quanteilchen zu verstehen.**

BARRIEREN NIEDERREISSEN

Der **Abelpreis** – eine der größten Auszeichnungen in der Mathematik – wurde **Uhlenbeck** 2019 für **„ihre Pioniertaten auf dem Gebiet der geometrischen partiellen Differentialgleichungen, der Eichtheorie und der integrierbaren Systeme** und für die **fundamentalen Beiträge durch ihre Arbeit über Analysis, Geometrie und mathematische Physik“** verliehen.

VORBILD FÜR FRAUEN

Als erste weibliche Gewinnerin des Abelpreises gründete Uhlenbeck das **Women and Mathematics Programme** am **Institute for Advanced Study, Princeton,** um **Frauen für die Mathematik zu gewinnen und sie zu fördern.**

DATA SCIENCE

Data Science ist eine relativ neue Disziplin, die Mathematik, Statistik und Informatik umfasst. Es handelt sich um ein praktisch motiviertes Feld, das seinen Schwerpunkt auf die Vorhersage durch die wirksamsten verfügbaren Mittel legt.

VORHERSAGEMODELLE

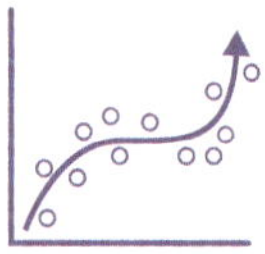

Traditionell waren Vorhersagemodelle ein Bereich der **Statistik** mit Methoden wie der **Regressionsanalyse,** doch das **schnelle Besserwerden der Computerleistung** hat **bessere Techniken hervorgebracht** – wie **neuronale Netze,** die man vielleicht besser als **maschinelles Lernen** denn als Statistik bezeichnet.

UNÜBERWACHTES MASCHINELLES LERNEN

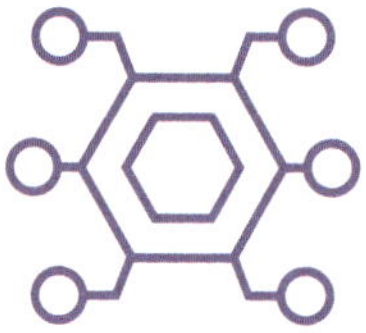

Meist wird maschinelles Lernen **überwacht,** das heißt, der **Algorithmus ist darauf trainiert, bestimmte Merkmale auf der Basis von Eingabevariablen vorherzusagen.**

Noch interessanter ist **unüberwachtes Lernen,** wobei man einen **Algorithmus auf einen Datensatz loslässt, ohne einen anderen Auftrag als „Finde etwas Interessantes über diese Daten heraus!“.**

Beispiele für unüberwachtes Lernen sind **Clustering-Algorithmen,** die **Daten in Gruppen sortieren,** und einige **neuronale Netze.**

STATISTISCHE BERECHNUNGEN

Der Begriff **Big Data** ist heute **in aller Munde.** Tatsächlich gibt es heutzutage **viele unglaublich große statistische Datensätze.** Diese zu handhaben bedeutet, dass jene, die die Analysen durchführen, wahre Meister im Umgang mit **Hochleistungsressourcen** sein müssen. Dazu gehören:

Datenbanken: Man verwendet sie, um Daten **effizient zu speichern und abzurufen.** Übliche Systemen sind **Oracle, Postgres** und **MySQL.**

Datenanalyse-Software: Programme wie **R** und **Python** liefern **fertige Anwendungen von allgemeinen Methoden der Statistik und des maschinellen Lernens.**

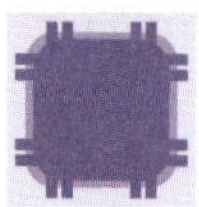

Rechenleistung: Cloud-Computing und **Parallelverarbeitung** helfen, die **Rechenleistungen anzuzapfen, die man braucht,** um **riesige Datenvolumen zu bearbeiten.**

DATENVISUALISIERUNG

Da Algorithmen zur Datenanalyse immer **undurchschaubarer** werden, wird das **Feld der Datenvisualisierung** – durch **statistische Diagramme** und **Grafiken** – immer wichtiger. Es **unterstützt Forscher beim Untersuchen von Daten** und hilft auch, **Erkenntnisse für ein breiteres Publikum aufzubereiten.**

DIE GOLDBACHSCHE VERMUTUNG

Die Goldbachsche Vermutung ist eines der ältesten und bekanntesten ungelösten Probleme der Mathematik und wahrscheinlich das am leichtesten zu beschreibende: Es betrifft die Primzahlen.

WORUM GEHT ES?

Die **Goldbachsche Vermutung wurde 1742 vom deutschen Mathematiker Christian Goldbach** in einem Brief an seinen Kollegen **Leonard Euler postuliert.** Sie besagt Folgendes: **Jede gerade Zahl, die größer als 2 ist, ist Summe zweier Primzahlen.**

Goldbachsche Zahlen werden meist in einem **Dreiecksdiagramm** dargestellt, mit den geraden Zahlen entlang der Mittellinie und den Primzahlen entlang den Seitenkanten.

Die ersten geraden Zahlen größer als 2 ausgedrückt als Summe zweier Primzahlen sind: 4 = 2 + 2, 6 = 3 + 3 und 8 = 5 + 3.

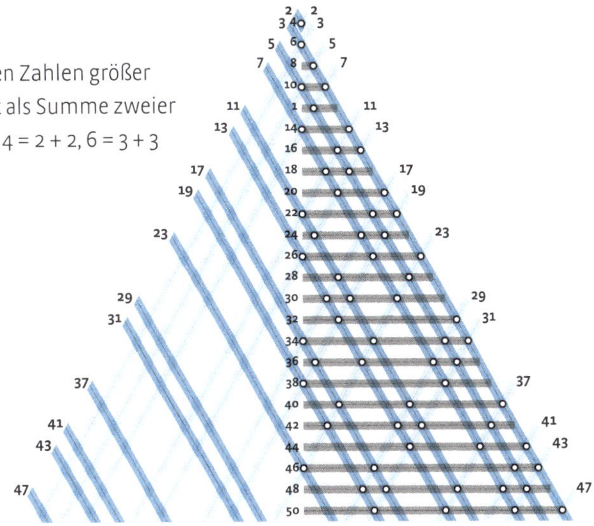

18. März 1690 Christian Goldbach wird in der preußischen Stadt Königsberg geboren.

1710 Nach dem Studium an der Königsberger Königlichen Albertus-Universität verbringt er 14 Jahre auf Reisen durch Europa.

1725 Er wird Professor für Mathematik an der Akademie der Wissenschaften in St. Petersburg.

Juni 1742 Er stellt seine Vermutung mit zahlreichen Varianten dem Schweizer Mathematiker Leonhard Euler in einem Brief vor.

20. November 1764 Er stirbt in Moskau.

COMPUTERLÖSUNG

Es gibt bis jetzt noch **keinen mathematischen Beweis für die Goldbachsche Vermutung. Aber Tomás Oliveira e Silva** organisierte an der Universität von Aveiro, Portugal, **ein dezentralisiertes Rechenprojekt, um die ganzen Zahlen numerisch zu überprüfen.** Das Projekt **verifizierte die Vermutung für alle geraden ganzen Zahlen bis 4×10^{18}** – das sind vier Milliarden Milliarden.

GLOSSAR

Analysis: Die Analysis beschäftigt sich mit der Untersuchung mathematischer Funktionen. Sie beinhaltet das Berechnen von minimalen und maximalen Werten und der Nullstellen.

A-posteriori-Wahrscheinlichkeit: Sie wird in der Bayes-Statistik verwendet und entspricht der besten Zusammenführung der A-priori-Wahrscheinlichkeit und neuer Daten.

A-priori-Wahrscheinlichkeit: Auch sie wird in der Bayes-Statistik verwendet und beschreibt das Wissen über eine unbekannte Größe, *bevor* neue Daten in Betracht gezogen werden.

Arithmetik: Die Arithmetik beschäftigt sich mit den Grundrechenarten: Addition, Subtraktion, Multiplikation, Division.

Attraktoren: Attraktoren sind Zustände in der Mechanik, auf die sich dynamische Systeme zubewegen. Chaotische Systeme besitzen Attraktoren mit fraktaler Struktur.

Bayes-Statistik: Sie liefert Hinweise, wie Verteilungswahrscheinlichkeiten aussehen können, wenn man nicht über alle Informationen verfügt (wie zum Beispiel das Wetter des nächsten Tages).

Binärsystem: Dieses Zahlensystem basiert auf zwei Grundelementen: 1 und 0. Es wird in der Informatik verwendet, wo 1 und 0 als Schalter an/aus kodiert werden.

Dezimalsystem: Dieses Zahlensystem basiert auf der Zahl 10, zum Zählen verwendet man die Zahlen 0 bis 9. Es ist das Zahlensystem, mit dem wir am besten vertraut sind.

Differentialrechnung: Die Differentialrechnung ist ein Teilbereich der Infinitesimalrechnung. Mit ihr kann man die Steigung einer mathematischen Funktion finden. Sie wird besonders in der Physik angewandt.

Elektromagnetismus: Der Elektromagnetismus ist die Theorie von elektrischen und magnetischen Feldern. Sie wurde vom Physiker James Clerk Maxwell 1873 formuliert

Ellipse: Eine Ellipse ist eine geschlossene Kurve, beschrieben durch die Gleichung $\frac{x^2}{a^2}+\frac{y^2}{b^2}=1$, wobei a die große Halbachse und b die kleine Halbachse darstellt. Der Spezialfall $a = b$ beschreibt einen Kreis.

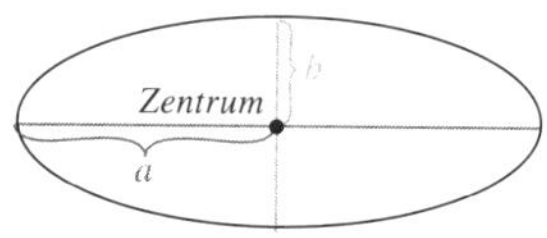

Entropie: Die Entropie ist ein Maß für den mittleren Informationsgehalt einer Nachricht. Ist die Wahrscheinlichkeit eines Ereignisses p, dann ist die Entropie –ß$p \log p$.

Eulersche Identität: Weithin als die schönste Gleichung in der Mathematik betrachtet, vereint diese Formel Infinitesimalrechnung, Geometrie und Zahlentheorie: $e^{i\pi} + 1 = 0$.

Exponentialverteilung: Hierbei handelt es sich um eine stetige Wahrscheinlichkeitsverteilung für eine Zufallsvariable x in der Form $p(x)=\lambda e^{-\lambda x}$, wobei λ ein freier Parameter ist.

Fakultät: Die Fakultät einer ganzen Zahl n verwendet man in der Kombinatorik und in der Wahrscheinlichkeitstheorie. Man schreibt $n!$ und es gilt: $n \times (n-1) \times (n-2) \ldots 1$. Zum Beispiel: $3! = 6$ und $5! = 120$.

Fields-Medaille: Dieses Auszeichnung wird alle vier Jahre an zwei bis vier Mathematiker unter 40 verliehen und gilt als das mathematische Äquivalent des Nobelpreises.

Fläche: Die Fläche beschreibt die Größe einer zweidimensionalen Oberfläche. Das kann eine flache Form wie ein Quadrat oder die Außenseite eines dreidimensionalen Körpers wie eines Würfels sein. Die Fläche eines Rechteckes ergibt sich, indem man die Länge mit der Breite multipliziert.

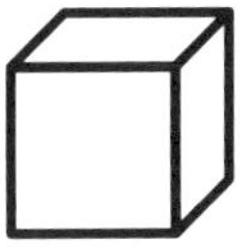

Frequentistische Statistik: Diese Art der Statistik beschreibt Wiederholungen eines Zufallsprozesses, bei dem die Wahrscheinlichkeit jedes möglichen Ergebnisses gegeben ist, wie zum Beispiel beim Münzwurf oder beim Würfeln.

Ganze Zahl: Eine ganze Zahl ist eine Zahl ohne Imaginärteil. Die Zahlentheorie ist der Zweig der Mathematik, der sich mit den Eigenschaften der ganzen Zahlen beschäftigt.

Geodäte: Eine Geodäte ist in der Geometrie gekrümmter Räume die kürzeste Strecke zwischen zwei Punkten. Auf einer Fläche ist es eine Gerade, auf einer Kugel ist es ein „Großkreis" – wie etwa die Längengrade der Erdkugel.

Hyperbel: Eine Hyperbel ist eine spezielle Kurve, die beim Schnitt einer Ebene mit einem geraden Kreiskegel entsteht. Im einfachsten Fall gilt $y = 1/x$.

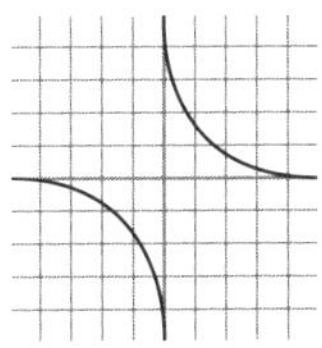

Hypotenuse: Die Hypotenuse ist die längste Seite eines rechtwinkligen Dreiecks. Der Satz des Pythagoras beschreibt ihre Länge als Quadratwurzel der Summe der Quadrate der beiden anderen Seiten.

Integralrechnung: Die Integralrechnung ist ein Teilbereich der Infinitesimalrechnung, sie entspricht der Umkehrung der Differentialrechnung, mit der man die Steigung einer Kurve berechnet – mit der Integration berechnet man die darunter eingeschlossene Fläche.

Klassische Mechanik: Klassische Mechanik bedeutet, dass Mathematik auf die Gesetze klassischer Physik angewandt wird, das heißt auf jene, die vor der Einführung von Quanten- und Relativitätstheorien aufgestellt wurden.

Komplexe Zahl: Komplexe Zahlen umfassen einen reellen und einen imaginären Teil, wobei Letzterer ein Vielfaches von $i\ (= \sqrt{-1})$ ist.

Maschinelles Lernen: Das maschinelle Lernen ist ein Bereich der Data Science, wobei mittels Computer-Algorithmen nach Mustern in Datensätzen gesucht wird. Maschinelles Lernen wird überall verwendet – vom Aktienmarkt bis zu Musikempfehlungen.

Maximum-Likelihood-Methode: Das ist eine Methode, um ein statistisches Modell an einen Datensatz anzupassen, indem man Parameterwerte wählt, die die Wahrscheinlichkeit maximieren, dass das Modell die beobachteten Daten erzeugt.

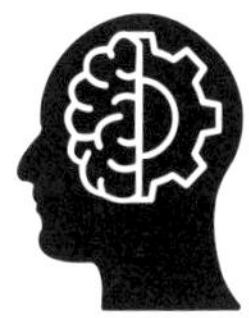

Methode der kleinsten Quadrate: Hierbei handelt es sich um eine Methode, um statistische Modelle auf Daten anzuwenden, indem man das Modell so verändert, dass es die Unterschiede in der Quadratsumme der vom Modell vorhergesagten Werte und der Daten minimiert.

Millennium-Probleme: Das sind eine Reihe ungelöster mathematischer Probleme, die 2000 vom Clay Mathematics Institute aufgelistet wurden. Für jede Lösung ist ein Preisgeld von einer Million Dollar ausgeschrieben.

Mittelwert: Der Mittelwert, auch Durchschnitt genannt, ist die Summe aller möglichen Werte, die die Variable annehmen kann, gewichtet nach der Wahrscheinlichkeit jedes auftretenden Wertes.

Nenner: Bei einem einfachen Bruch in der Form x/y ist y der Nenner. Er gibt die Bezeichnung eines Bruches an, zum Beispiel Viertel ($x/4$) oder Drittel ($x/3$).

Neuronales Netz: Ein neuronales Netz ist ein maschinell lernender Algorithmus, der die Neuronen im menschlichen Gehirn imitiert. Ein *tiefes* neuronales Netz besteht aus sehr vielen Schichten.

Parabel: Eine Parabel ist ein Kegelschnitt, meist in Form der Gleichung $y = ax^2$, wobei a eine Konstante ist. Projektile folgen annähernd einer parabolischen Flugbahn.

Poisson-Verteilung: Die Poisson-Verteilung ist eine diskrete Wahrscheinlichkeitsverteilung, um den Eintritt zufälliger Ereignisse zu modellieren. Die Wahrscheinlichkeit, dass k Ereignisse eintreten ist $p(k) = \frac{\lambda^k e^{-\lambda}}{k!}$, wobei λ der Mittelwert ist.

Proportionalität: Steht ein Größe y im Verhältnis zu einer anderen Größe x (zum Beispiel $y = 2x$), dann sagt man, y ist *proportional* zu x. Mathematiker schreiben auch $y \propto x$.

Quadratische Gleichungen: Das sind Gleichungen, bei denen die unbekannte Variable x im Quadrat steht. Sie haben die allgemeine Form $ax^2 + bx + c = 0$. Man kann sie entweder durch Faktorisierung oder mit einer Formel lösen.

Quantentheorie: Die Quantentheorie ist der Bereich der Physik, der sich mit subatomaren Teilchen und den Kräften, die zwischen ihnen wirken, beschäftigt. Sie entstand Ende des 19. Jahrhunderts.

Qubit: Ein Qubit, auch Quantenbit, ist eine Informationseinheit, die in der Quanteninformatik zum Einsatz kommt.

Relativität: Das Verhalten von Objekten, die sich nahe an der Lichtgeschwindigkeit bewegen, weicht signifikant von den Regeln der klassischen Mechanik ab. Hierfür muss man Einsteins Relativitätstheorie anwenden.

Reproduktionskrise: Dieser Begriff bezeichnet das Problem, dass bei der Replikation vieler Studien in der Soziologie andere Ergebnisse herauskommen. Das ist zurückzuführen auf fehlerhafte Auswertungen der Originalstudien.

Sexagesimalsystem: Hierbei handelt es sich um ein Zahlensystem auf der Basis von 60, das bereits die alten Babylonier verwendeten. Wir benützen es heute noch zum Messen der Zeit (eine Minute hat 60 Sekunden, eine Stunde 60 Minuten).

Simplex-Verfahren: Das Simplex-Verfahren ist ein Optimierungsalgorithmus, der alle möglichen Lösungen durchsucht, um die am besten passende zu finden.

Simultane Gleichungen: Hierbei handelt es sich um ein System von n Gleichungen mit n unbekannten Größen. Man kann sie neu ordnen, um die Unbekannten zu errechnen.

Sinus: Die Sinusfunktion ist die einfachste trigonometrische Funktion. Der Sinus eines Winkels in einem rechtwinkligen Dreieck ist die Gegenkathete dividiert durch die Hypotenuse.

Standardabweichung: Sie gibt die Unsicherheit einer Zufallsvariable an und wird berechnet, indem man die Summen der quadratischen Entfernungen vom Mittelwert jedes Wertes addiert, gewichtet nach der Wahrscheinlichkeit des Auftretens dieses Wertes.

Steigung: Die Steigung beschreibt die Abweichung einer Funktion. Wenn zum Beispiel $y = 2x$, dann ist die Steigung 2; für jedes x ist y zweimal so groß.

Stochastische Integration: Das ist eine Methode, um die Integration auf Random Walks anzuwenden (entwickelt von Itô). Sie wird verwendet, um das Verhalten stochastischer Prozesse, wie der Bewegungen an der Börse, zu untersuchen.

Verschlüsselungssystem: Ein Verschlüsselungssystem wird in der Kryptographie verwendet, wobei Buchstaben einer Botschaft – nach einem geheimen Regelsystem – ersetzt werden, damit Drittparteien diese nicht lesen können.

Volumen: Das Volumen beschreibt den Inhalt eines dreidimensionalen Körpers. Das Volumen eines Würfels ist zum Beispiel Länge mal Höhe mal Tiefe.

Wurzel: Das Gegenteil vom Erheben einer Zahl zur *n-ten* Potenz ist das Ziehen der *n-ten* Wurzel. In der mathematischen Notation wird die *n-te* Wurzel von x geschrieben als $x^{1/n}$ oder $\sqrt[n]{x}$.

Zähler: Bei einem einfachen Bruch x/y, ist x der Zähler. Zum Beispiel, *drei* Viertel (3/4) oder *zwei* Drittel (2/3).

WEITERFÜHRENDE LITERATUR

Alex Bellos, *Alex im Wunderland der Zahlen: Eine Reise durch die aufregende Welt der Mathematik*

Tony Crilly, *50 Schlüsselideen Mathematik*

Keith Devlin, *The Millennium Problems: The Seven Greatest Unsolved Mathematical Puzzles of Our Time*

Richard Elwes, *Maths 1001: Absolutely Everything That Matters in Mathematik in 1001 Bite-Sized Explanations*

Richard Elwes, *Maths in 100 Key Breakthroughs*

Hannah Fry, *Hello World: Was Algorithmen können und wie sie unser Leben verändern*

Martin Gardner, *The Colossal Book of Mathematik: Classic Puzzles, Paradoxes, and Problems*

Robert Kanigel, *Der das Unendliche kannte: Das Leben des genialen Mathematikers Srinivasa Ramanujan*

Jim Al Khalili, *Im Haus der Weisheit: Die arabischen Wissenschaften als Fundament unserer Kultur*

Robert Matthews, *Chancing It: The Laws of Chance and What They Mean for You*

Matt Parker, *Humble Pi: A Comedy of Maths Errors*

Simon Singh, *Fermats letzter Satz: Die abenteuerliche Geschichte eines mathematischen Rätsels*

Simon Singh, *Homers letzter Satz: Die Simpsons und die Mathematik*

Ian Stewart, *Does God Play Dice? The New Mathematics of Chaos*

Ian Stewart, *Professor Stewarts Mathematische Schätze*

Y
Z
X